Zahlen und Größen 8

Berlin/Brandenburg

Herausgegeben von Udo Wennekers

Beraten von Karen Buchholz, Oranienburg
Gabriele Nennmann, Oranienburg
Sven Zimmerschied, Berlin

unter Mitarbeit
der Verlagsredaktion

Herausgeber: Udo Wennekers

Erarbeitet von: Bernhard Bonus, Ines Knospe, Martina Verhoeven, Udo Wennekers

Unter Verwendung der Materialien von:
Helga Berkemeier, Ilona Gabriel, Henning Heske, Reinhold Koullen †,
Doris Ostrow, Hans-Helmut Paffen, Jutta Schäfer, Willi Schmitz, Herbert Strohmayer

Redaktion: Christina Schwalm, Heike Schulz, Martin Karliczek
Illustration: Roland Beier
Technische Zeichnungen: Ulrich Sengebusch †, Christian Böhning
Layout und technische Umsetzung: Jürgen Brinckmann
Umschlaggestaltung: Hawemann und Mosch, Berlin

Begleitmaterialien zum Lehrwerk			
für Schülerinnen und Schüler		**für Lehrerinnen und Lehrer**	
Arbeitsheft 8	978-3-06-008539-2	Lösungsheft 8	978-3-06-008536-1
Arbeitsheft Basis 8	978-3-06-041251-8	Handreichungen	978-3-06-008537-8

www.cornelsen.de

1. Auflage, 4. Druck 2020

Alle Drucke dieser Auflage sind inhaltlich unverändert
und können im Unterricht nebeneinander verwendet werden.

© 2016 Cornelsen Verlag GmbH, Berlin

Druck und Bindung: Livonia Print, Riga

ISBN 978-3-06-008540-8 (Schülerbuch)
ISBN 978-3-06-008550-7 (E-Book)

PEFC zertifiziert
Dieses Produkt stammt aus nachhaltig
bewirtschafteten Wäldern und kontrollierten
Quellen.

PEFC
PEFC/12-31-006

www.pefc.de

Inhalt

Inhalte mit erhöhtem Niveau

Angewandte Zinsrechnung

109

Prismen und Zylinder

135

Zufall und Wahrscheinlichkeiten

167

Anhang

187

Liebe Schülerin, lieber Schüler!

auf den nächsten zwei Seiten findest du Hinweise zu deinem Mathematikbuch **Zahlen und Größen**. Diese zwei Seiten helfen dir, dich im Buch zurechtzufinden.

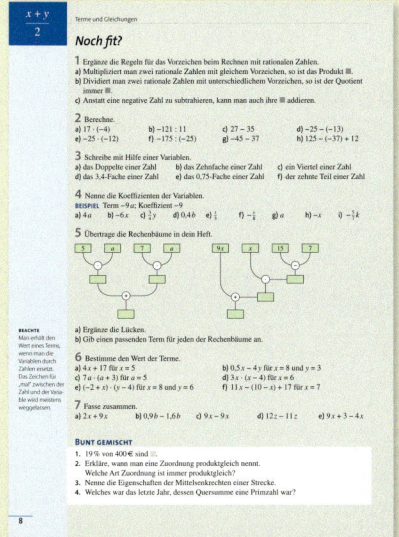

Noch fit?
Das Kapitel startet hier mit vorbereitenden Wiederholungsaufgaben.

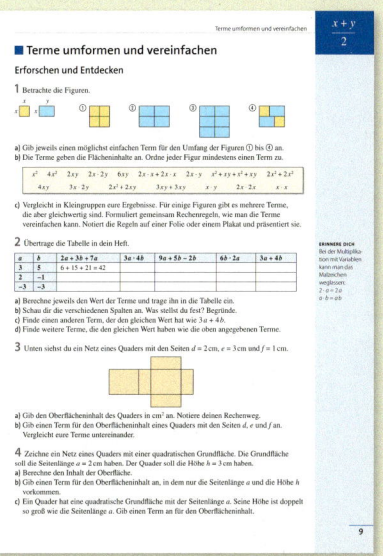

Erforschen und Entdecken
An verschiedenen einführenden Aufgaben kannst du in jedem Teilkapitel den neuen Stoff auf eigene Faust erforschen und entdecken.

Lesen und Verstehen
In den Kästen mit blauem Rahmen stehen die wichtigen Dinge, die du dir merken sollst.
Dazu gibt es immer ein Beispiel.
Die zusätzlichen Texte helfen dir, alles besser zu verstehen.

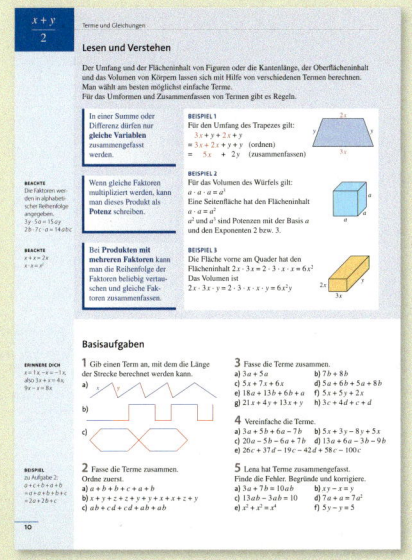

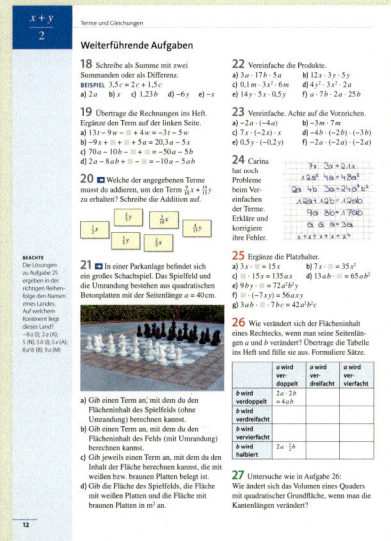

Weiterführende Aufgaben
Diese Aufgaben sind auf einem gehobenen Niveau …
18 leicht bis mittelschwer.
25 schwierig.
27 sehr schwierig.

Basisaufgaben
Dies sind Aufgaben auf grundlegendem Niveau.
Die Aufgaben sind …
1 leicht bis mittelschwer.
8 anspruchsvoller.

➡ Das Symbol kennzeichnet Aufgaben, die prozessbezogene Kompetenzen fördern, zum Beispiel Arbeiten mit Hilfsmitteln.

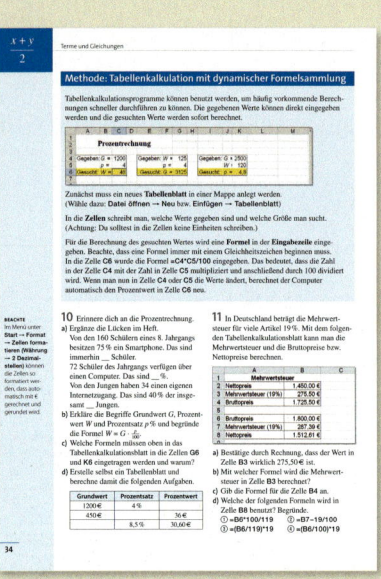

Randspalte

Hier stehen
beispielsweise
interessante
zusätzliche
Informationen,
Hinweise,
Beispiele und
Knobelaufgaben.
Schaue auf jeder
Seite in die
Randspalte,
da sie dir einige
Hilfe geben wird.

Methoden und Themenseiten

Auf diesen Seiten lernst du z. B. den Umgang mit
Werkzeugen oder Formen der Gruppenarbeit. Vielfach
musst du Probleme lösen, Rechenwege erkunden und
erklären, im Internet recherchieren oder eigene Arbeiten
präsentieren.

Dabei benötigst du Kenntnisse aus anderen Fächern und
aus dem Alltag, die mit dem mathematischen Problem
in Zusammenhang zu bringen sind.

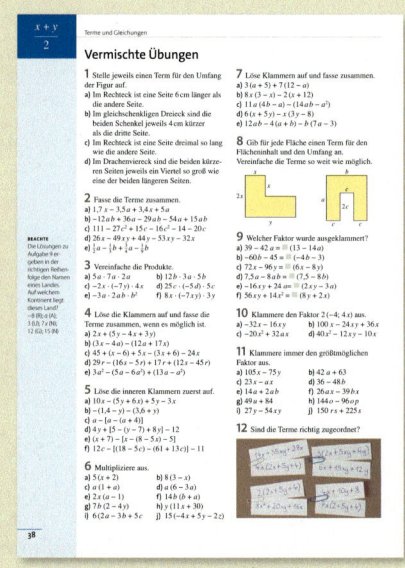

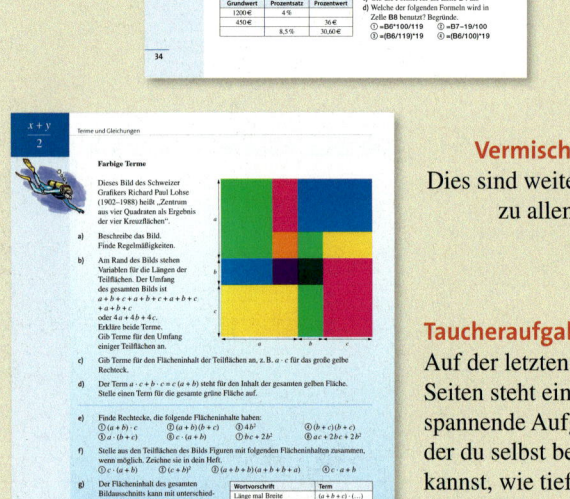

Vermischte Übungen

Dies sind weitere Aufgaben
zu allen Teilkapiteln
des Kapitels.

Taucheraufgabe

Auf der letzten dieser
Seiten steht eine besonders
spannende Aufgabe, bei
der du selbst bestimmen
kannst, wie tief du „eintau-
chen" möchtest; je tiefer,
desto anspruchsvoller.

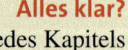

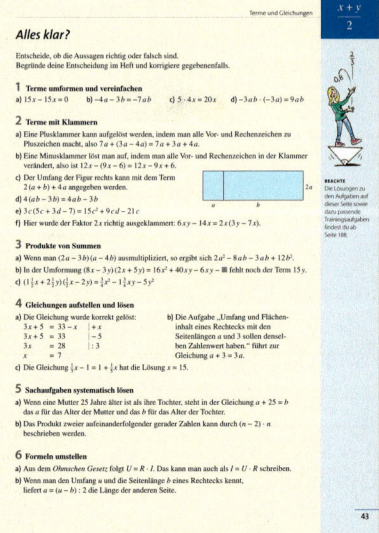

Alles klar?

Am Ende jedes Kapitels
kannst du dein Wissen
selbstständig überprüfen.
Die Lösungen zu den
Aufgaben findest du
am Ende des Buches.
Sollte nicht alles klar sein,
sind zu jedem Teilkapitel
weitere passende Übungen
angegeben.

Zusammenfassung

Sie enthält kurz und knapp das Wichtigste aus dem Kapitel.
Du kannst sie benutzen, um schnell den Stoff nachzuschlagen.

Terme und Gleichungen

Terme sind sinnvolle Rechenausdrücke mit Zahlen und Variablen.
In diesem Kapitel lernst du, wie man Terme mit Klammern
berechnen kann. Das kann dir dabei helfen, Aufgaben wie
z. B. $29 \cdot 31$ und 31^2 schnell im Kopf zu berechnen.
Außerdem erfährst du, wie man Terme vergleicht.
Das hilft dir bei der Lösung von Sachaufgaben
und beim Anwenden von Formeln.

Noch fit?

1 Ergänze die Regeln für das Vorzeichen beim Rechnen mit rationalen Zahlen.

a) Multipliziert man zwei rationale Zahlen mit gleichem Vorzeichen, so ist das Produkt ▪.

b) Dividiert man zwei rationale Zahlen mit unterschiedlichem Vorzeichen, so ist der Quotient immer ▪.

c) Anstatt eine negative Zahl zu subtrahieren, kann man auch ihre ▪ addieren.

2 Berechne.

a) $17 \cdot (-4)$ b) $-121 : 11$ c) $27 - 35$ d) $-25 - (-13)$

e) $-25 \cdot (-12)$ f) $-175 : (-25)$ g) $-45 - 37$ h) $125 - (-37) + 12$

3 Schreibe mit Hilfe einer Variablen.

a) das Doppelte einer Zahl   b) das Zehnfache einer Zahl   c) ein Viertel einer Zahl

d) das 3,4-Fache einer Zahl   e) das 0,75-Fache einer Zahl   f) der zehnte Teil einer Zahl

4 Nenne die Koeffizienten der Variablen.

BEISPIEL Term $-9a$; Koeffizient -9

a) $4a$ b) $-6x$ c) $\frac{3}{4}y$ d) $0,4b$ e) $\frac{t}{3}$ f) $-\frac{v}{8}$ g) a h) $-x$ i) $-\frac{5}{7}k$

5 Übertrage die Rechenbäume in dein Heft.

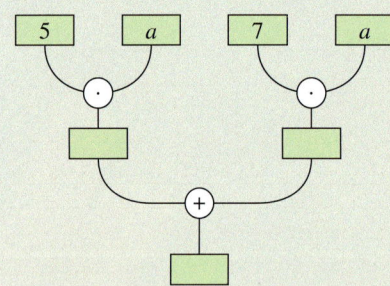 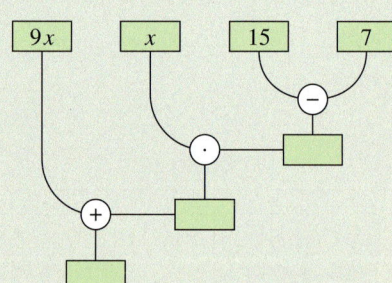

BEACHTE
Man erhält den Wert eines Terms, wenn man die Variablen durch Zahlen ersetzt. Das Zeichen für „mal" zwischen der Zahl und der Variable wird meistens weggelassen.

a) Ergänze die Lücken.

b) Gib einen passenden Term für jeden der Rechenbäume an.

6 Bestimme den Wert der Terme.

a) $4x + 17$ für $x = 5$ b) $0,5x - 4y$ für $x = 8$ und $y = 3$

c) $7a \cdot (a + 3)$ für $a = 5$ d) $3x \cdot (x - 4)$ für $x = 6$

e) $(-2 + x) \cdot (y - 4)$ für $x = 8$ und $y = 6$ f) $11x - (10 - x) + 17$ für $x = 7$

7 Fasse zusammen.

a) $2x + 9x$ b) $0,9b - 1,6b$ c) $9x - 9x$ d) $12z - 11z$ e) $9x + 3 - 4x$

BUNT GEMISCHT

1. 19% von $400\,€$ sind ▪.

2. Erkläre, wann man eine Zuordnung produktgleich nennt. Welche Art Zuordnung ist immer produktgleich?

3. Nenne die Eigenschaften der Mittelsenkrechten einer Strecke.

4. Welches war das letzte Jahr, dessen Quersumme eine Primzahl war?

■ Terme umformen und vereinfachen

Erforschen und Entdecken

1 Betrachte die Figuren.

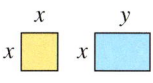 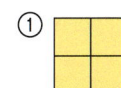 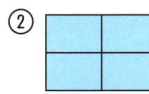 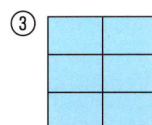 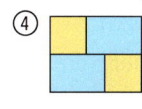

a) Gib jeweils einen möglichst einfachen Term für den Umfang der Figuren ① bis ④ an.

b) Die Terme geben die Flächeninhalte an. Ordne jeder Figur mindestens einen Term zu.

x^2	$4x^2$	$2xy$	$2x \cdot 2y$	$6xy$	$2x \cdot x + 2x \cdot x$	$2x \cdot y$	$x^2 + xy + x^2 + xy$	$2x^2 + 2x^2$
$4xy$		$3x \cdot 2y$		$2x^2 + 2xy$		$3xy + 3xy$	$x \cdot y$	$2x \cdot 2x$	$x \cdot x$

c) Vergleicht in Kleingruppen eure Ergebnisse. Für einige Figuren gibt es mehrere Terme, die aber gleichwertig sind. Formuliert gemeinsam Rechenregeln, wie man die Terme vereinfachen kann. Notiert die Regeln auf einer Folie oder einem Plakat und präsentiert sie.

2 Übertrage die Tabelle in dein Heft.

a	b	$2a + 3b + 7a$	$3a \cdot 4b$	$9a + 5b - 2b$	$6b \cdot 2a$	$3a + 4b$
3	5	6 + 15 + 21 = 42				
2	−1					
−3	−3					

ERINNERE DICH
Bei der Multiplikation mit Variablen kann man das Malzeichen weglassen:
$2 \cdot a = 2a$
$a \cdot b = ab$

a) Berechne jeweils den Wert der Terme und trage ihn in die Tabelle ein.

b) Schau dir die verschiedenen Spalten an. Was stellst du fest? Begründe.

c) Finde einen anderen Term, der den gleichen Wert hat wie $3a + 4b$.

d) Finde weitere Terme, die den gleichen Wert haben wie die oben angegebenen Terme.

3 Unten siehst du ein Netz eines Quaders mit den Seiten $d = 2\,\text{cm}$, $e = 3\,\text{cm}$ und $f = 1\,\text{cm}$.

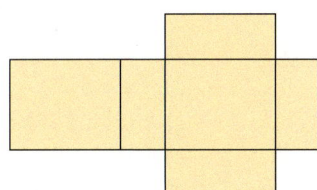

a) Gib den Oberflächeninhalt des Quaders in cm^2 an. Notiere deinen Rechenweg.

b) Gib einen Term für den Oberflächeninhalt eines Quaders mit den Seiten d, e und f an. Vergleicht eure Terme untereinander.

4 Zeichne ein Netz eines Quaders mit einer quadratischen Grundfläche. Die Grundfläche soll die Seitenlänge $a = 2\,\text{cm}$ haben. Der Quader soll die Höhe $h = 3\,\text{cm}$ haben.

a) Berechne den Inhalt der Oberfläche.

b) Gib einen Term für den Oberflächeninhalt an, in dem nur die Seitenlänge a und die Höhe h vorkommen.

c) Ein Quader hat eine quadratische Grundfläche mit der Seitenlänge a. Seine Höhe ist doppelt so groß wie die Seitenlänge a. Gib einen Term an für den Oberflächeninhalt.

Lesen und Verstehen

Der Umfang und der Flächeninhalt von Figuren oder die Kantenlänge, der Oberflächeninhalt und das Volumen von Körpern lassen sich mit Hilfe von verschiedenen Termen berechnen. Man wählt am besten möglichst einfache Terme.
Für das Umformen und Zusammenfassen von Termen gibt es Regeln.

> In einer Summe oder Differenz dürfen nur **gleiche Variablen** zusammengefasst werden.

BEISPIEL 1
Für den Umfang des Trapezes gilt:
$3x + y + 2x + y$
$= 3x + 2x + y + y$ (ordnen)
$= \quad 5x \quad + 2y$ (zusammenfassen)

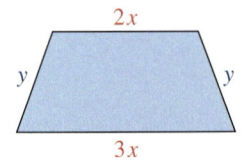

BEACHTE
Die Faktoren werden in alphabetischer Reihenfolge angegeben.
$3y \cdot 5a = 15ay$
$2b \cdot 7c \cdot a = 14abc$

> Wenn gleiche Faktoren multipliziert werden, kann man dieses Produkt als **Potenz** schreiben.

BEISPIEL 2
Für das Volumen des Würfels gilt:
$a \cdot a \cdot a = a^3$
Eine Seitenfläche hat den Flächeninhalt
$a \cdot a = a^2$
a^2 und a^3 sind Potenzen mit der Basis a und den Exponenten 2 bzw. 3.

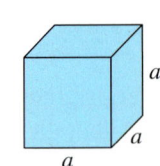

BEACHTE
$x + x = 2x$
$x \cdot x = x^2$

> Bei **Produkten mit mehreren Faktoren** kann man die Reihenfolge der Faktoren beliebig vertauschen und gleiche Faktoren zusammenfassen.

BEISPIEL 3
Die Fläche vorne am Quader hat den Flächeninhalt $2x \cdot 3x = 2 \cdot 3 \cdot x \cdot x = 6x^2$
Das Volumen ist
$2x \cdot 3x \cdot y = 2 \cdot 3 \cdot x \cdot x \cdot y = 6x^2y$

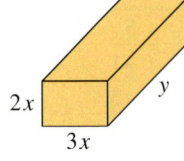

Basisaufgaben

ERINNERE DICH
$x = 1x, -x = -1x$,
also $3x + x = 4x$,
$9x - x = 8x$

1 Gib einen Term an, mit dem die Länge der Strecke berechnet werden kann.

a)
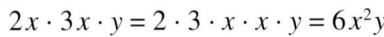

b)
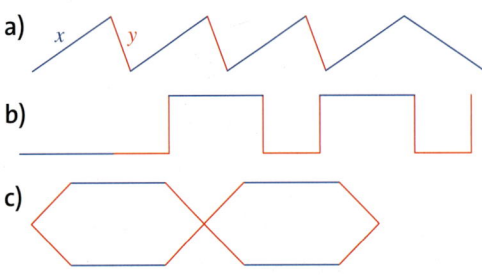

c)

BEISPIEL
zu Aufgabe 2:
$a + c + b + a + b$
$= a + a + b + b + c$
$= 2a + 2b + c$

2 Fasse die Terme zusammen.
Ordne zuerst.
a) $a + b + b + c + a + b$
b) $x + y + z + z + y + y + x + x + z + y$
c) $ab + cd + cd + ab + ab$

3 Fasse die Terme zusammen.
a) $3a + 5a$
b) $7b + 8b$
c) $5x + 7x + 6x$
d) $5a + 6b + 5a + 8b$
e) $18a + 13b + 6b + a$
f) $5x + 5y + 2x$
g) $21x + 4y + 13x + y$
h) $3c + 4d + c + d$

4 Vereinfache die Terme.
a) $3a + 5b + 6a - 7b$
b) $5x + 3y - 8y + 5x$
c) $20a - 5b - 6a + 7b$
d) $13a + 6a - 3b - 9b$
e) $26c + 37d - 19c - 42d + 58c - 100c$

5 Lena hat Terme zusammengefasst.
Finde die Fehler. Begründe und korrigiere.
a) $3a + 7b = 10ab$
b) $xy - x = y$
c) $13ab - 3ab = 10$
d) $7a + a = 7a^2$
e) $x^2 + x^2 = x^4$
f) $5y - y = 5$

6 Fasse die Terme zusammen.
a) $4a + 3b + 2a + 10a + 5b + 8b$
b) $4a + 7b + 8c + 3a + 4b + 6c$
c) $9u + 11w + 13v + 5v + 11w - 23u$
d) $6x - 34y + 3 + 37x + 51y + 32x - 15$
e) $751d + 643e + 12f - 456d + 864f - 114e$
f) $367a + 872b - 421a + 467b + 578c - c$
g) $1003x + 981y - 753x + 1782y - 321y$
h) $12a + 27b - 8b - 4 + 6a + 11b + 3a + 18$
i) $23x - 8x + 17y + 34x - 9x + 58y$

7 Vereinfache die Terme.
a) $5c + 6d - 1{,}5c - 7d + 11c$
b) $1{,}7x + 2y - 2{,}1x + y + 0{,}4x$
c) $-4a + 0{,}4b - 0{,}4a - 4b + a$
d) $14s - 9t - 8s - 2t - 6s$

8 Setze in den Term
$5{,}5x + 7{,}2y - 3{,}5x - 3{,}2y$
folgende Werte für x und y ein und berechne.
Wie könnte man die Rechnungen verkürzen?
a) $x = 5$; $y = 3$ b) $x = 6$; $y = -2$

9 Gib für die Berechnung des Umfangs jeweils einen Term an. Berechne dann.
$a = 4{,}2\,\text{cm}$ $b = 2{,}5\,\text{cm}$ $c = 4{,}8\,\text{cm}$

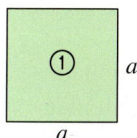 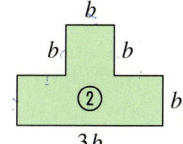 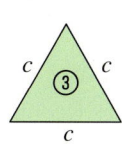

10 Zeichne die Figuren in dein Heft. Bezeichne gleich lange Seiten mit der gleichen Variable und gib einen Term an, mit dem man den Umfang der Figur berechnen kann.

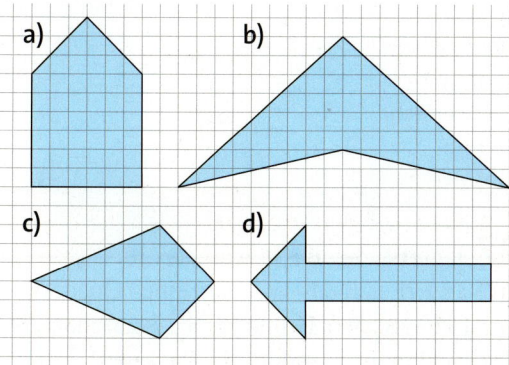

11 Fasse zusammen.
a) $2a + \frac{1}{3}b + 3a + \frac{1}{3}b$ b) $\frac{1}{5}a + 2b + \frac{3}{5}a$
c) $\frac{1}{7}a + \frac{2}{5}b + \frac{5}{7}a - \frac{1}{5}b$ d) $\frac{1}{3}b - \frac{2}{9}c + \frac{5}{9}c + \frac{1}{3}b$
e) $\frac{2}{7}s + \frac{1}{2}t + \frac{3}{14}s - 2t$ f) $\frac{1}{4}a - \frac{2}{5}b - \frac{3}{8}a + \frac{1}{5}b$
g) $\frac{5}{8}u - \frac{1}{4}v + \frac{1}{2}v - \frac{1}{4}u$ h) $\frac{3}{4}x + \frac{1}{5}y - \frac{3}{5}y - \frac{1}{4}x$

12 Schreibe als Produkt.
BEISPIEL $x^2 + x^2 + x^2 + x^2 = 4x^2$
a) $r^2 + r^2 + r^2 + r^2 + r^2 + r^2$
b) $a^5 + a^5 + a^5$
c) $y^4 + y^4 + y^4 + y^4$
d) $z^3 + z^3 + z^3 + z^3 + z^3 + z^3 + z^3 + z^3$

13 Fasse die Terme zusammen.
a) $2x^2 + 3x^2$ b) $4x^2 + 2x^2$
c) $5y^2 - 4y^2$ d) $5x^3 + 6x^3$
e) $9y^2 + 15y^2$ f) $17y^5 - 14y^5$
g) $-3x^2 + x^2$ h) $2x^3 + x^3 + x^3$
i) $y^2 + 2y^2 + y^2$ j) $-x^2 + x^2 + 3y^2 + y^2$

14 Schreibe als Potenz.
a) $b \cdot b$ b) $y \cdot y \cdot y$
c) $z \cdot z \cdot z \cdot z$ d) $p \cdot p \cdot p \cdot p$
e) $m \cdot m \cdot m \cdot m \cdot m \cdot m$
f) $h \cdot h \cdot h \cdot h \cdot h \cdot h \cdot h \cdot h$
g) ein x, neunmal mit sich selbst multipliziert

15 Berechne den Wert für $x = 2$ und $x = -2$.
a) x^2 b) x^3 c) x^5 d) x^7

16 Vereinfache die Produkte.
BEISPIELE $2b \cdot 3b = 6b^2$; $7m \cdot 8n = 56mn$
a) $4a \cdot 5a$ b) $12x \cdot 3y$
c) $0{,}5a \cdot 8b$ d) $14x \cdot \frac{1}{2}y$
e) $9a \cdot 12x$ f) $7p \cdot 17q$
g) $4a \cdot 2a$ h) $13x \cdot 7x$
i) $2x \cdot 3x \cdot 4x$ j) $14y \cdot 2y \cdot y$

17 Beachte die Bilder in der Randspalte.
a) Ordne den Bildern passende Terme zu ihrem Flächeninhalt bzw. Volumen zu und vereinfache die Terme.
$2x \cdot 3y \cdot x$; $4x \cdot 2x$; $2y \cdot 3x$; $3x \cdot 4x \cdot 2x$
b) Gib zu jedem Bild auch einen Term für den Umfang der Fläche oder die Kantenlänge des Körpers an. Vereinfache diese Terme.

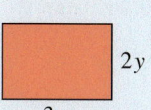

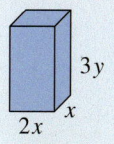

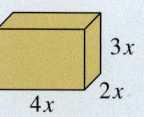

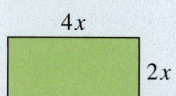

Weiterführende Aufgaben

18 Schreibe als Summe mit zwei Summanden oder als Differenz.
BEISPIEL $3{,}5\,c = 2\,c + 1{,}5\,c$
a) $2\,a$ b) x c) $1{,}23\,b$ d) $-6\,y$ e) $-x$

19 Übertrage die Rechnungen ins Heft. Ergänze den Term auf der linken Seite.
a) $13\,t - 9\,w - \blacksquare + 4\,w = -3\,t - 5\,w$
b) $-9\,x + \blacksquare + \blacksquare + 5\,a = 20{,}3\,a - 5\,x$
c) $70\,a - 10\,b - \blacksquare + \blacksquare = -50\,a - 5\,b$
d) $2\,a - 8\,ab + \blacksquare - \blacksquare = -10\,a - 5\,ab$

20 ➡ Welche der angegebenen Terme musst du addieren, um den Term $\frac{9}{10}x + \frac{14}{15}y$ zu erhalten? Schreibe die Addition auf.

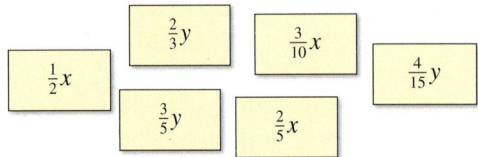

$\frac{2}{3}y$ $\frac{3}{10}x$ $\frac{4}{15}y$ $\frac{1}{2}x$ $\frac{3}{5}y$ $\frac{2}{5}x$

21 ➡ In einer Parkanlage befindet sich ein großes Schachspiel. Das Spielfeld und die Umrandung bestehen aus quadratischen Betonplatten mit der Seitenlänge $a = 40\,\text{cm}$.

a) Gib einen Term an, mit dem du den Flächeninhalt des Spielfelds (ohne Umrandung) berechnen kannst.
b) Gib einen Term an, mit dem du den Flächeninhalt des Felds (mit Umrandung) berechnen kannst.
c) Gib jeweils einen Term an, mit dem du den Inhalt der Fläche berechnen kannst, die mit weißen bzw. braunen Platten belegt ist.
d) Gib die Fläche des Spielfelds, die Fläche mit weißen Platten und die Fläche mit braunen Platten in m^2 an.

BEACHTE
Die Lösungen zu Aufgabe 25 ergeben in der richtigen Reihenfolge den Namen eines Landes. Auf welchem Kontinent liegt dieses Land?
$-8\,a$ (I); $2\,a$ (A); $5\,b$ (N); $5\,b$ (I); $5\,x$ (A); $8\,a^2b$ (B); $9\,a$ (M)

22 Vereinfache die Produkte.
a) $3\,a \cdot 17\,b \cdot 5\,a$ b) $12\,x \cdot 3\,y \cdot 5\,y$
c) $0{,}1\,m \cdot 3\,x^2 \cdot 6\,m$ d) $4\,y^2 \cdot 3\,x^2 \cdot 2\,a$
e) $14\,y \cdot 5\,x \cdot 0{,}5\,y$ f) $a \cdot 7\,b \cdot 2\,a \cdot 25\,b$

23 Vereinfache. Achte auf die Vorzeichen.
a) $-2\,a \cdot (-4\,a)$ b) $-3\,m \cdot 7\,m$
c) $7\,x \cdot (-2\,x) \cdot x$ d) $-4\,b \cdot (-2\,b) \cdot (-3\,b)$
e) $0{,}5\,y \cdot (-0{,}2\,y)$ f) $-2\,a \cdot (-2\,a) \cdot (-2\,a)$

24 Carina hat noch Probleme beim Vereinfachen der Terme. Erkläre und korrigiere ihre Fehler.

$7x \cdot 3x = 21x$
$12a^2 \cdot 4a = 48a^2$
$2a \cdot 4b \cdot 3a = 24a^2b^2$
$12a + 12b = 12ab$
$9a \cdot 8b = 17ab$
$a \cdot a \cdot a = 3a$
$x + x + x + x = x^4$

25 Ergänze die Platzhalter.
a) $3\,x \cdot \blacksquare = 15\,x$ b) $7\,x \cdot \blacksquare = 35\,x^2$
c) $\blacksquare \cdot 15\,x = 135\,ax$ d) $13\,ab \cdot \blacksquare = 65\,ab^2$
e) $9\,by \cdot \blacksquare = 72\,a^2b^2y$
f) $\blacksquare \cdot (-7\,xy) = 56\,axy$
g) $3\,ab \cdot \blacksquare \cdot 7\,bc = 42\,a^2b^2c$

26 Wie verändert sich der Flächeninhalt eines Rechtecks, wenn man seine Seitenlängen a und b verändert? Übertrage die Tabelle ins Heft und fülle sie aus. Formuliere Sätze.

	a wird verdoppelt	a wird verdreifacht	a wird vervierfacht
b wird verdoppelt	$2a \cdot 2b = 4ab$		
b wird verdreifacht			
b wird vervierfacht			
b wird halbiert	$2a \cdot \frac{1}{2}b$		

27 Untersuche wie in Aufgabe 26: Wie ändert sich das Volumen eines Quaders mit quadratischer Grundfläche, wenn man die Kantenlängen verändert?

■ Terme mit Klammern

Erforschen und Entdecken

1 Berechne die Aufgaben und vergleiche die Ergebnisse.

$3 + (17 + 12)$	$25 + (18 - 7)$	$100 - (27 + 43)$	$80 - (-15 + 25)$
$3 + 17 + 12$	$25 + 18 - 7$	$100 - 27 + 43$	$80 - 15 - 25$
$3 + 17 - 12$	$25 + 18 + 7$	$100 - 27 - 43$	$80 + 15 - 25$

a) Wann kann man eine Klammer weglassen, ohne dass sich das Ergebnis ändert?

b) Erkläre, wie man vorgehen muss, wenn vor der Klammer ein Minuszeichen steht.

c) Finde zu der Aufgabe $8 - (4 + 1)$ eine Aufgabe mit den Zahlen 8; 4 und 1, die das gleiche Ergebnis, aber keine Klammern hat.

2 Henrik soll folgende Aufgabe lösen:

Frau Tekin hat für einen Zoobesuch 50 € bei sich. Sie zahlt x € Eintritt für ihre Tochter und y € Eintritt für sich selbst. Henrik hat die folgenden Terme für das Restgeld bestimmt:

$50 - x - y$ und $50 - (x + y)$

a) Erkläre die Terme.

b) Sind die Terme gleichwertig?

c) Wenn Terme gleichwertig sind, kann man sie ineinander umformen. Wie könnte das bei diesen beiden Termen funktionieren?

3 Die Grundstücke der Familien Klein und Schmidt grenzen aneinander. Da Familie Klein eine Garage anbauen will, möchte sie einen 2 m breiten Streifen vom Nachbargrundstück dazukaufen.

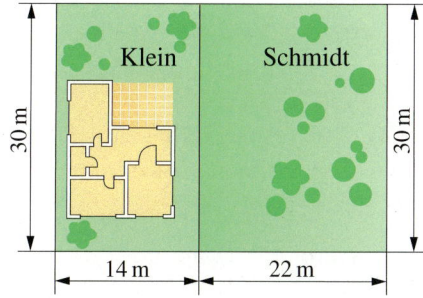
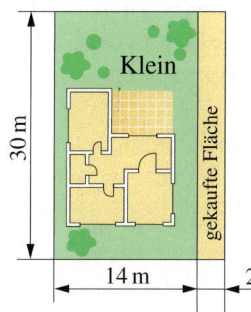
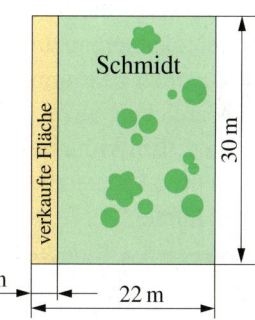

a) Berechne die Flächeninhalte der Grundstücke vor dem Verkauf.

b) Berechne die beiden neuen Flächeninhalte nach dem Verkauf auf je zwei Weisen.

c) Die Seitenlängen der Grundstücke sollen durch die Variablen a, b und c angegeben sein. Gib zwei verschiedene Terme für den Flächeninhalt des gesamten Grundstücks an.

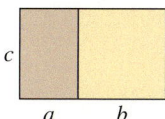
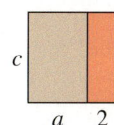
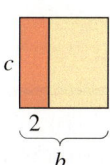

d) Gib je zwei verschiedene Terme an, mit denen man die Flächeninhalte nach dem Verkauf des Grundstückes berechnen kann. Überprüfe durch Einsetzen, ob du zum gleichen Ergebnis kommst wie in b).

Lesen und Verstehen

Daniel und Maria sollen Terme für die Kantenlänge eines Quaders angeben.

Daniel addiert zunächst alle Kantenlängen: $a + b + c$. Da die Summe der drei Kanten a, b, c viermal vorkommt, multipliziert er anschließend mit 4, also $4\,(a + b + c)$.

Maria multipliziert jede Kantenlänge mit 4 und addiert dann die Produkte:
$4a + 4b + 4c$

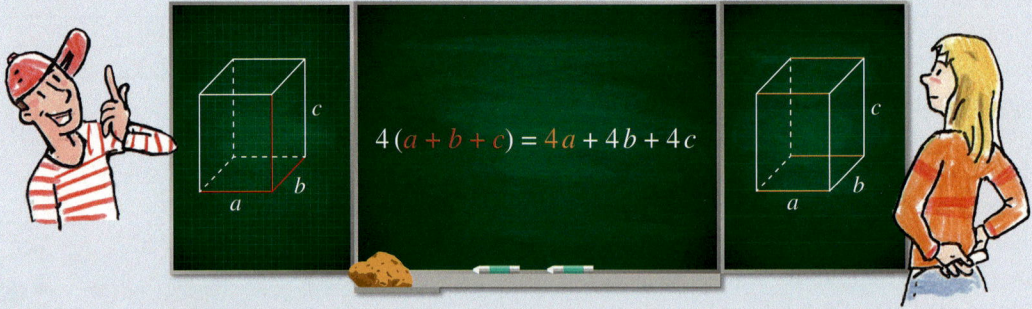

$$4\,(a + b + c) = 4a + 4b + 4c$$

John rechnet so: Umfang Grundfläche + Umfang Deckfläche + viermal die Höhe, also $(2a + 2b) + (2a + 2b) + 4c$.

Eine **Klammer**, vor der ein **Pluszeichen** steht, kann man weglassen. Die Vorzeichen und Rechenzeichen in der Klammer ändern sich nicht.	**BEISPIELE** $8 + (4 + 3)$ $a + (-b + c - d)$ $= 8 + 4 + 3$ $= a - b + c - d$ $= 15$
Eine **Klammer**, vor der ein **Minuszeichen** steht, kann man auflösen. Die Zahlen in der Klammer bekommen das entgegengesetzte Vorzeichen: aus + wird −, aus − wird +. Kurz: Ein Minuszeichen vor der Klammer heißt: „Ändere alle Vorzeichen in der Klammer."	$8 - (4 + 3)$ $a - (-b + c - d)$ $= 8 - 4 - 3$ $= a + b - c + d$ $= 1$ $8 - (4 - 3)$ $a - (b - c)$ $= 8 - 4 + 3$ $= a - b + c$ $= 7$

BEACHTE
Steht ein Faktor vor einer Klammer, kann man verkürzt schreiben:
$6 \cdot (a + b)$
$= 6\,(a + b)$,
$-3 \cdot (x - y)$
$= -3\,(x - y)$

Erinnere dich an das Distributivgesetz. Es gilt auch bei Termen mit Variablen:

Eine Summe wird mit einem Faktor multipliziert, indem man jeden Summanden in der Klammer mit dem Faktor multipliziert. $a \cdot (b + c) = a\,(b + c) = a \cdot b + a \cdot c$	**BEISPIELE Ausmultiplizieren** $3\,(5 + 2) = 3 \cdot 5 + 3 \cdot 2$ $4\,(8 - 6 + 2) = 4 \cdot 8 - 4 \cdot 6 + 4 \cdot 2$ $a\,(b - c) = a\,b - a\,c$
Wenn alle Summanden einen gemeinsamen Faktor enthalten, kann man diesen Faktor **ausklammern**.	**BEISPIELE Ausklammern (Faktorisieren)** $3x + 3y = 3\,(x + y)$ $6 \ + \ 2x \ - \ 4y \ =$ $2 \cdot 3 + 2 \cdot x - 2 \cdot 2y = 2\,(3 + x - 2y)$

Basisaufgaben

1 Schreibe ohne Klammer.

a) $a + (x + y)$ b) $p + (r + s)$

c) $x + (a + 12)$ d) $v + (7 - m)$

e) $4x + (-y + 4)$ f) $-m + (-3n - 3)$

g) $a - (b + c)$ h) $d - (e + f)$

i) $x - (y + 3)$ j) $12 - (k - n)$

k) $5x - (-a + 4)$ l) $-n - (-5n - 9)$

2 Schreibe die Terme ohne Klammern.

a) $5 - (a + b)$ b) $6 - (x + a)$

c) $x + (14 - y)$ d) $8 - (r - s)$

e) $y + (z + 5)$ f) $y + (-x + 7)$

g) $y + (-8 - x)$ h) $y - (-m - z)$

3 Schreibe ohne Klammer. Fasse zusammen.

a) $a + (a + a)$ b) $a + (-a + a)$

c) $a + (a - a)$ d) $a + (-a - a)$

e) $a - (a + a)$ f) $a - (-a + a)$

g) $a - (a - a)$ h) $a - (-a - a)$

4 Überprüfe durch Einsetzen von $a = 10$, $b = 2$, $c = 3$, ob die Umformungen richtig sind. Korrigiere die falschen Rechnungen.

a) $a + (b + c) = a + b + c$

b) $a - (b - c) = a - b + c$

c) $a + (b - c) = a + b + c$

d) $a - (b + c) = a - b - c$

e) $a - (-b + c) = a - b - c$

5 ➡ Kevin hat die beiden Bestandteile des Terms einfach vertauscht. Ist er richtig vorgegangen? Begründe.

$15x - 9y$	$9y - 15x$

6 ➡ Wie muss eine Klammer gesetzt werden, damit der Term $3 - 5 - 4 + 8$ einen möglichst großen (kleinen) Wert erhält?

7 Ergänze mit den passenden Vorzeichen.

a) $9a^2 + (\blacksquare - \blacksquare) = 9a^2 - 3ab + b^2$

b) $12x^2 - (\blacksquare - \blacksquare) = 5xy - 3y^2 + 12x^2$

8 Fasse die Terme soweit es geht zusammen.

a) $5 - (b + 7 + b)$ b) $x + (x + 9 + 10)$

c) $y - (y + 9 - y)$ d) $a + (a - 2 + 9)$

e) $a + (a - b + c)$ f) $3x + (2 - x)$

9 Schreibe ohne Klammern und fasse dann zusammen.

BEISPIEL $(8a + 4b) + (-3a - 2b)$

Klammern auflösen $= 8a + 4b - 3a - 2b$

ordnen $= 8a + 4b - 3a - 2b$

zusammenfassen $= 5a + 2b$

a) $(8a + 4b) + (3a + 2b)$

b) $(8a + 4b) + (3a - 2b)$

c) $(8a + 4b) - (-3a + 2b)$

d) $(8a + 4b) - (3a - 2b)$

10 Löse die Klammern auf und fasse dann zusammen.

a) $2a + (3b + 12a)$

b) $10e + (-6f - 4e)$

c) $9a + (14 - 3a) + (2a - 5)$

d) $(15a + b) + (-4a + 3b)$

e) $2a^3 + (3a^3 - a^2b)$

f) $(6{,}3a - 7{,}2b) + (-2{,}7a)$

g) $(7a^2 + 7a - 3) + (-4a^2 - 2a + 7)$

11 Fasse zusammen.

a) $c - (6d + 3c - 8c + 13) + 20$

b) $18ab - (17a - 4ab + 6b + 25)$

c) $10{,}1x - (2{,}6y - 5{,}4x + 3{,}4z)$

d) $9y - (2y + 17) - (14 - 3y)$

12 Löse die Klammer auf, fasse zusammen.

BEISPIEL $9a - (3b - 4a)$

Klammern auflösen $= 9a - 3b + 4a$

ordnen $= 9a + 4a - 3b$

zusammenfassen $= 13a - 3b$

a) $5x - (8x + 3y)$ b) $-11 - (10 - a)$

c) $8a - (-7b + 2b)$ d) $-(3x - 3y)$

e) $-(-4a + 7b)$ f) $a + b - (3a - b)$

g) $(3x^2 + 7x) - (-x^2 + x)$

h) $-(18c - 7d) - (13c - 11d)$

i) $0{,}6y - (3{,}2y + 0{,}7)$

j) $(-5x - 3y + 2) - (-3x + 2y - 1)$

k) $-(2x + 3y - 5z) + (5x - 7y) - (-8x + 3z)$

l) $-(4{,}3a^2 - 5{,}9ab) - (-2{,}1a^2 - 5{,}7ab)$

13 Ergänze die Platzhalter.

a) $5x + (7y - \blacksquare) = 5x + 7y - 3z$

b) $(7u - \blacksquare) - (\blacksquare + v) = 5u - 3v$

c) $2a + (\blacksquare - \blacksquare) = a + 3b$

d) $6m + (\blacksquare - 5n) - (\blacksquare - \blacksquare) = 4n - p$

14 Schreibe die Aufgabe mit Hilfe von Klammern auf.
Berechne dann auf unterschiedliche Weise. Beschreibe dein Vorgehen.
a) Zu 319 soll die Summe der Zahlen 258 und 78 addiert werden.
b) Von 475 ist die Summe der Zahlen 45 und 365 zu subtrahieren.

15 Setze Klammern, sodass die Aussage wahr wird.
a) $12 - 4 - 9 = 17$
b) $8 - 3 + 5 = 0$
c) $17 - 4 - 5 + 3 = 5$
d) $24 - 7 - 3 - 4 = 24$

16 Setze im linken Term Klammern, sodass nach Umformung der rechte Term entsteht.
a) $2a - 2a + b + 2b = b$
b) $-a + b = -a - b$
c) $x - x + y - y = -2y$
d) $2a + b - 3a - 5b = -a - 4b$

17 Schreibe verkürzt.
BEISPIEL $8 \cdot (x + 5) = 8(x + 5)$
a) $3 \cdot (a + b)$
b) $a \cdot (2 + 3b)$
c) $2y \cdot (x - z)$
d) $1 \cdot (a - 9)$
e) $5ab \cdot (1 - 3z)$
f) $2x^2 y \cdot (z^2 + 5)$

18 Ordne die Terme mit Klammern und die ausmultiplizierten Terme einander zu.

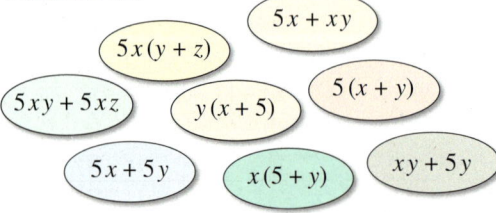

$5x(y + z)$ $5x + xy$ $5xy + 5xz$ $y(x + 5)$ $5(x + y)$ $5x + 5y$ $x(5 + y)$ $xy + 5y$

19 Löse die Klammern auf.
a) $2(a + b)$
b) $4(m - n)$
c) $3(x + y)$
d) $a(b - c)$
e) $4(11 + c)$
f) $15(3 - 2a)$
g) $25(3 - y)$
h) $8(x + 3y)$
i) $a(12 - 3b)$
j) $12(m + 10)$
k) $(4 + b) \cdot 2$
l) $(c - 5) \cdot 4$
m) $(2x + 6y) \cdot 5$
n) $(3c - 7) \cdot 4$
o) $(9a - 3b) \cdot 5$
p) $(11x + 30) \cdot y$
q) $(9a - 5b) \cdot 7$
r) $(4x + 7y) \cdot a$

20 Multipliziere aus.
a) $3(a + b + c)$
b) $7(2a + 3b + 2c)$
c) $6(x + y + 2)$
d) $13(c - d - 7)$
e) $8(2k - 3l + 4m)$
f) $15(-2 + 3x - 5y)$
g) $c(3a + b + c)$
h) $m(3a + 4m + b)$
i) $2a(a + 3b + 4)$
j) $3x(7 - 5x - xy)$

21 Multipliziere aus und fasse zusammen.
a) $3x(3x + 4)$
b) $2y(2y + 5)$
c) $(4x + 1) \cdot 4x$
d) $(x + 1) \cdot x$
e) $(x + 1) \cdot 17$
f) $2a(5 + a)$
g) $5(5 - x)$
h) $(5 - x) \cdot 12$

22 ▶ Ali meint: „Für $-(a + b)$ kann man auch $(-1)(a + b)$ schreiben".
Überprüfe, indem du die Klammern auflöst.

23 Löse die Klammer auf.
a) $-(x + y)$
b) $-(3a + 4b)$
c) $-4(-5x + 6)$
d) $-6(-3a - 4b)$
e) $-(x + y + z)$
f) $-(x + y - z)$

24 Multipliziere aus.
a) $-1(x + 2)$
b) $-9(x^2 + 1)$
c) $-3z(-z + 9)$
d) $-a(a - b)$
e) $-2(-5y - 6z)$
f) $-2xy(-4a + 7b)$
g) $-3z(x + 9)$
h) $(9a + 7c)(-2c)$

25 Bilde mindestens acht Produkte und löse die Klammern auf. Verwende jeweils einen Faktor aus der linken und einen Faktor aus der rechten Kiste.

26 Multipliziere die Terme aus.
a) $\frac{1}{3}x(x + 9)$
b) $(\frac{2}{3}a - \frac{2}{5}b) \cdot \frac{1}{2}$
c) $\frac{2}{5}(-5 - a)$
d) $\frac{1}{4}(8 - 4x)$
e) $\frac{3}{4}x(y - 4x)$
f) $\frac{2}{7}(2x - 14)$
g) $\frac{3}{8}a(a + b + 8)$
h) $\frac{5}{6}x(1 + 12x - y)$

27 Fasse die Terme so weit wie möglich zusammen.
a) $15a - 3(4 + 5a)$
b) $-3(x + 2y) + 6(-2x - 2y)$
c) $-(5a^2 + 6ab) - 4a(3a - 6b)$
d) $(5a - 6b) \cdot (-3) + 4a - 10b$
e) $(4 - 7a + 5b) \cdot 6a - 7ab$

28 ➡ Schreibe als Term mit Klammern.
a) Bilde das Vierfache der Summe aus a und b.
b) Bilde das Fünffache der Summe aus $2x$ und 3.
c) Bilde das Achtfache der Differenz von x und y.
d) Bilde das Doppelte der Summe aus a, b und c.
e) Bilde die Hälfte der Summe aus 10 und x.

29 Ergänze die fehlenden Terme so, dass die Gleichung stimmt.
a) $4(x + \blacksquare) = 4x + 20$
b) $7(\blacksquare - 3) = 7x - 21$
c) $\blacksquare (y + 8) = xy + 8x$
d) $x(\blacksquare + \blacksquare) = 3x + xy$
e) $2x + 3xy = \blacksquare (2 + 3y)$
f) $5a + 7ab = \blacksquare (5 + 7b)$

30 Klammere den Faktor 2 aus.
a) $8x + 10$
b) $14y + 10x$
c) $2s - 24t$
d) $64ab + 2c$
e) $32x^2 - 6$
f) $-6xy - 16x^2$

31 Klammere den angegebenen Faktor aus.
a) Faktor 8: $40a + 88b$ $-32x - 8y$
b) Faktor a: $17ab - 22a$ $13ab + 2a$
c) Faktor xy: $7xy + xyz$ $6xy - 13x^2y$
d) Faktor $-b$: $-bc - 4b$ $-55b^2 + 3b$
e) Faktor -1: $-7b - 9c$ $16x + 19y$

32 Ergänze im Heft den Term, der in der Klammer stehen muss.
a) $a + 12 - b = a + (\ldots)$
b) $8c - 2d - 5 = 8c + (\ldots)$
c) $5m - 4n - 3 = 5m - (\ldots)$
d) $3k + 5b - 6m = 3k - (\ldots)$
e) $10x + 2y + 5z = 10x - (\ldots)$

33 Schreibe mit Klammern und vereinfache.
a) Addiere zu $7a$ die Summe $5a + 7$.
b) Addiere die Differenzen $2m^2 - 3mn$ und $m^2 - mn$.
c) Subtrahiere von $8x$ die Summe $5x + 7$.
d) Von $3 - 5a$ ist $-7a$ zu subtrahieren.
e) Subtrahiere $5z - 7u$ von $-11z$.

Weiterführende Aufgaben

34 Wenn innerhalb eines Klammerausdrucks etwas geklammert werden soll, verwendet man für die äußeren Klammern eckige Klammern. Man rechnet von innen nach außen.

BEISPIEL

	$10a - [6b - (4a + 7)]$
innere Klammer	$= 10a - [6b - 4a - 7]$
äußere Klammer	$= 10a - 6b + 4a + 7$
ordnen	$= 10a + 4a - 6b + 7$
zuammenfassen	$= \quad 14a \quad - 6b + 7$

a) $3c + [5d - (6c + 12)]$
b) $9a + [2x - (6x + 5a)]$
c) $-7a - [5b + 6c - (2a + 5b)]$
d) $6y - 16x - [9y - 12x - (3y + 8x)]$
e) $12x - 9y + [-15x - (10y - 6x) + y]$
f) $6x - 3y - [x - (11y - 9x) - (9x - 8y)]$
g) $17x - 9y - [-14y - (2y - 11x) + 7y]$

35 ➡ Die Summe aus drei aufeinanderfolgenden natürlichen Zahlen beträgt 102. Welche drei Zahlen sind das?
Thimo rechnet so:
$(n - 1) + n + (n + 1) = 102$
Arda rechnet so:
$n + (n + 1) + (n + 2) = 102$
Dana rechnet so:
$n - (n - 1) + (n - 2) = 102$
Wer hat Recht? Begründe.

36 Die Seiten eines Dreiecks haben folgende Längen in cm:
$x + y$, $z - x$ und $10 - 2y$
a) Gib einen Term für den Umfang an.
b) Gib Zahlen für x, y und z an, sodass sich ein Dreieck konstruieren lässt.

BEACHTE
n soll eine beliebige natürliche Zahl sein.
Der Nachfolger dieser Zahl heißt dann $n + 1$.

37 ⇨ Von einer Eisenstange mit der Länge a werden die angegebenen Stücke abgeschnitten. Gib jeweils zwei verschiedene Terme für die Restlänge der Stange an.

a) ein Stück mit der Länge b und zwei Stücke mit der Länge c

b) drei Stücke mit der Länge b und vier Stücke mit der Länge c

38 Arbeite mit den Differenzen:

$$6m - 5n \qquad -3m - 11n$$

a) Addiere die Differenzen.

b) Subtrahiere die Differenzen voneinander.

c) Begründe, warum es für b) zwei verschiedene Lösungen gibt.

39 Schreibe als Differenz zweier Terme mit Klammern.

a) $3a - 4b - 6$ b) $5xy + 3xz + 7yz$

c) $-4u^2 + 11v - 7w$ d) $-a - 4b + 12c$

40 Klammere jeweils einen gemeinsamen Faktor aus.

a) $19a - 19b$ b) $17r - 17ab$

c) $xz - yz$ d) $3ab - 7ac$

e) $9a - 9$ f) $12xyz - 35az$

g) $2a + 2b + 2c$ h) $4a^2 - 9a^2$

i) $7c - 15cd - 5ac$ j) $7x^2 - 15x$

k) $4ab + a$ l) $3x + 6$

m) $48a^2b + 96a^3$ n) $2x^2 + 4x + 6xy$

41 ⇨ Sarah soll einen möglichst großen Faktor ausklammern. Dazu verwendet sie einen Zwischenschritt. Erkläre ihre Vorgehensweise.

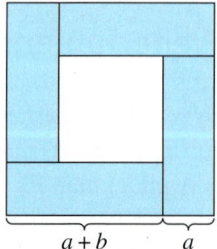

42 Klammere immer den größtmöglichen Faktor aus.

a) $ax - 4az + 5ay$

b) $21abx - 6by + 15bz$

c) $24ab - 12bc + 48ab$

d) $5bx - by - 15bz$

e) $25ab + 125ac + 75ax$

f) $-8x^2 - 8x - 16x^3$

g) $-5x^2 - 5x - 5$

43 ⇨ Erläutere, welche Fehler Sebastian gemacht hat, und korrigiere sie.

a) $5ab + 5ac = 5(ab + c)$

b) $12xy - 8xz = 2x(10y - 4z)$

c) $4a - 8b + 4 = 4(a - 2b)$

d) $x^3y - xz = x^2(xy - z)$

e) $a^3b - a^2b^4 = a^2b(a - b^2)$

f) $-12mn - 20km = -4m(3n - 5k)$

44 ⇨ Stimmt das? Lars sollte den Term als Produkt schreiben:
$$9x + 27xy + 6xz = x(9 + 27y + 6z)$$

45 Für den Flächeninhalt des blauen Rands lassen sich Terme angeben.

a) Finde einen Term für die linke Figur.

b) Gib für die rechte Figur einen Term an.

c) Zeige durch Umformung, dass man das gleiche Ergebnis erhält.

46 Klammere gemeinsame Faktoren aus und kürze die Brüche.

a) $\dfrac{3x + 6}{9x + 12}$ b) $\dfrac{4 + 6a}{10b + 4}$

c) $\dfrac{15x + 9}{18 + 3x}$ d) $\dfrac{3x + 5xy}{xy + 7x}$

e) $\dfrac{14a - 21ab}{49 - 35a}$ f) $\dfrac{9xy + 18by}{9x - 18b}$

■ Produkte von Summen

Erforschen und Entdecken

1 Das Architekturbüro Lenz und Partner stellt bei der Baubehörde einen Bauantrag für einen neuen Supermarkt. Der Bauantrag enthält auch die Größe der einzelnen Räume.

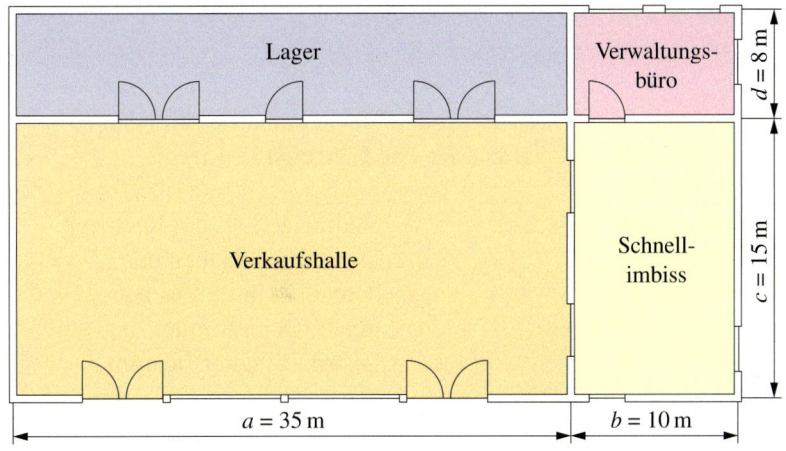

a) Berechne den Flächeninhalt der einzelnen Räume.

b) Berechne den Flächeninhalt der gesamten genutzten Fläche.

c) Zeige, dass es verschiedene Möglichkeiten gibt, die Gesamtfläche zu berechnen.

d) Das Architekturbüro Lenz und Partner erstellt häufig Baupläne für Gebäude mit ähnlichen Abmessungen. Daher berechnet der Architekt Herr Lenz den Flächeninhalt mit einem Term, den er in sein Tabellenkalkulationsprogramm eingegeben hat. Gib mindestens einen möglichen Term für die Zelle **F3** an.

	A	B	C	D	E	F
1	**Supermarkt**	**Verkaufshalle**	**Imbiss**	**Imbiss**	**Büro**	**Supermarkt**
2		**Länge a**	**Breite b**	**Länge c**	**Breite d**	**Gesamtfläche**
3	wie im Bild	35	10	15	8	
4	Alternative 1	38	12	16	10	
5	Alternative 2	42	10	17	12	
6	...					
7						
8						
9						
10						
11						
12						
13						

2 Arbeitet zu zweit oder in kleinen Gruppen.

a) Findet heraus, welche Aufgabe mit zwei Klammern in der Darstellung gelöst wurde, und erläutert den Rechenweg.

	30	8	
20	600	160	760
7	210	56	266
			1026

b) Überlegt euch selbst weitere Rechenaufgaben, tauscht sie untereinander aus und löst sie auf die gleiche Weise mit einer Tabelle.

c) Übertragt die Tabellen in eure Hefte und füllt zunächst die blauen Felder aus. Berechnet anschließend die Summe der Terme in den grauen Feldern. Fasst die Terme soweit wie möglich zusammen. Vergleicht eure Lösungen.

① $(a + 5)(a + 4)$

	a	4	
a	a^2	$4a$	$a^2 + 4a$
5			

② $(x + 5)(y + 6)$

	y	6
x		
5		

③ $(3 + 2a)(a + 5)$

	a	5
3		
$2a$		

d) Formuliert eine Regel für die Multiplikation von zwei Summen.

Lesen und Verstehen

Ein rechteckiges Blumenbeet mit den Seitenlängen a und c
wird beim Bepflanzen im neuen Frühjahr vergrößert:
eine Seite wird um 3 m und die andere um 2 m verlängert.
Welchen Inhalt hat das neue rechteckige Beet?

Nadine und Nina sollen den neuen Flächeninhalt bestimmen.
Die Breite des Beets ist $(a + b)$. Die Länge ist $(c + d)$.

Sie gehen unterschiedlich vor:

Nadine zerlegt das Rechteck in zwei Teilflächen und berechnet ihren Flächeninhalt. Dann wendet sie das Distributivgesetz an, um den Term zu vereinfachen.

Nina zerlegt das Rechteck in vier Teilflächen und berechnet deren Flächeninhalt.

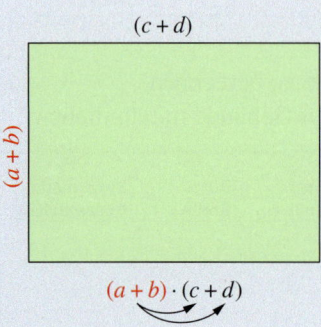 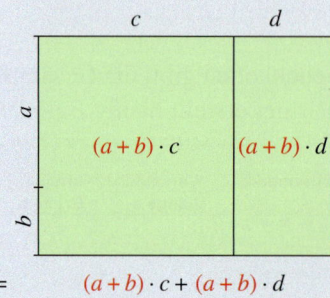 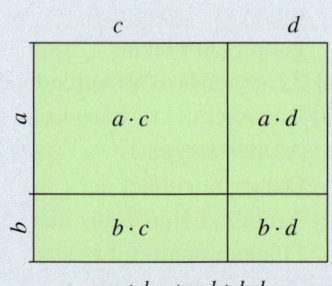

$$(a + b) \cdot (c + d) \quad = \quad (a + b) \cdot c + (a + b) \cdot d \quad = \quad ac + bc + ad + bd$$

> Beim Multiplizieren von zwei Summen wird jeder Summand in der ersten Klammer mit jedem Summanden in der zweiten Klammer multipliziert. Die entstandenen Produkte werden anschließend addiert.

BEISPIEL

bei $a = 6$ m, $c = 7$ m
$(b = 2$ m, $d = 3$ m$)$

$$(a + b) \cdot (c + d) = a \cdot c + a \cdot d + b \cdot c + b \cdot d$$
$$(6 + 3) \cdot (7 + 2) = 6 \cdot 7 + 6 \cdot 2 + 3 \cdot 7 + 3 \cdot 2$$
$$= 42 + 12 + 21 + 6 = 81$$

Das neue Beet hat eine Größe von 81 m².

Basisaufgaben

1 Ordne den Produkten die passenden Summen zu.

① $(a + 2) \cdot (b + 6)$
② $(a + 4) \cdot (b + 3)$
③ $(a + 1) \cdot (6 + b)$
④ $(a + 5) \cdot (9 + b)$
⑤ $(a + 9) \cdot (b + 3)$

a) $ab + 3a + 4b + 12$
b) $ab + 3a + 9b + 27$
c) $ab + 6a + 2b + 12$
d) $6a + ab + 6 + b$
e) $9a + ab + 45 + 5b$

2 Ergänze die Lücken.

a) $(x + 2) \cdot (y + 4) = xy + 4x + 2y + \blacksquare$
b) $(a + 5) \cdot (b + 6) = ab + 6a + \blacksquare + \blacksquare$
c) $(x + 7) \cdot (y + z) = xy + xz + 7y + \blacksquare$
d) $(c + 11) \cdot (3 + d) = 3c + \blacksquare + \blacksquare + \blacksquare$
e) $(3 + a) \cdot (8 + b) = 24 + \blacksquare + \blacksquare + \blacksquare$
f) $(4 + x) \cdot (y + 2) = 4y + 8 + \blacksquare + \blacksquare$

3 Stelle einen Term für den Flächeninhalt des Rechtecks auf. Forme den Term um.

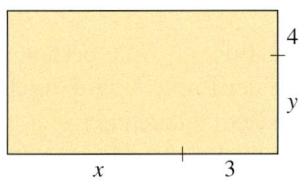

4 Löse die Klammern auf.

BEISPIEL $(2+b)(a+9) = 2a + 18 + ab + 9b$

a) $(a+b) \cdot (a+c)$ **b)** $(2+a) \cdot (a+2)$
c) $(3+x) \cdot (x+z)$ **d)** $(r+25) \cdot (r+6)$
e) $(a+4) \cdot (a+10)$ **f)** $(8+x) \cdot (8+x)$
g) $(3+x) \cdot (x+7)$ **h)** $(6+c) \cdot (9+c)$
i) $(10+r) \cdot (r+s)$ **j)** $(8+u) \cdot (u+2)$

5 Löse die Klammern auf und fasse, wenn möglich, zusammen.

a) $(a+4) \cdot (b+8)$ **b)** $(a+5) \cdot (b+7)$
c) $(x+1) \cdot (y+3)$ **d)** $(a+3) \cdot (4+b)$
e) $(a+2) \cdot (12+b)$ **f)** $(x+6) \cdot (9+y)$
g) $(x+6) \cdot (y+7)$ **h)** $(3+d) \cdot (e+8)$
i) $(11+a) \cdot (b+5)$ **j)** $(7+x) \cdot (3+y)$

6 Ergänze die Lücken.

a) $(x+5) \cdot (x+12) = x^2 + 12x + \blacksquare + \blacksquare$
b) $(2x+7) \cdot (3x+2) = 6x^2 + 4x + \blacksquare + \blacksquare$
c) $(3a+4) \cdot (4a+5) = \blacksquare + 15a + \blacksquare + 20$
d) $(5x+3y) \cdot (3x+9) = 15x^2 + \blacksquare + 9xy + \blacksquare$
e) $(4a+3b) \cdot (2a+5b) = 8a^2 + \blacksquare + 6ab + \blacksquare$
f) $(7x+4y) \cdot (8x+11) = \blacksquare + 77x + \blacksquare + \blacksquare$

7 Ergänze die Lücken.

a) $(4c+6) \cdot (2c+7) = \blacksquare + 40c + \blacksquare$
b) $(5a+3) \cdot (2a+9) = \blacksquare + \blacksquare a + 27$
c) $(2s+4r) \cdot (2s+3r) = 4s^2 + \blacksquare + \blacksquare$
d) $(2x+7y) \cdot (3x+6y) = \blacksquare + 12xy + \blacksquare + \blacksquare$

8 Multipliziere und fasse zusammen.

BEISPIEL $(7-a)(b-3) = 7b - 21 - ab + 3a$

a) $(a-5) \cdot (b+7)$ **b)** $(y-8) \cdot (z+9)$
c) $(x-3) \cdot (y+6)$ **d)** $(s+4) \cdot (t-1)$
e) $(a+9) \cdot (b-2)$ **f)** $(x-5) \cdot (y-8)$
g) $(z-8) \cdot (z-9)$ **h)** $(a-9) \cdot (a+9)$
i) $(3a+b) \cdot (a-3b)$ **j)** $(x+4) \cdot (x-4)$

9 Multipliziere und fasse zusammen.

a) $(2x+y) \cdot (2a+5)$
b) $(4a-2) \cdot (4a+4)$
c) $(5x-5) \cdot (7y+8)$
d) $(11t+8) \cdot (5-4t)$

10 Multipliziere jeweils einen Term aus dem linken Kästchen mit einem Term aus dem rechten Kästchen.

$(a+b)$
$(b-14a)$
$(4a+6b)$
$(a+4b)$

$(16a+5)$
$(10b+6a)$
$(14b-30)$
$(11a+25b)$

11 Multipliziere und fasse zusammen.

a) $(2a-b) \cdot (7a-8b)$
b) $(6a-2) \cdot (5+3a)$
c) $(s+3t) \cdot (9s-t)$
d) $(-3d-5) \cdot (4d+10)$
e) $(6x-15y) \cdot (3x+9y)$
f) $(-7b+8) \cdot (16-12b)$
g) $(9x-13y) \cdot (4y-5x)$
h) $(10a-25b) \cdot (3b+2a)$
i) $(5x-2y) \cdot (x-3y)$

12 Ergänze die leeren Felder. Nutze die Terme unten.

a) $(x+\blacksquare) \cdot (\blacksquare+2) = xy + \blacksquare + 4y + 8$
b) $(\blacksquare-3)(5+\blacksquare) = 5a + ab - \blacksquare - 3b$
c) $(x+\blacksquare)(7-\blacksquare) = \blacksquare - xy + 7 - y$
d) $(5a-\blacksquare)(3c-\blacksquare) = \blacksquare - 5ad - 3bc + bd$
e) $(8x-5y)(\blacksquare+\blacksquare) = 48x^2 - \blacksquare xy - 10y^2$
f) $(a-\blacksquare)(\blacksquare-9c) = 2a^2 - \blacksquare ac + 36c^2$

a	$2a$	b	b	$4c$
d	$2x$	$6x$	$7x$	
y	y	$2y$	$15ac$	
	1	4	14	
	15	17		

13 Setze in die Leerstellen die Zeichen „+" und „–" richtig ein.

a) $(x+7)(11+x) = x^2 \,\blacksquare\, 18x \,\blacksquare\, 77$
b) $(a+14)(a-9) = a^2 \,\blacksquare\, 5a \,\blacksquare\, 126$
c) $(3r+9s)(5r-6s) = 15r^2 \,\blacksquare\, 27rs \,\blacksquare\, 54s^2$
d) $(-a+8b)(3b-6a) = 6a^2 \,\blacksquare\, 51ab \,\blacksquare\, 24b^2$
e) $(-5c-3d)(-c+5d) = 5c^2 \,\blacksquare\, 22cd \,\blacksquare\, 15d^2$

Weiterführende Aufgaben

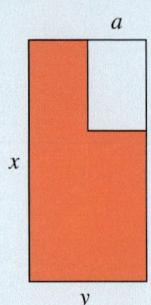

14 Skizziere die farbige Fläche links in deinem Heft. Ihr Flächeninhalt lässt sich auf verschiedene Arten berechnen.

a) Welcher der folgenden Terme ist nicht geeignet? Begründe, indem du die entsprechenden Teilflächen im Heft markierst.
  ① $x \cdot y - a \cdot b$
  ② $x \cdot (y - a) + a \cdot (x - b)$
  ③ $x \cdot y + a \cdot b$
  ④ $(x - b) \cdot (y - a) + a \cdot (x - b) + b \cdot (y - a)$

b) Zeige durch Termumformungen, dass die Terme ① und ④ identisch sind.

15 Kevin hat Terme für die Flächeninhalte der Figuren ① bis ④ in der Randspalte aufgestellt.

$A = a \cdot b + a \cdot c = a \cdot (b + c)$

$A = e \cdot f + e \cdot g + e \cdot h = e \cdot (f + g + h)$

$A = a \cdot s + a \cdot t + b \cdot s + b \cdot t$
$\quad = (a + b) \cdot (s + t)$

a) Zu welcher Figur passt welcher Flächeninhaltsterm? Begründe.

b) Finde einen Term für den Flächeninhalt der fehlenden Figur.

16 Löse die Klammern auf und fasse zusammen.

a) $(x + 2) \cdot (x - 4) - x^2 + 2x + 6$
b) $(x - 4) \cdot (5 + x) - x^2 - (2x - 1)$
c) $(2x + 1) \cdot (x - 2) + x(x - 3) - (x - 1)x$
d) $-(3a + 2) - 2a(a - 1) + 6(a - 1) \cdot (4a + 2)$

17 Multipliziere und fasse zusammen.

a) $(x + 1) \cdot (x + 2) + (x + 3) \cdot (x + 4)$
b) $(2x - 3) \cdot (3x - 1) - (6x + 2) \cdot (x - 5)$

18 Forme die Summen in Produkte um.

BEISPIEL
$\quad 2x + 2y - ax - ay$
$\quad = 2(x + y) - a(x + y)$
$\quad = (2 - a) \cdot (x + y)$

a) $ac + ad + bc + bd$
b) $ac - ad - bc + bd$
c) $wx + wy + 8x + 8y$
d) $12a - 12b + as - bs$
e) $xc - yc + 2x - 2y$
f) $x^2 - 7x - 5x + 135$
g) $9a^2 + 9a + 2a + 2$

19 Ein Schwimmbecken mit der Länge a und der Breite b wird durch eine Umrandung aus Betonplatten eingefasst. Die Breite der Umrandung beträgt x.

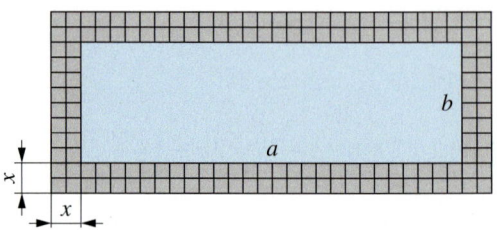

a) Überlege, wie man den Flächeninhalt der Umrandung berechnen könnte.

b) Zeige an der Zeichnung, dass jeder der Terme $(a + 2x) \cdot (b + 2x) - ab$ und $2ax + 2x(b + 2x)$ den Flächeninhalt der Umrandung angibt.

c) Bestätige durch Ausmultiplizieren, dass die beiden Terme den gleichen Wert haben.

d) Berechne den Flächeninhalt für $a = 15$ m, $b = 8$ m und $x = 1{,}2$ m.

20 Multipliziere.

a) $\left(\dfrac{a}{5} + \dfrac{2}{3}\right) \cdot \left(\dfrac{1}{4} + \dfrac{b}{6}\right)$
b) $\dfrac{(x + 3)}{4} \cdot \dfrac{(y + 7)}{8}$

c) $\dfrac{7}{(e + 2)} \cdot \dfrac{11}{(6 + f)}$
d) $\left(\dfrac{x}{3} - \dfrac{3}{3}\right) \cdot \left(\dfrac{4}{3} - \dfrac{y}{3}\right)$

e) $\left(\dfrac{r}{8} + \dfrac{3}{4}\right) \cdot \left(\dfrac{7}{16} + \dfrac{s}{8}\right)$
f) $\dfrac{(v - 11)}{(w + 2)} \cdot \dfrac{(6 + w)}{(8 - v)}$

g) Erkläre, wie du vorgegangen bist. Beschreibe dabei, was in Klammern stand und wie du sie aufgelöst hast.

21 Mit einer Multiplikationstabelle lassen sich auch Summen mit mehr als zwei Summanden berechnen.

a) Ergänze die Tabelle. Welches Produkt wird hier berechnet?

	a	$5b$	3
a			
$2b$			

b) $(x + 2y) \cdot (2x + 3y + z)$
c) $(a + 5b) \cdot (3a - 2b - 3c)$
d) $(c + d + 3e) \cdot (5c + 7d)$
e) $(3s + 4t) \cdot (2s + 0{,}5t + 7)$
f) $(7x + 3y + 2a) \cdot (3a - 5y)$
g) $(6a - 3b - 4) \cdot (3b + 2a)$

■ Gleichungen aufstellen und lösen

Erforschen und Entdecken

Bildet Gruppen zu zwei bis vier Personen und sucht euch mindestens zwei Knobelaufgaben aus, die ihr lösen wollt. Vergleicht anschließend eure Lösungen und Lösungswege mit denen der anderen Gruppen.

Termaufgabe
Bestimme x so, dass der Term jeweils den Wert 15 hat.

① $5x + 10$ ② $5(x + 10)$

③ $5(x - 10)$ ④ $5x - 10$

Zylinderaufgabe
Wie schwer ist der rote Zylinder?

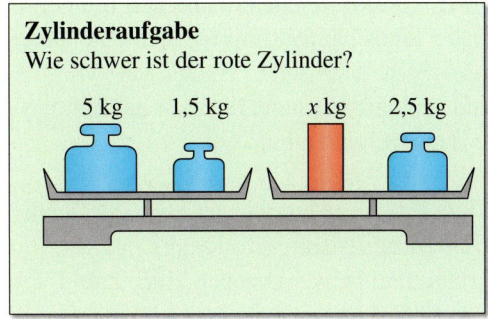

5 kg   1,5 kg x kg   2,5 kg

Waagenaufgabe

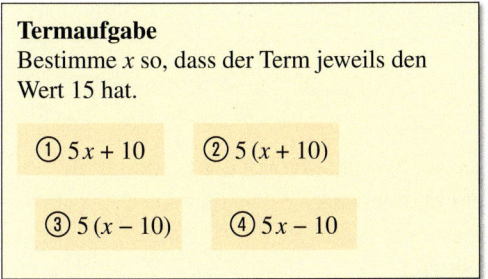

Altersaufgabe
Eine alte Frau wird nach ihrem Alter gefragt. Sie antwortet: „Mit meiner Tochter bin ich zusammen 115 Jahre alt. Mit meiner Enkelin bin ich zusammen 95 Jahre alt. Meine Tochter und meine Enkelin sind zusammen 70 Jahre alt."
Wie alt ist jede der drei Frauen?

Streichholzaufgabe
In jeder Schachtel sind gleich viele Streichhölzer. Finde heraus, wie viele Hölzer sich in den Schachteln befinden. Stellt euch in der Gruppe ähnliche Aufgaben.

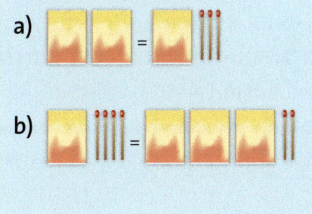

Rechteckaufgabe
Ein Rechteck ist 4 cm länger als breit. Der Umfang beträgt 20 cm. Berechne die Länge und Breite des Rechtecks.

Einkaufsaufgabe
Sabrina hat 5 Filzstifte und 3 Gelstifte gekauft. Ihre Mutter möchte wissen, wie viel die Stifte jeweils gekostet haben. Sabrina kann sich aber nur erinnern, dass sie insgesamt 8,80 € zahlen musste.
a) Wie viel € könnten die Stifte jeweils gekostet haben?
b) Sabrinas Freundin meint, dass die Filzstifte jeweils 1,20 € gekostet hätten. Überprüft, ob das sein kann.
c) Sabrina kann sich noch erinnern, dass die Gelstifte doppelt so viel wie die Filzstifte gekostet haben. Wie viel kosteten die Stifte dann?

Lesen und Verstehen

Kevin und Marco sparen für ein Fußballtrikot. Kevin hat bereits 25 € gespart. Jede Woche spart er weitere 1,50 €. Marco hat erst 5 € in seiner Spardose. Er spart aber jede Woche 3,50 €. Kevin behauptet: „Das dauert doch mindestens ein halbes Jahr, bis du genauso viel Geld gespart hast wie ich." Stimmt das?

Bei vielen Problemen lässt sich die Lösung durch **systematisches Probieren** finden. Dabei ist es häufig sinnvoll, sich eine Tabelle anzulegen. Man setzt verschiedene Werte ein und probiert so lange, bis man die richtige Lösung gefunden hat.

BEISPIEL 1

Anzahl Wochen	Marcos Sparbetrag	Kevins Sparbetrag
1	$5 + 1 \cdot 3,5 = 8,5$	$25 + 1 \cdot 1,5 = 26,5$
5	$5 + 5 \cdot 3,5 = 22,5$	$25 + 5 \cdot 1,5 = 32,5$
10	$5 + 10 \cdot 3,5 = 40$	$25 + 10 \cdot 1,5 = 40$

Nach 10 Wochen haben die beiden gleich viel Geld gespart.

Viele Probleme lassen sich auch durch eine **Gleichung** lösen.
Erhält man beim Einsetzen einer Zahl für x eine wahre Aussage, so ist x Lösung der Gleichung.

BEISPIEL 2

Anzahl der Wochen: x
Marco: $5 + 3,5 \cdot x$; Kevin: $25 + 1,5 \cdot x$
Gleichung: $5 + 3,5 \cdot x = 25 + 1,5 \cdot x$
Ist $x = 26$ die Lösung?
$5 + 3,5 \cdot 26 = 25 + 1,5 \cdot 26$
$\qquad\qquad 96 \neq 64$ (falsche Aussage)
Kevins Behauptung stimmt also nicht.

> Eine Gleichung kann durch **Äquivalenzumformungen** gelöst werden.
> Dazu wird eine Gleichung schrittweise so umgeformt, dass man die Lösung direkt ablesen kann. Dabei sind folgende Rechenoperationen erlaubt:
> – auf beiden Seiten denselben Term addieren oder subtrahieren
> – auf beiden Seiten mit demselben Term multiplizieren oder durch denselben Term ($\neq 0$) dividieren.

BEISPIEL 3

$$5 + 3,5x = 25 + 1,5x \qquad | -1,5x \ | -5$$
$$2x = 20 \qquad\qquad\qquad | : 2$$
$$x = 10$$

Nach 10 Wochen haben die beiden gleich viel Geld gespart.

Basisaufgaben

1 Übertrage die Gleichungen in dein Heft. Gib jeweils an, welche Äquivalenzumformungen vorgenommen wurden.

a) $8x - 5 = 19$
   $\quad 8x \quad = 24$
   $\quad\quad x \quad = 3$

b) $14x + 4 = 11x + 13$
   $\quad 14x \ = 11x + 9$
   $\quad\quad 3x \ = \quad\quad 9$
   $\quad\quad\quad x \ = \quad\quad 3$

c) $-4x + 8 = 3x - 6$
   $\quad\quad 8 = 7x - 6$
   $\quad 14 = 7x$
   $\quad\quad 2 = \ x$

d) $2,5x + 7 = 9 - x - 23$
   $\quad 2,5x + 7 = -x - 14$
   $\quad 3,5x + 7 = \quad\quad -14$
   $\quad 3,5x \quad = \quad\quad -21$
   $\quad\quad\quad x \quad = \quad\quad -6$

2 Welche Gleichungen werden durch die Waagemodelle dargestellt? Gib mögliche Lösungsschritte an. Wofür steht x?

a)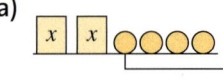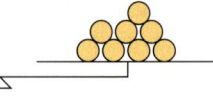

b)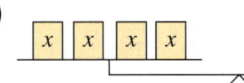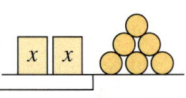

c)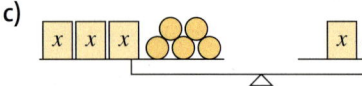

3 Setze $x = 6$ ein. Entscheide, ob die tatsächliche Lösung größer oder kleiner als 6 sein muss. Probiere weiter, bis du die Lösung gefunden hast.

a) $17 - 2x = 11$ b) $4x - 5 = 35$

4 Löse die Gleichungen.

a) $2x = 6$ b) $x + 5 = 7$
c) $x - 5 = 8$ d) $12 = -4x$
e) $-x = 1$ f) $-9 = x + 3$
g) $27 : x = 3$ h) $7x = 84$

5 Löse die Gleichungen.

a) $2x + 3 = 9$ b) $20 = 8 + 3x$
c) $7x + 5 = 47$ d) $6x + 7 = -5$
e) $2x + 5 = -23$ f) $29 + 5x = -21$
g) $-4 + 7x = 24$ h) $27 = 4x - 25$

6 Korrigiere die Fehler in deinem Heft.

a) $4x + 7 = 36 \mid : 4$ b) $-4x + 12 = -24 \mid -12$
     $x + 7 = 9 \mid -7$ $-4x = -36 \mid : 4$
        $x = 2$ $x = -9$

7 Löse die Gleichungen.

a) $3x + 5 = -6x + 32$
b) $5x + 9 = 65 - 3x$
c) $4x + 7 = -2x - 17$
d) $-13 + 2x = -4x - 14$
e) $-54 - 11x = -81 - 8x$

8 Fasse zusammen und löse dann.

a) $4x - 3 + 2x = 33 + 3x$
b) $5b - 4 + 3b = 6b - 9$
c) $9a - 21 - 3a = 9a - 24 + a$
d) $4 - 9x - 15 = -11x + 29 + 4x$
e) $9 + 12x - 4 = 7x + 26 - 10x$

9 Ordne den Sätzen die passende Gleichung zu. Bestimme dann jeweils die gesuchte Zahl.

a) Das Dreifache einer Zahl ist 15.
b) Die Summe aus dem Vierfachen einer Zahl und der Zahl beträgt 15.
c) Subtrahiert man von einer Zahl 7, so erhält man 15.
d) Addiert man zu einer Zahl ihren Nachfolger, so erhält man 15.

① $4x + x = 15$ ② $u - 7 = 15$
③ $m + (m + 1) = 15$ ④ $3 \cdot n = 15$

10 Wie heißt die gesuchte Zahl?

a) Das Fünffache einer Zahl ist 35.
b) Die Summe aus dem Doppelten einer Zahl und 14 ergibt 30.
c) Subtrahiert man von einer Zahl 9, erhält man 18.

11 Anne ist 15 Jahre älter als Boris und Boris ist 12 Jahre älter als Eva. Zusammen sind sie 42 Jahre alt. Wie alt sind die drei?

BEACHTE
Die Lösungen zu Aufgabe 4 ergeben in der richtigen Reihenfolge den Namen eines Landes. Auf welchem Kontinent liegt dieses Land?
-12 (I); -3 (E); -1 (S); 2 (U); 3 (T); 9 (E); 12 (N); 13 (N)

Weiterführende Aufgaben

12 Welche der Zahlen
$-2; -1: -\frac{1}{2}; \frac{1}{2}; 1; 2$
sind jeweils Lösung der Gleichung?

a) $2 - x = x : 2 + 5$
b) $4x - (2x + 1) = 3(x - 0{,}5)$
c) $x(x + 1) = x^2 + 2$
d) $3x + 7 = x : (-\frac{1}{4})$

13 Fasse erst zusammen und löse dann die Gleichungen.

a) $42y - 44{,}5 - 81y = -32y - 7 - 2y$
b) $5x + 10 = 2 + 6x - 20$
c) $33z - 42z + 2\frac{1}{2} = -14z$
d) $3a - 4 - (a + 3) = 3a - 12$
e) $3 - 7x + \frac{1}{2} = 13x + 4\frac{1}{2}$

14 Löse zunächst die Klammern auf.

a) $2(3x + 2) = 12x + 5 - 5x$
b) $4(a + 3) = (24a + 72) \cdot 6$
c) $-5(b + 2) = (8b + 34) : 2$
d) $9(3z + 4) = 0$
e) $(x - 9) = 3(x - 1)$

15 Löse die Gleichung. Lege eine Tabelle an und probiere systematisch.

$\frac{x+5}{x-5} = 3$

x	$\frac{x+5}{x-5} = 3$
6	$\frac{6+5}{6-5} = 11$
7	...

16 Mit welchen Äquivalenzumformungen wurden die Gleichungen gelöst?

a) $\frac{x}{3} = \frac{2}{7}$

$\quad x = \frac{6}{7}$

b) $\frac{a}{4} - 5 = 3$

$\quad \frac{a}{4} = 8$

$\quad a = 32$

c) $1\frac{1}{2}x + 4 = x + 8$

$\quad 1\frac{1}{2}x = x + 4$

$\quad \frac{1}{2}x = 4$

$\quad x = 8$

d) $\frac{1}{3}x + 2 = \frac{1}{2}x - 3$

$\quad \frac{1}{3}x = \frac{1}{2}x - 5$

$\quad \frac{2}{6}x - \frac{3}{6}x = -5$

$\quad -\frac{1}{6}x = -5$

$\quad x = 30$

17 Löse die Gleichungen.

a) $\frac{a}{4} + 2 = 5$

b) $\frac{a}{2} + 8 = -3$

c) $\frac{x}{7} - 4 = 2$

d) $\frac{x}{9} - 5 = -8$

e) $\frac{1}{11}y + 2 = 15$

f) $-5 + \frac{1}{8}y = -17$

g) $-\frac{r}{2} + 7 = 8$

h) $-\frac{r}{8} + 9 = 2$

i) $-\frac{x}{5} - 4 = -9$

j) $-\frac{x}{3} - 15 = 13$

k) $0{,}2x - 1{,}4 = 2{,}2$

l) $3{,}8 + 1{,}3z = -0{,}1$

18 Löse die Gleichungen.

a) $\frac{1}{4}x + 1 = \frac{1}{5}x + 2$

b) $\frac{1}{9}x - 11 = \frac{1}{3}x - 3$

c) $-4 - \frac{1}{20}x = \frac{1}{10}x - 6$

d) $\frac{5}{6}x + \frac{3}{5} = \frac{1}{3}x - \frac{1}{5}$

e) $5\frac{3}{4}x + 14 = 3\frac{1}{3}x - 15$

f) $1 - \frac{2}{7}x = 4\frac{2}{3}x - 51$

19 Herr Beqiri bringt Bauschutt zur Deponie. Bei zwei Fahrten transportiert er insgesamt 2 t. Die Waage zeigt bei der ersten Fahrt ein Gesamtgewicht für Anhänger und Ladung von 1650 kg.
Beim zweiten Mal sind es 1450 kg.
Wie viel wiegt der leere Anhänger?

20 ➡ Luca soll drei aufeinanderfolgende natürliche Zahlen finden, deren Summe 126 ergibt.

a) Löse durch Probieren.

b) Erläutere, warum Luca die Gleichung
$(n - 1) + n + (n + 1) = 126$ aufgestellt hat.

c) Vergleiche den Lösungsweg aus b) mit dem Lösungsweg von Dennis:
$n + (n + 1) + (n + 2) = 126$

21 Ein Rechteck ist doppelt so lang wie breit. Sein Umfang beträgt 96 cm. Berechne Länge und Breite des Rechtecks.

22 In einem gleichschenkligen Dreieck ist der Winkel an der Spitze viermal so groß wie ein Basiswinkel. Wie groß sind die Winkel?

23 Familie Drews hat in einem Preisausschreiben 3500 € gewonnen.
Jedes Elternteil soll doppelt so viel erhalten wie jedes der drei Kinder.
Wie viel Euro bekommt jedes Kind?

24 Löse zuerst die Klammern auf und fasse zusammen. Löse die Gleichung.

a) $(x - 6)(x + 6) = x^2 - 2x$

b) $(x + 9)(x - 5) = x^2 + 49x$

c) $(-x + 1)(x - 2) = -x^2 - 2$

d) $(x + 8)(-x - 5) = -x^2 + 25$

e) $(-x - 9)(-x - 3) = x^2 + 15x + 15$

25 Kevin hat zwei Gleichungen gelöst, die Äquivalenzumformungen fehlen. Überprüfe und erläutere seine Lösungen. Erinnere dich: $(x + 3)^2 = (x + 3) \cdot (x + 3)$

ⓐ $(x+3)(x+7) = x^2 - 19$
$x^2 + 7x + 3x + 21 = x^2 - 19$
$x^2 + 10x + 21 = x^2 - 19$
$10x + 21 = -19$
$10x = -40$
$x = -4$

ⓑ $(x+3)^2 = (x-1)^2$
$x^2 + 3x + 3x + 9 = x^2 - x - x + 1$
$x^2 + 6x + 9 = x^2 - 2x + 1$
$6x + 9 = -2x + 1$
$8x + 9 = 1$
$8x = -8$
$x = -1$

26 Bestimme die Lösung der Gleichung.

a) $y^2 + 4y + 4 = (y + 6) \cdot (y + 6)$

b) $(y + 1)(y - 1) = y^2 + 6y + 9$

c) $(y + 2) \cdot (y + 2) = (y + 4)(y + 2)$

d) $(y - 8)(y + 8) = (-2 + y)(y - 4)$

e) $(2m - 4)(2m + 4) - 3m^2 = (4 - m)^2 - 56$

f) $(2 - 5m)^2 = (4m - 7)(4m + 7) + 9m^2 + 53$

■ Sachaufgaben systematisch lösen

Erforschen und Entdecken

1 Arbeitet zu zweit oder zu dritt. Nehmt ein Stück Draht mit einer Länge von 24 cm und löst die folgenden Aufgaben.

a) Formt aus dem Draht ein Rechteck, bei dem eine Seite 5 cm länger als die andere Seite ist. Gebt die beiden Seitenlängen des Rechtecks an. Gibt es mehrere Möglichkeiten?

b) Formt aus dem Draht ein Rechteck, bei dem eine Seite dreimal so lang wie die kürzere Seite ist. Wie lang ist die kürzere Seite?

c) Formt aus dem Draht ein gleichschenkliges Dreieck, bei dem jeder der beiden Schenkel 3 cm länger als die Basis ist. Gebt die Seitenlängen des Dreiecks an.

2 Ein Mathematiklehrer ist 36 Jahre alt. Seine Kinder sind 4 Jahre und 8 Jahre alt. Er ist also dreimal so alt wie seine Kinder zusammen.

a) Wie wird das Altersverhältnis in zwei Jahren sein? Gib als Bruch an.

b) x soll für die vergangenen Jahre stehen. Wie lautet dann der Term für das Alter der Kinder in x Jahren?

c) In wie viel Jahren wird der Lehrer doppelt so alt sein wie seine Kinder zusammen?

3 Melina hat ein Rechteck gezeichnet und sich dazu ein Rätsel überlegt.

a) Zeichne Melinas ursprüngliches Rechteck und das veränderte Rechteck.

b) Welchen Flächeninhalt haben die Rechtecke?

c) Gibt es mehrere Lösungen?

Wenn ich mein Rechteck auf der einen Seite um 4 cm verlängere und auf der anderen Seite um 2 cm verkürze, dann bleibt der Flächeninhalt trotzdem gleich. Übrigens ist eine Seite des Ausgangsrechtecks 8 cm lang.

4 Opa Hermann verspricht seinem Enkel Maurice, ihm für jede richtig gelöste Mathematikaufgabe 50 Cent zu geben. Für eine fehlerhafte Aufgabe muss Maurice allerdings 30 Cent an seinen Opa zurückzahlen. Es gibt insgesamt 25 Aufgaben.

a) Wie viel Geld erhält Maurice, wenn er 17 Aufgaben richtig gerechnet hat?

b) Maurice erhält von Opa Hermann 3,70 €. Wie viele Aufgaben hat er richtig gerechnet? Stelle eine Gleichung auf, bei der x für die Anzahl der richtigen Aufgaben steht.

c) Erkläre, wie man aus den Angaben im Text eine Gleichung erstellen kann.

d) Stellt euch gegenseitig ähnliche Aufgaben und kontrolliert eure Ergebnisse.

Lesen und Verstehen

Herr Ott ist heute 4-mal so alt wie seine Enkelin Sarah. Vor 10 Jahren war er sogar 10-mal so alt wie sie. Wie alt sind Sarah und ihr Großvater?

Sachprobleme kann man mit dem **Sechs-Schritte-Verfahren** lösen.

BEISPIEL

1. Variable festlegen
Die Informationen in der Aufgabe beziehen sich alle auf das Alter von Sarah heute. Also wird dafür die Variable festgelegt. Alter von Sarah heute: x

2. Terme bilden
Alter von Herrn Ott heute: $4x$
Alter von Herrn Ott vor 10 Jahren: $4x - 10$
Alter von Sarah vor 10 Jahren: $x - 10$

3. Gleichung aufstellen
Herr Ott war vor 10 Jahren 10-mal so alt wie Sarah:
$10 \cdot (x - 10) = 4x - 10$

4. Gleichung lösen
$10 \cdot (x - 10) = 4x - 10$ (Klammern auflösen)
$10x - 100 = 4x - 10$ $\;|+100$
$10x = 4x + 90$ $\;|-4x$
$6x = 90\,|:6$
$x = 15$

5. Lösung prüfen
Probe durch Einsetzen:
$10 \cdot (15 - 10) = 4 \cdot 15 - 10$
$10 \cdot 5 = 60 - 10$
$50 = 50$ (wahre Aussage)
Probe am Sachproblem:
Sarahs Alter heute: 15 Jahre
Sarahs Alter vor 10 Jahren: 5 Jahre
Herr Otts Alter heute: 60 Jahre
Herr Otts Alter vor 10 Jahren: 50 Jahre
Herr Ott war also 10-mal so alt wie Sarah.

6. Antwort formulieren
Sarah ist heute 15 Jahre und ihr Großvater ist 60 Jahre alt.

BEACHTE
Die Lösung einer Gleichung kann man manchmal auch durch systematisches Probieren (gezieltes Einsetzen) finden.

Basisaufgaben

1 Gib Terme für das Alter der Familienmitglieder an. Das Alter von Tim Matoni ist x.
a) Herr Matoni ist 30 Jahre älter als Tim.
b) Frau Matoni ist 2 Jahre jünger als ihr Mann.
c) Laura ist 4 Jahre jünger als Tim.
d) Kevin ist halb so alt wie sein Bruder Tim.
e) Oma Matoni ist doppelt so alt wie Herr Matoni.
f) Opa Matoni ist drei Jahre älter als das Sechsfache von Tims Alter.

2 Felix ist 4 Jahre älter als Hanna. Verdoppelt man sein Alter, so erhält man das Dreifache von Hannas Alter.
Wie alt ist Hanna?
Vervollständige die Lösung mit dem Sechs-Schritte-Verfahren.
1. Variable festlegen: Alter von Hanna: x
2. Terme bilden
   Alter von Felix: $x + 4$
   doppeltes Alter von Felix: $2(x + 4)$
   dreifaches Alter von Hanna: $3x$

3 Ordne die Gleichungen aus dem oberen Feld den Texten aus dem unteren Feld zu.

① $2\,[x + (x + 4)] = 60$ ② $x + x + 4 = 60$
③ $x\,(x - 4) = 60$ ④ $3\,(x + 4) = 60$
⑤ $4\,(x + 3) = 60$ ⑥ $2x + 4 = 60$

Ⓐ Ein Rechteck ist 4 cm kürzer als breit. Sein Flächeninhalt beträgt 60 cm².
Ⓑ Anja ist 4 Jahre älter als Robert. Zusammen sind sie 60 Jahre alt.
Ⓒ Die Summe aus einer Zahl und 4 wird mit 3 multipliziert. Es ergibt sich 60.
Ⓓ Ein Rechteck ist 4 cm länger als breit. Sein Umfang beträgt 60 cm.
Ⓔ Tymon läuft zwei Runden im Park und macht zwischendurch 4 Minuten Pause. Nach 1 Stunde ist er fertig.
Ⓕ Die Seiten eines Quadrats werden alle um 3 cm verlängert. Der Umfang ist dann 60 cm.

4 Entscheide, ob die Gleichung richtig aufgestellt wurde. Korrigiere gegebenenfalls.
a) Die Summe zweier aufeinanderfolgender gerader Zahlen ist 26.
   Gleichung $x + (x + 1) = 26$
b) Das Produkt aus einer Zahl und ihrem Vorgänger ist 156.
   Gleichung $x : (x - 1) = 156$
c) In einem gleichschenkligen Dreieck sind die Basiswinkel 15° kleiner als der dritte Winkel. Gleichung $2\,(x - 15) + x = 180$

5 „Iga ist 5 Jahre älter als ihr Bruder Alan. Zusammen sind sie 25 Jahre alt".
① $x + (x + 5) = 25$ ② $x + (x - 5) = 25$.
a) Welche Gleichung passt zum Text?
b) Wofür steht jeweils das x?

6 Bestimme jeweils mit einer Gleichung, wie alt die drei Personen sind.
Gehe im Sechs-Schritte-Verfahren vor.
a) Michalina hat zwei Brüder. Einer ist 2 Jahre jünger, der andere 4 Jahre älter als sie. Zusammen sind die drei 98 Jahre alt.
b) Pia ist 3 Jahre älter als ihr Bruder Eric. Ihr Vater ist fünfmal so alt wie Eric. Zusammen sind die drei 52 Jahre alt.

7 Löse die Zahlenrätsel mit einer Gleichung.
a) Subtrahiert man 7 vom Doppelten einer Zahl, so erhält man 13.
b) Addiert man zu einer Zahl 5 und verdoppelt die Summe, so erhält man 36.
c) Verdreifacht man die Differenz aus einer Zahl und 15, so erhält man 93.

8 Welche Zahl hat sich Lara gedacht?

Ich habe mir eine Zahl gedacht. Wenn ich **12** addiere, das Ergebnis verdopple und schließlich **26** subtrahiere, erhalte ich **32**. !?

9 ▭ Stellt euch gegenseitig Zahlenrätsel wie das von Lara in Aufgabe 8.

10 Dimitrij hat sich vorgenommen, jeden Tag 5 Seiten mehr zu lesen als am Vortag.
a) Wie viel liest er am vierten Tag, wenn er am ersten Tag 20 Seiten gelesen hat?
b) Wenn Dimitrij für ein Buch mit 300 Seiten 5 Tage braucht, wie viele Seiten hat er dann am fünften Tag gelesen?

11 *Mirja ist 14 Jahre alt und verteilt Zeitungen. Um 16 Uhr geht sie mit voller Tasche los. Bei Hausnummer 44 hat sie keine Zeitungen mehr. Für die zweite Runde nimmt sie noch 10 Zeitungen zusätzlich mit. Nach der 2 Runde hat sie 190 Zeitungen verteilt. Es ist 19:20 Uhr.*
Finde hilfreiche Informationen aus dem Text für die Beantwortung der Frage: Wie viele Zeitungen passen in Mirjas Tasche?

12 ▭ Deine beste Freundin oder dein bester Freund war längere Zeit krank und hat nun Probleme beim Lösen von Textaufgaben. Schreibe eine E-Mail, in der du ihr oder ihm Tipps gibst, wie Sachaufgaben mit Gleichungen gelöst werden können.

Weiterführende Aufgaben

13 Das Hochzeitsgeschenk für Frau Balaj kostet 200 €. Ihre drei Kolleginnen legen zusammen. Frau Wiese gibt 20 € mehr als Frau Hartmann. Die Chefin Frau Alibec zahlt doppelt so viel wie Frau Wiese. Wie viel zahlt jede der drei Kolleginnen?

14 ⇨ Denke dir je eine Sachaufgabe aus, die zu der Gleichung passt, und löse sie.
a) $2x + 4 = 40$
c) $2(x - 5) = x$
b) $x + (x - 2) + 2x = 18$
d) $2(x + 3x) = 64$

15 In einem Viereck ist der Winkel β um 20° kleiner als α. Der Winkel γ ist dreimal so groß wie β und δ ist dreimal so groß wie α. Berechne die Größe der Winkel. Zeichne das Viereck.

16 Bei einer Klassensprecherwahl stimmen zwei Drittel aller Schüler für Tina. Sarah erhält 10 Stimmen weniger als Tina. Ein Schüler enthält sich. Wie viele Schüler sind in der Klasse? Wie viele stimmen für Tina?

17 Niko und Arne spielen zusammen Lotto. Niko bezahlt für den Lottoschein doppelt so viel wie Arne. Sie gewinnen 15 000 €. Davon spenden sie 10 %. Den Rest teilen sie so auf, dass Niko doppelt so viel erhält wie Arne.

18 Ein Dreifamilienhaus ist für 11 475 € renoviert worden. Die Kosten sollen anteilig nach der Größe der drei Wohnungen auf ihre Besitzer verteilt werden. Familie Kiraly besitzt 84 m² Wohnfläche, Familie Neugebauer 66 m² und Familie Stehr 75 m². Wie viel muss jede Familie bezahlen?

19 Eine Grundstücksparzelle von 1224 m² wird in zwei neue Grundstücke geteilt, von denen eines 600 m² und das andere 624 m² misst. Der Anliegerbeitrag für die gesamte Grundstücksparzelle beträgt 30 600 € und soll entsprechend der Fläche von den beiden neuen Eigentümern bezahlt werden. Welchen Anliegerbeitrag muss jeder bezahlen?

20 Herr Sander möchte seiner Frau Rosen schenken. Wenn er 20 Rosen kauft, hat er 3,50 € zu wenig Geld dabei. Kauft er 15 Rosen, dann hat er noch 4 € übrig.
a) Wie viel kostet eine Rose?
b) Wie viele Rosen könnte er höchstens kaufen?

21 ⇨ Familie Birald möchte aus ihrem rechteckigen Tisch einen quadratischen Tisch herstellen. Dies funktioniert, wenn sie an der längeren Seite rechts und links jeweils 20 cm absägen. Die Tischfläche wird dabei um 3600 cm² reduziert. Welche Maße hat dann der neue quadratische Tisch? Stelle eine Gleichung auf und löse sie. Vergleiche deine aufgestellte Gleichung mit deinem Nachbarn.

22 Bei einem Quadrat A ist die Seitenlänge 6 cm länger als bei einem anderen Quadrat B. Der Flächeninhalt von Quadrat A ist um 120 cm² größer. Welche Seitenlängen haben die beiden Quadrate?

23 ⇨ Entlang zweier Ränder einer quadratischen Rasenfläche wird ein 1 m breiter Bürgersteig angelegt. Dadurch wird die Rasenfläche um 50 m² kleiner. Welche Größe hatte die Rasenfläche vorher?

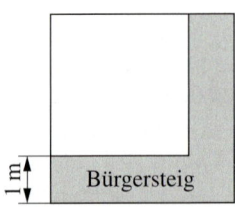

24 Wenn man die Kanten eines Würfels um 2 cm verlängert, dann vergrößert sich der Oberflächeninhalt um 288 cm². Welche Seitenlänge hatte der Ausgangswürfel?

25 Bestimme die Zahl.
a) Das Quadrat des Nachfolgers einer Zahl ist um 36 größer als das Quadrat des Vorgängers derselben Zahl.
b) Addiert man 3 zum Produkt aus einer Zahl und ihrem Nachfolger, so ergibt sich 33.

Formeln umstellen

Erforschen und Entdecken

1 Miriam, Jana und Kinga sollen die Breite von verschiedenen Rechtecken berechnen. Sie kennen jeweils eine Seitenlänge und den Umfang der Rechtecke.

Umfang u	36 cm	104,2 dm	67,5 m	72,6 cm	12,8 m
Länge a	8 cm	17,5 dm	12,2 m	26,2 cm	3,7 m
Breite b					

Miriams Lösungsweg

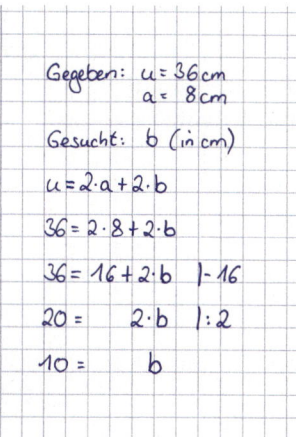

Janas Lösungsweg

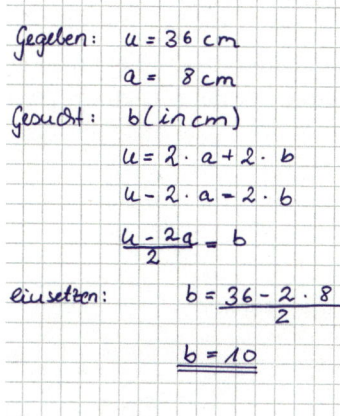

Kingas Lösungsweg

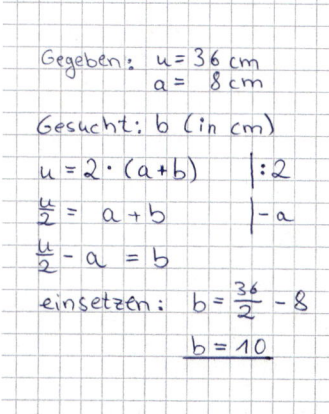

a) Vergleicht zu zweit die Lösungswege und überlegt euch, welche Lösungsmethoden ihr wählen würdet und warum.

b) Löst dann gemeinsam die restlichen Aufgaben mit einer der Methoden.

2 Um den Flächeninhalt eines Trapezes zu berechnen, addiert man die Länge der beiden parallelen Seiten und teilt sie durch zwei. Anschließend multipliziert man die Höhe.

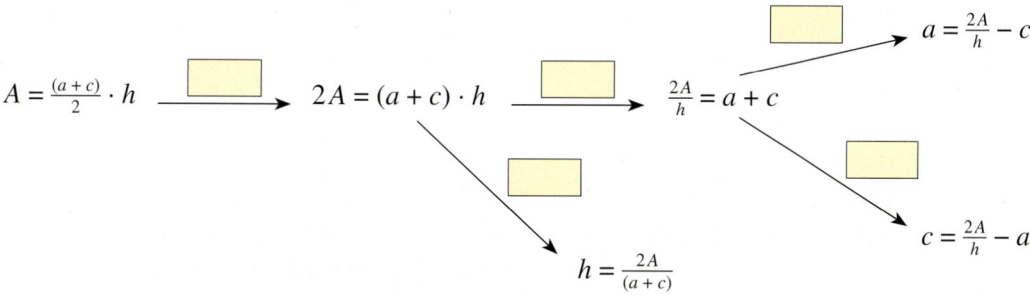

a) Übertrage die Darstellung in dein Heft. Trage die passenden Äquivalenzumformungen in die Kästchen ein.

b) Mirko meint: „Es reicht doch, wenn ich mir eine Formel merke!" Diskutiert, was davon zu halten ist.

c) Berechnet jeweils die vierte fehlende Größe mit der Formel:

① $A = 10\,\text{m}^2$; $h = 4\,\text{m}$; $c = 2\,\text{m}$. ② $A = 5\,\text{cm}^2$; $h = 2\,\text{cm}$; $a = 1,2\,\text{cm}$

③ $A = 7,5\,\text{m}^2$; $a = 2,4\,\text{m}$; $c = 2,6\,\text{m}$ ④ $a = 1,9\,\text{cm}$; $c = 4,8\,\text{cm}$; $h = 1,7\,\text{cm}$

Lesen und Verstehen

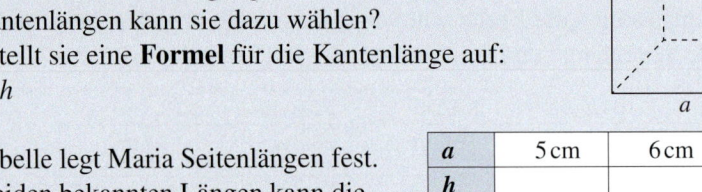

Maria stellt einen Quader mit quadratischer Grundfläche her.
Sie hat 80 cm Draht zur Verfügung.
Welche Kantenlängen kann sie dazu wählen?
Zunächst stellt sie eine **Formel** für die Kantenlänge auf:

$k = 8a + 4h$

In einer Tabelle legt Maria Seitenlängen fest.
Aus den beiden bekannten Längen kann die
fehlende Länge berechnet werden.

a	5 cm	6 cm		
h			14 cm	12 cm
k	80 cm	80 cm	80 cm	80 cm

BEISPIEL

Wenn man die Seitenlänge a der quadratischen Grundfläche kennt, so wird die Formel nach der gesuchten Höhe h umgeformt.

$k = 8a + 4h \qquad | -8a$

$k - 8a = 4h \qquad | :4$

$\dfrac{k - 8a}{4} = h$

Kennt man die Höhe h, so wird die Formel nach der gesuchten Seitenlänge a umgeformt.

$k = 8a + 4h \qquad | -4h$

$k - 4h = 8a \qquad | :8$

$\dfrac{k - 4h}{8} = a$

Nun können die bekannten Größen eingesetzt werden.

Für $a = 5$ cm: $h = \dfrac{80\,cm - 8 \cdot 5\,cm}{4} = 10$ cm

Für $a = 6$ cm: $h = \dfrac{80\,cm - 8 \cdot 6\,cm}{4} = 8$ cm

Für $h = 14$ cm: $a = \dfrac{80\,cm - 4 \cdot 14\,cm}{8} = 3$ cm

Für $h = 12$ cm: $a = \dfrac{80\,cm - 4 \cdot 12\,cm}{8} = 4$ cm

> Eine **Formel** ist nichts anderes als eine Gleichung mit Variablen, Rechenvorschriften oder Zahlen. Deshalb können Formeln genau wie Gleichungen durch Äquivalenzumformungen nach der gesuchten Größe aufgelöst werden. Anschließend kann die gesuchte Größe berechnet werden, indem die bekannten Größen in die Formel eingesetzt werden.

Basisaufgaben

1 Mit der Formel $A = a \cdot h$ kann man den Inhalt einer Seitenfläche des obigen Quaders berechnen. Ergänze die fehlenden Werte in der Tabelle im Heft.

A	45 cm²	5,12 dm²	6,15 cm²	72 mm²
a	7,5 cm	1,6 dm		
h			4,1 cm	4,5 mm

2 Was kann mit den Formeln berechnet werden? Löse sie jeweils nach a bzw. nach α auf.

a) $A = a \cdot b$ \qquad b) $u = 4a$

c) $\alpha + \beta + \gamma = 180°$ \qquad d) $u = 2a + 2b$

3 Das Volumen des oben abgebildeten Quaders soll 300 cm³ betragen.

a) Begründe, dass das Volumen mit der Formel $V = a^2 \cdot h$ berechnet werden kann.

b) Wie hoch ist der Quader, wenn die Seitenlänge $a = 5$ cm ist?

4 Für den Umfang eines gleichschenkligen Dreiecks gilt die Formel $u = 2a + c$.

a) Begründe mit einer Zeichnung.

b) Forme die Formel nach a und nach c um.

c) Gib für dieses Dreieck eine Formel für die Winkelsumme an.

Weiterführende Aufgaben

5 Stelle die Formel für den Umfang eines Rechtecks um und berechne die fehlende Seitenlänge. Achte auf die Einheiten.

	u	a	b
a)	20 cm	6,5 cm	
b)	15,5 cm	5 cm	
c)	43,4 cm		8,7 cm
d)	5,3 m		150 cm
e)	2560 cm	4,8 m	
f)	4 m		110 cm

6 ▤ Der Flächeninhalt dieser Figur lässt sich durch $A = (a + 3) \cdot b - 9$ berechnen.

3 cm　　　　3 cm
3 cm　　　　3 cm
a
b

a) Begründe diese Formel.
b) Die Formel wurde nach der Variable a aufgelöst. Überprüfe die Lösungen.

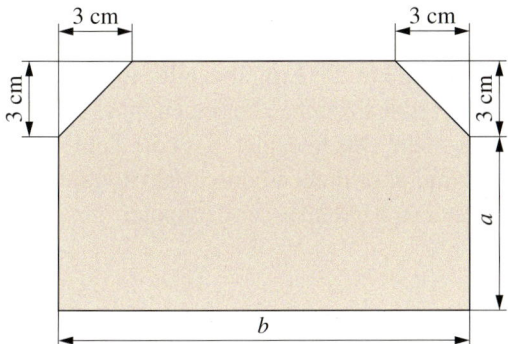

Kai
$A = (a+3)b - 9$
$A + 9 = (a+3)b$
$\dfrac{A+9}{b} = a + 3$
$\dfrac{A+6}{b} = a$

Jannik
$A = (a+3)b - 9$
$A + 9 = (a+3)b$
$\dfrac{A+9}{b} = a + 3$
$\dfrac{A+9}{b} - 3 = a$

Eva
$A = (a+3)b - 9$
$A = ab + 3b - 9$
$A - 3b = ab - 9$
$A - 3b + 9 = ab$
$\dfrac{A - 3b + 9}{b} = a$

Natalie
$A = (a+3)b - 9$
$\dfrac{A}{b} = a + 3 - 9$
$\dfrac{A}{b} = a - 6$
$\dfrac{A}{b} - 6 = a$

7 Die Durchschnittsgeschwindigkeit v eines Fahrzeuges berechnet man mit der Formel $v = \frac{s}{t}$. Dabei ist s die zurückgelegte Strecke (in km) und t die dafür benötigte Zeit (in h).
a) Stelle die Formel einmal nach s und einmal nach t um.
b) Welche Strecke legt man bei einer Geschwindigkeit von $50 \frac{km}{h}$ in einer Viertelstunde zurück?
c) Wie lange braucht ein Formel-1-Auto bei $v = 150 \frac{km}{h}$ für eine Runde auf dem ca. 4,5 km langen Hockenheimring? Gib die Zeit auch in Minuten an.

8 Die Beziehung $U = R \cdot I$ zwischen Spannung U, Widerstand R und Stromstärke I lernt man im Physikunterricht kennen.
a) Stelle die Formel einmal nach R und einmal nach I um.
b) Wie verändert sich die Stromstärke I, wenn die Spannung U bei gleichbleibendem Widerstand R verdoppelt wird?
c) Für die elektrische Leistung P gilt $P = U \cdot I$. Wie groß ist der Strom, der bei einer Leistung von 1150 W (Watt) und einer Spannung von 230 V (Volt) fließt?

9 Es gibt verschiedene Temperaturskalen:
T_F　Temperatur in Grad Fahrenheit,
T_C　Temperatur in Grad Celsius und
T_K　Temperatur in Kelvin.
Es gilt　$T_F = T_C \cdot 1,8 + 32$
und　　　$T_K = T_C + 273,15$
a) Bei einer Körpertemperatur von 40 °C hat man hohes Fieber. Wie hoch wäre diese Temperatur in Grad Fahrenheit?
b) Wie viel Grad Celsius entsprechen 446 °F?
c) Wie viel Grad Celsius entsprechen 0 K (Kelvin)?
d) Ermittle eine Formel, mit der man bei gegebener Temperatur in Kelvin die Temperatur in Grad Fahrenheit berechnen kann.
e) ▤ Es gibt weitere Temperaturskalen. Recherchiere im Internet und ermittle die Formeln zur Umrechnung.

Methode: Tabellenkalkulation mit dynamischer Formelsammlung

Tabellenkalkulationsprogramme können benutzt werden, um häufig vorkommende Berechnungen schneller durchführen zu können. Die gegebenen Werte können direkt eingegeben werden und die gesuchten Werte werden sofort berechnet.

	A	B	C	D	E	F	G	H	I	J	K	L	M
1													
2		**Prozentrechnung**											
3													
4	Gegeben:	G =	1200		Gegeben:	W =	125		Gegeben:	G =	2500		
5		p =	4			p =	4			W :	120		
6	Gesucht:	W =	48		Gesucht:	G =	3125		Gesucht:	p =	4,8		
7													

Zunächst muss ein neues **Tabellenblatt** in einer Mappe anlegt werden.
(Wähle dazu: **Datei öffnen → Neu** bzw. **Einfügen → Tabellenblatt**)

In die **Zellen** schreibt man, welche Werte gegeben sind und welche Größe man sucht.
(Achtung: Du solltest in die Zellen keine Einheiten schreiben.)

Für die Berechnung des gesuchten Wertes wird eine **Formel** in der **Eingabezeile** eingegeben. Beachte, dass eine Formel immer mit einem Gleichheitszeichen beginnen muss. In die Zelle **C6** wurde die Formel **=C4*C5/100** eingegeben. Das bedeutet, dass die Zahl in der Zelle **C4** mit der Zahl in Zelle **C5** multipliziert und anschließend durch 100 dividiert wird. Wenn man nun in Zelle **C4** oder **C5** die Werte ändert, berechnet der Computer automatisch den Prozentwert in Zelle **C6** neu.

BEACHTE
Im Menü unter **Start → Format → Zellen formatieren (Währung → 2 Dezimalstellen)** können die Zellen so formatiert werden, dass automatisch mit € gerechnet und gerundet wird.

10 Erinnere dich an die Prozentrechnung.
a) Ergänze die Lücken im Heft.
Von den 160 Schülern eines 8. Jahrgangs besitzen 75 % ein Smartphone. Das sind immerhin __ Schüler.
72 Schüler des Jahrgangs verfügen über einen Computer. Das sind __ %.
Von den Jungen haben 34 einen eigenen Internetzugang. Das sind 40 % der insgesamt __ Jungen.
b) Erkläre die Begriffe Grundwert G, Prozentwert W und Prozentsatz $p\,\%$ und begründe die Formel $W = G \cdot \frac{p}{100}$.
c) Welche Formeln müssen oben in das Tabellenkalkulationsblatt in die Zellen **G6** und **K6** eingetragen werden und warum?
d) Erstelle selbst ein Tabellenblatt und berechne damit die folgenden Aufgaben.

Grundwert	Prozentsatz	Prozentwert
1200 €	4 %	
450 €		36 €
	8,5 %	30,60 €

11 In Deutschland beträgt die Mehrwertsteuer für viele Artikel 19 %. Mit dem folgenden Tabellenkalkulationsblatt kann man die Mehrwertsteuer und die Bruttopreise bzw. Nettopreise berechnen.

	A	B	C
1	**Mehrwertsteuer**		
2	Nettopreis	1.450,00 €	
3	Mehrwertsteuer (19%)	275,50 €	
4	Bruttopreis	1.725,50 €	
5			
6	Bruttopreis	1.800,00 €	
7	Mehrwertsteuer (19%)	287,39 €	
8	Nettopreis	1.512,61 €	

a) Bestätige durch Rechnung, dass der Wert in Zelle **B3** wirklich 275,50 € ist.
b) Mit welcher Formel wird die Mehrwertsteuer in Zelle **B3** berechnet?
c) Gib die Formel für die Zelle **B4** an.
d) Welche der folgenden Formeln wird in Zelle **B8** benutzt? Begründe.
① =B6*100/119   ② =B7−19/100
③ =(B6/119)*19   ④ =(B6/100)*19

12 Mit einem Tabellen-kalkulationsprogramm lässt sich eine **dynamische Formelsammlung** erstellen.

a) Erkläre, wie das Tabellen-blatt rechts aufgebaut ist.

b) Erkläre, wie die Höhe des Quaders in Zelle **G11** berechnet wird.

c) Gib die Formeln an, die in den Zellen **C11**, **C12**, **G12**, **C19** und **C20** eingegeben wurden.

d) Erstelle selbst eine dyna-mische Formelsammlung, indem du zunächst das vorliegende Tabellenblatt

	A	B	C	D	E	F	G	H
1								
2								
3	**Quader**							
4								
5								
6	Gegeben:				Gegeben:			
7	Länge	$a =$	3,5		Volumen	$V =$	72	
8	Breite	$b =$	2,7		Länge	$a =$	3	
9	Höhe	$h =$	4,2		Breite	$b =$	6	
10	Gesucht:				Gesucht:			
11	Volumen	$V =$	39,69		Höhe	$h =$	4	
12	Oberfläche	$A_o =$	41,58		Oberfläche	$A_o =$	108	
13								
14	Gegeben:							
15	Oberfläche	$A_o =$	134,5					
16	Länge	$a =$	4					
17	Breite	$b =$	5					
18	Gesucht							
19	Höhe	$h =$	5,25					
20	Volumen	$V =$	105					
21								

H ◄ ► H \ Prozentrechnung \ **Quader** / Würfel / Rech |◄|

überträgst und später weitere Blätter anlegst wie z. B. für den Würfel. Nutze dazu im Menü unter **Start → Einfügen → Blatt einfügen** bzw. **Einfügen → Tabellenblatt**.

13 Wenn ein Autofahrer ein Hindernis sieht und bremsen muss, vergeht zunächst die **Reaktionszeit**, bis er das Bremspedal überhaupt betätigt. In dieser Zeit fährt das Auto ungebremst weiter.

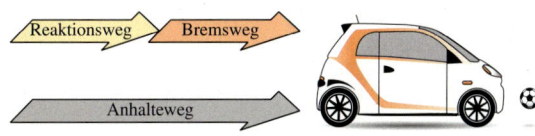

Nach Betätigen des Bremspedals benötigt das Auto selbst bei einer Vollbremsung noch eine gewisse Strecke, um zum Stillstand zu kommen. Diese Strecke nennt man den **Bremsweg**.

Ist v die Geschwindigkeit (in $\frac{km}{h}$), die das Tachometer beim Entdecken des Hindernis zeigt, dann gilt die Faustformel: „Der Reaktionsweg (in Metern) ist v dividiert durch 10 und multipliziert mit 3."

Für den Bremsweg gilt die Faustformel: „Multipliziere v mit sich selbst, dividiere durch 100". Reaktionsweg und Bremsweg ergeben zusammen den **Anhalteweg**.

	A	B	C	D
1	Geschwindigkeit v	Reaktionsweg	Bremsweg	Anhalteweg
2	(in km/h)	(in m)	(in m)	(in m)
3	30	9	9	18
4	50	15	25	40
5	70	21	49	70
6	100	30	100	130

a) Gib die Formeln an, mit denen die Inhalte der Zellen **B3**, **C3** und **D3** berechnet werden.

b) Ist man übermüdet oder steht man unter Einfluss von Alkohol oder Medikamenten, so verlängert sich die Reaktionszeit. Ein realistischer Reaktionsweg ergibt sich dann z. B. dadurch, dass man v durch 2 dividiert.
   Was muss in der Tabelle verändert werden?

c) Liegen völlig ideale Bedingungen vor, also eine trockene Straße und gute Bremsbeläge, so kann sich der Bremsweg auf bis zu 40 % des Wertes der Faustformel verkürzen.
   Was muss in der Tabelle verändert werden?

Binomische Formeln

Bildet man das Produkt derselben Summe oder Differenz entstehen spezielle Rechenausdrücke die sogenannten binomischen Formeln. Das Wort „Binom" kommt dabei vom lateinischen Wort binominis und bedeutet zweinamig.

Was die Formeln in der Realität bedeuten, sieht man gut bei der Veränderung von Grundstücksflächen.

Begonnen wird mit einem quadratischen Grundstück.

① Das Grundstück wird auf beiden Seiten um 10 m erweitert, um mehr Rasenfläche zu bekommen.

② Wegen des Neubaus einer Straße nebenan, muss die Breite um 10 m verkleinert werden. Dafür bekommt man 10 m in der Länge hinzu.

③ Das Grundstück wird auf beiden Seiten um 10 m verkürzt, um sich um weniger Garten kümmern zu müssen.

1 Arbeitet in Gruppen. Wählt einen der Vorgänge ①, ② oder ③.
a) Ordnet eurem Vorgang die richtige Skizze zu. Begründet.

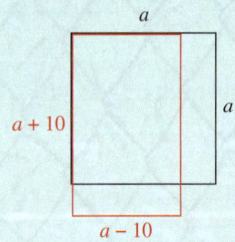 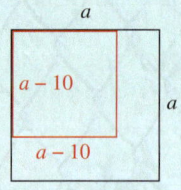 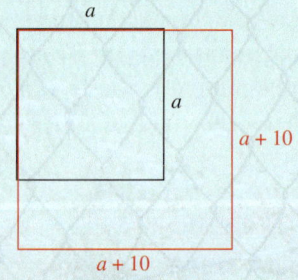

b) Die Seite a ist 50 m lang.
Beschreibt, wie ihr Vorgehen würdet, um das Grundstück so zu verändern. Also erklärt, welchen Teil des Zauns ihr wie kürzen oder verlängern würdet oder wo ihr einen Zaunpfosten umsetzen würdet. Zeichnet eine Skizze dazu.

2 Arbeitet in Gruppen. Wählt einen der Vorgänge ①, ② oder ③.
Bearbeitet die Aufgaben und präsentiert danach die Ergebnisse in der Klasse.

> Wie lang ist der Zaun vor und nach der Änderung, wenn $a = 50\,\text{m}$ ist?
> Stellt auch einen Term für ein beliebiges a auf.

> Wie verändert sich der Flächeninhalt des Grundstücks wenn $a = 50\,\text{m}$ ist?
> Stellt auch einen Term für ein beliebiges a auf.

> Zusatzfrage für Gruppen, die ② bearbeiten:
> Ist der Vorschlag fair?

Die Änderung der Grundstücksfläche kann man auch gut mit Formeln ausdrücken.

> Die drei Sonderfälle der Multiplikation von Summen, bei denen sich
> die Ergebnisse leicht zusammenfassen lassen, heißen **binomische Formeln**.
> Sie sind eine Abkürzung der ausführlicheren Berechnung.
> **1. binomische Formel:** $(a + b)^2 = a^2 + 2ab + b^2$
> **2. binomische Formel:** $(a - b)^2 = a^2 - 2ab + b^2$
> **3. binomische Formel:** $(a + b) \cdot (a - b) = a^2 - b^2$

3 Die binomischen Formeln stecken auch hinten den Vorgängen aus Aufgabe 1.
a) Ordne jeder binomischen Formel einen Vorgang ①, ② oder ③ aus Aufgabe 1 zu.
b) Wie groß war b jeweils? Übertrage die Skizzen in dein Heft und zeichne ein, wo sich
jeweils b^2 befindet.

4 Wende die erste binomische Formel an.
a) $(x + y)^2$ **b)** $(e + f)^2$ **c)** $(a + z)^2$ **d)** $(i + k)^2$ **e)** $(p + q)^2$ **f)** $(k + m)^2$

5 Wende die zweite binomische Formel an.
a) $(b - c)^2$ **b)** $(d - e)^2$ **c)** $(a - x)^2$ **d)** $(n - o)^2$ **e)** $(l - s)^2$ **f)** $(m - n)^2$

6 Forme das Produkt mit der dritten binomischen Formel um.
a) $(x + y)(x - y)$ **b)** $(v + w)(v - w)$ **c)** $(m + n)(m - n)$ **d)** $(r + s)(r - s)$

7 Ordne jedem Term aus dem linken Kasten einen passenden Term aus dem
rechten Kasten zu.

$(3 + x)^2$	$(y - 3)^2$	$(x - 3y)^2$
$(3x + y)^2$	$(3 - y)^2$	$(x + 3y)^2$

$y^2 - 6y + 9$	$9 - 6y + y^2$
$x^2 + 6xy + 9y^2$	$x^2 - 6xy + 9y^2$
$9 + 6x + x^2$	$9x^2 + 6xy + y^2$

Vermischte Übungen

1 Stelle jeweils einen Term für den Umfang der Figur auf.
a) Im Rechteck ist eine Seite 6 cm länger als die andere Seite.
b) Im gleichschenkligen Dreieck sind die beiden Schenkel jeweils 4 cm kürzer als die dritte Seite.
c) Im Rechteck ist eine Seite dreimal so lang wie die andere Seite.
d) Im Drachenviereck sind die beiden kürzeren Seiten jeweils ein Viertel so groß wie eine der beiden längeren Seiten.

2 Fasse die Terme zusammen.
a) $1,7\,x - 3,5\,a + 3,4\,x + 5\,a$
b) $-12\,ab + 36\,a - 29\,ab - 54\,a + 15\,ab$
c) $111 - 27\,c^2 + 15\,c - 16\,c^2 - 14 - 20\,c$
d) $26\,x - 49\,xy + 44\,y - 53\,xy - 32\,x$
e) $\frac{1}{2}a - \frac{1}{3}b + \frac{3}{4}a - \frac{1}{9}b$

3 Vereinfache die Produkte.
a) $5\,a \cdot 7\,a \cdot 2\,a$
b) $12\,b \cdot 3\,a \cdot 5\,b$
c) $-2\,x \cdot (-7\,y) \cdot 4\,x$
d) $25\,c \cdot (-5\,d) \cdot 5\,c$
e) $-3\,a \cdot 2\,ab \cdot b^2$
f) $8\,x \cdot (-7\,xy) \cdot 3\,y$

4 Löse die Klammern auf und fasse die Terme zusammen, wenn es möglich ist.
a) $2\,x + (5\,y - 4\,x + 3\,y)$
b) $(3\,x - 4\,a) - (12\,a + 17\,x)$
c) $45 + (x - 6) + 5\,x - (3\,x + 6) - 24\,x$
d) $29\,r - (16\,s - 5\,r) + 17\,r + (12\,s - 45\,r)$
e) $3\,a^2 - (5\,a - 6\,a^2) + (13\,a - a^2)$

5 Löse die inneren Klammern zuerst auf.
a) $10\,x - (5\,y + 6\,x) + 5\,y - 3\,x$
b) $-(1,4 - y) - (3,6 + y)$
c) $a - [a - (a + 4)]$
d) $4\,y + [5 - (y - 7) + 8\,y] - 12$
e) $(x + 7) - [x - (8 - 5\,x) - 5]$
f) $12\,c - [(18 - 5\,c) - (61 + 13\,c)] - 11$

6 Multipliziere aus.
a) $5\,(x + 2)$
b) $8\,(3 - x)$
c) $a\,(1 + a)$
d) $a\,(6 - 3\,a)$
e) $2\,x\,(a - 1)$
f) $14\,b\,(b + a)$
g) $7\,b\,(2 - 4\,y)$
h) $y\,(11\,x + 30)$
i) $6\,(2\,a - 3\,b + 5\,c)$
j) $15\,(-4\,x + 5\,y - 2\,z)$

BEACHTE
Die Lösungen zu Aufgabe 9 ergeben in der richtigen Reihenfolge den Namen eines Landes. Auf welchem Kontinent liegt dieses Land?
-8 (R); a (A); 3 (U); $7\,x$ (N); 12 (G); 15 (N)

7 Löse Klammern auf und fasse zusammen.
a) $3\,(a + 5) + 7\,(12 - a)$
b) $8\,x\,(3 - x) - 2\,(x + 12)$
c) $11\,a\,(4\,b - a) - (14\,ab - a^2)$
d) $6\,(x + 5\,y) - x\,(3\,y - 8)$
e) $12\,ab - 4\,(a + b) - b\,(7\,a - 3)$

8 Gib für jede Fläche einen Term für den Flächeninhalt und den Umfang an. Vereinfache die Terme so weit wie möglich.

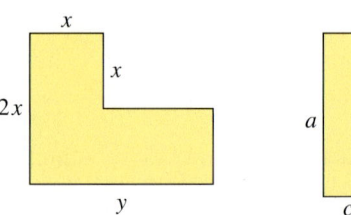

9 Welcher Faktor wurde ausgeklammert?
a) $39 - 42\,a = \blacksquare\;(13 - 14\,a)$
b) $-60\,b - 45 = \blacksquare\;(-4\,b - 3)$
c) $72\,x - 96\,y = \blacksquare\;(6\,x - 8\,y)$
d) $7,5\,a - 8\,ab = \blacksquare\;(7,5 - 8\,b)$
e) $-16\,xy + 24\,a = \blacksquare\;(2\,xy - 3\,a)$
f) $56\,xy + 14\,x^2 = \blacksquare\;(8\,y + 2\,x)$

10 Klammere den Faktor 2 $(-4; 4\,x)$ aus.
a) $-32\,x - 16\,xy$
b) $100\,x - 24\,xy + 36\,x$
c) $-20\,x^2 + 32\,ax$
d) $40\,x^2 - 12\,xy - 10\,x$

11 Klammere immer den größtmöglichen Faktor aus.
a) $105\,x - 75\,y$
b) $42\,a + 63$
c) $23\,x - ax$
d) $36 - 48\,b$
e) $14\,a + 2\,ab$
f) $26\,ax - 39\,bx$
g) $49\,u + 84$
h) $144\,o - 96\,op$
i) $27\,y - 54\,xy$
j) $150\,rs + 225\,s$

12 Sind die Terme richtig zugeordnet?

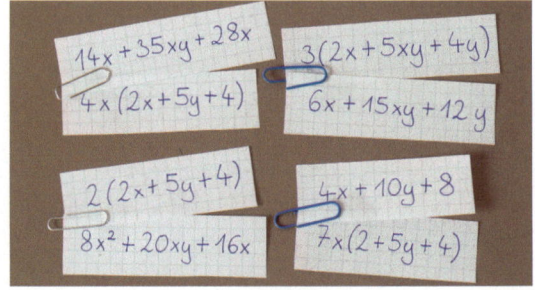

13 Überprüfe die Aussagen. Argumentiere geometrisch oder mit Termumformungen. Wenn man bei einem Quadrat …
a) die Seitenlänge a verdoppelt, dann wird auch der Flächeninhalt doppelt so groß.
b) die Seitenlänge a verdoppelt, dann verdoppelt sich auch der Umfang.
c) die Seiten um $2\,cm$ verlängert, dann wird der Umfang um $8\,cm$ länger.

14 Setze so Klammern, dass die Rechnung stimmt.
a) $12 - 3a - 8 = 20 - 3a$
b) $9 \cdot x + y = 9x + 9y$
c) $7b - 8 + 6 = 7b - 14$
d) $20 \cdot a \cdot 5 - a = 100a - 20a^2$
e) $3 \cdot x + y - 6 = 3x + 3y - 18$
f) $7 \cdot x \cdot x + 2 + 5 = 7x^2 + 14x + 5$

15 Tobias behauptet, dass er eine gedachte Zahl erraten kann: „Denk dir eine Zahl und addiere 5. Multipliziere das Ergebnis mit 2 und subtrahiere anschließend die Zahl."
a) Probiere den Trick für verschiedene Zahlen aus.
b) Schreibe die Anweisungen als Term auf. Begründe, wie der Trick funktioniert.

16 Übertrage ins Heft. Setze = oder ≠ ein.
a) $12x + 8xy \;\blacksquare\; -4x(-3 - 2y)$
b) $-35x^2 + 15 \;\blacksquare\; 5x(-7x + 3)$
c) $18x^3 - 27x^2 \;\blacksquare\; 18x(x^2 - 1,5x)$
d) $\frac{1}{3}y - 6 \;\blacksquare\; \frac{1}{3}(y + 18)$
e) $-0,8p + 0,32 \;\blacksquare\; -1,6(0,5p - 0,2)$
f) $\frac{2}{5}a - a^2 \;\blacksquare\; \frac{1}{5}(2a - 10a^2)$

17 Ordne die Terme der Größe nach. Beginne mit dem kleinsten. Es ist $x > 2$.
$7 - 2 + x$; $7 - (2 + x)$; $7 + (2 + x)$; $7 + 2 - x$

18 Gib einen Term an und vereinfache ihn.
a) das Doppelte der Summe von a und b
b) das Vierfache der Summe von einer Zahl und ihrem Nachfolger
c) das Dreifache des Umfangs eines Dreiecks
d) ein Drittel der Summe von drei aufeinanderfolgenden Zahlen
e) die Hälfte der Kantenlänge eines Quaders

19 Multipliziere und fasse zusammen.
a) $(x + 6)(x + 9)$
b) $(s - 12)(s - 7)$
c) $(a + b)(-a - c)$
d) $(9b - 4)(-b + 15)$
e) $(3c + 4)(16 - c)$
f) $(4m - 9)(-12m + 5)$
g) $(x - 0,5)(2,5 + x)$
h) $(-1,5r + 2s)(3r - 2s)$
i) $(\frac{1}{3}a - b)(a + b)$
j) $(\frac{1}{2}x + 5y)(3x + \frac{1}{4}y)$

20 Jede Seite eines quadratischen Blumenbeets wird um $30\,cm$ verkürzt.
a) Gib einen Term für den Flächeninhalt an.
b) Zu Beginn hatte das Beet eine Seitenlänge von $1,50\,m$. Um wie viel Prozent verringerte sich der Flächeninhalt?

21 Mira will aus einem Stück Pappe mit den Seitenlängen $a = 36\,cm$ und $b = 24\,cm$ eine Schachtel bauen. Dazu schneidet sie an den Ecken Quadrate mit der Seitenlänge $d = 6\,cm$ heraus und faltet die Seiten nach oben.

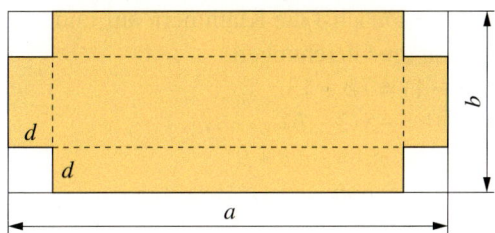

a) Berechne das Volumen der Schachtel.
b) Gib einen Term für das Volumen mit beliebigen Seitenlängen a, b und d an.

22 Prüfe durch Einsetzen, ob -3; -2; -1; 0; 1; 2 oder 3 die Gleichung löst.
a) $3(2x - 3) = 9$
b) $y - (2y - 4) = 4$
c) $5a = 2(a - 3)$
d) $(2b + 3) : 3 = b + 2$

23 Forme so um, dass alle Terme, die x enthalten, auf einer Seite stehen. Welche Äquivalenzumformungen benutzt du?
a) $4x + 19 = -5x + 22$
b) $-15x + 3 = 6x + 53 - 7x$
c) $14 + 9x + 23a = -6 - 4x + 11 + 61x$

24 Löse die Gleichungen.
a) $3x - 8 = 19$
b) $6x + 17 = 5x$
c) $8 - 5y = -12$
d) $77 - 2x = 9x$
e) $17 = 13 - 16x$
f) $11a = a - 7$
g) $11x - 14 = 19$
h) $-4s + 8 = -12$
i) $3y + 2 = 34 - y$
j) $-6b + 2 = 0$

25 Löse die Gleichungen.
a) $4x - 3 + 2x = 33 + 3x$
b) $5x - 4 + 3x = 6x - 9$
c) $9x - 21 - 3x = 9x - 24 + x$
d) $3 - 9x - 15 = -11x + 29 + 4 - x$
e) $9 + 12x - 4 = 7x + 26 - 10x$
f) $-15y - 107 = 27y - 23$
g) $5y - 3 + 22y = 21 + 9y - 15$
h) $-17y + 9 - 9y - 19 = -8y - 10 + 7y$
i) $16y - 19 - 29y = 18 - 11y + y - 16$
j) $-13 + 3y - 59 - 15y + 28y = -9y - 17$

26 Alina und Markus erhalten von ihrem Großvater 45 €. Da Markus drei Jahre älter ist, soll er 3 € mehr erhalten.
Alinas Betrag ist x. Stelle eine passende Gleichung auf und löse sie.
Wie viel erhält jeder?

27 Löse zunächst die Klammern auf und löse dann die Gleichungen.
a) $6(b - 1) = 7b + 13$
b) $3b - 1 = -5(3 - b)$
c) $-3(5b - 36) = -4b + 9$
d) $3(4 + b) = 8(b - 1)$
e) $-11(b + 9) = 3(-33 - b)$
f) $8(z + 1) - (z - 7) - 5(z + 1) = 0$
g) $-2(-7 + 4z) + 3(-5 + 2z) - (17 - 7z) = 0$
h) $4(z + 0,1) - (z - 4) + 5(1,1z - 1,9) = 0$
i) $-3(2z + 4) + 8z = -1,4z(2 - 3) - (z + 13)$

28 Hannah wurde vier Jahre vor ihrer Schwester Ulla geboren. In sechs Jahren sind beide zusammen 104 Jahre alt.
Wie alt sind Hannah und Ulla zurzeit?

29 Ein Großvater ist 50 Jahre älter als sein Enkel und doppelt so alt wie sein Sohn.
Zusammen sind die drei 100 Jahre alt.
Wie alt ist der Enkel, und wie alt sind außerdem der Großvater und dessen Sohn?

30 Ein 12 m langes Stück Kabel wird so in drei Teile zerschnitten, dass das zweite Stück dreimal so lang ist wie das erste Stück.
Das dritte Stück soll 50 cm kürzer als das erste Stück sein.
Wie lang ist jedes der drei Stücke?

31 Löse nach a auf.
a) $u = a + b + c$
b) $y = a + x$
c) $ab = 12$
d) $2a + 4b = 16$
e) $\frac{x}{a} = 3$
f) $27 = 3a + 6b$
g) $3a - 12x = 57$
h) $a + \frac{b}{2} = 2b$
i) $4x + 8a = 32$
j) $3(a - 2) = 15y$

32 Die Schwestern Pia und Melina haben eine Erbschaft gemacht. Pia soll die Hälfte des Geldes erhalten und Melina ein Drittel. 2500 € sollen für ein Kinderheim gespendet werden. Wie viel Euro erhält jede Schwester?

33 Autofahrer müssen voneinander Abstand halten. In der Fahrschule lernt man für die Länge des Abstandes die folgende Faustregel: „Abstand = halber Tacho". Damit ist gemeint, dass der Abstand s in m die Hälfte der in $\frac{km}{h}$ angegebenen Geschwindigkeit v sein soll: $s = \frac{1}{2}v$.
Berechne im Kopf den jeweils anderen Wert.
a) $v = 50 \frac{km}{h}$
b) $v = 70 \frac{km}{h}$
c) $s = 65$ m
d) $s = 62,5$ m

34 Überprüfe die angegebene Lösung durch Rechnen der Probe. Gib gegebenenfalls die richtige Lösung an.
a) $5x - 1,5 = 8,5$; $x = 2$
b) $12 - 3x = 5,4$; $x = 2,2$
c) $x - 0,8 = 2,34$; $x = 3,04$
d) $3,2x - 6,24 = 4$; $x = 4$
e) $\frac{x}{4} = 4,6$; $x = 18$
f) $\frac{1}{6}x = \frac{3}{4}$; $x = 4,5$

35 Ordne den Gleichungen die Lösungen zu. Die Lösungen ergeben in der Reihenfolge der Aufgaben das englische Wort für Gleichung.
a) $4(x + 2) = -2(x - 13)$
b) $5 - (3x + 2) = 2x + 13$
c) $3 + (2x - 4) = \frac{1}{2}x + 5$
d) $\frac{1}{2}x + 14 = 26$
e) $\frac{3}{4}x + 15 = 21$
f) $\frac{1}{2}x - 33 + x = -42$
g) $10 - \frac{1}{2}x = 25 - x$
h) $-5(x + 2) = 2(x + 37)$

A 24	E 3
I −6	O 30
U 4	T 8
Q −2	N −12

36 Wie lautet die Formel für die Winkelsumme im Dreieck? Stelle um und berechne.

	α	β	γ
a)		30°	65°
b)		40°	55°
c)	60°	74°	
d)	82°	22,2°	
e)	19,5°		58,5°
f)	73,3°		45,2°

37 Löse die Gleichung.

$$50 + 4x^2 - 2(-3,5x) + 2x(5 - 2x) = 3(5x + 19)$$

38 Der Grundriss eines Gebäudes ist rechteckig mit 176 m Umfang. Die Längsseite ist dreimal so lang wie die kürzere Seite. Welche Abmessungen hat das Gebäude?

39 Tanja kauft für ihre Sprachreise Bücher ein: einen Reiseführer über London, ein Handwörterbuch und einen Roman. Der Reiseführer ist 2 € teurer als der Roman und 5 € billiger als das Wörterbuch. Sie zahlt 30 €.
Was kosten die einzelnen Bücher?

40 Der durchschnittliche Benzinverbrauch eines Fahrzeuges wird in Liter pro 100 km angegeben. Den Verbrauch eines Fahrzeuges berechnet man nach der Formel

$$\text{Verbrauch} = \frac{\text{Kraftstoffmenge} \cdot 100}{\text{zurückgelegte Strecke}}$$

a) Welchen Verbrauch hat ein Fahrzeug, das auf einer Strecke von 700 km 45 Liter Benzin verbraucht hat?

b) Umweltschützer kritisieren, dass es zu viele Autos mit einem hohen Benzinverbrauch gibt. Wie viel Liter Benzin verbraucht ein großes Auto (12,5 ℓ pro 100 km) bei einer Strecke im Jahr von 8000 km mehr als ein Kleinwagen (6 ℓ pro 100 km)?

c) Erstelle mit einem Tabellenkalkulationsprogramm eine Tabelle zur Berechnung des Benzinverbrauchs.

41 Katharina hat für ihren Urlaub eine bestimmte Summe Geld gespart. Gibt sie täglich 12 € aus, reicht ihr Geld neun Tage länger als geplant. Gibt sie aber täglich 17 € aus, muss sie ihren Urlaub um einen Tag verkürzen. Wie lange sollte ihre Urlaubsreise dauern und wie viel Geld hatte Katharina gespart?

42 Bei einem Rechteck ist $a = 12$ cm lang. Wenn man beide Rechteckseiten um 4 cm verkürzt, wird der Flächenhalt um 66 cm² kleiner.
a) Berechne die Seitenlänge b des ursprünglichen Rechtecks und seinen Flächeninhalt.
b) Berechne den Umfang des neuen Rechtecks.

43 Wende die binomischen Formeln an.
a) $(a - 12)^2$ b) $(x + 15)^2$
c) $(16 - x)^2$ d) $(m - 14)(m + 14)$
e) $(x + 25)^2$ f) $(a + 13)(a - 13)$
g) $(2,5x + y)^2$ h) $(7x - 2y)^2$

44 Schreibe als Produkt.
a) $x^2 + 10x + 25$ b) $64x^2 - 81y^2$
c) $100a - 20ab + a^2$ d) $4x^2 + 12ax + 9a^2$
e) $0,04a^2 - 0,36y^2$ f) $36x^2 + 12xy + y^2$
g) $81x^2 - 36xy + 4y^2$ h) $36a^2x + 27ax^2$

45 Löse auf und fasse zusammen.
a) $(x + y)^2 + (x - y)^2$
b) $(a + 8)^2 + (a + 7)(a - 7)$
c) $(x - 3)(x + 3) - (x - 5)^2$
d) $(2a - b)^2 - (b - 3a)^2$
e) $2(3x + 4y)^2 - (3x - 2y)(3x + 2y)$

46 Löse die Klammern auf und bestimme die Lösung der Gleichung.
a) $(t + 3)(t + 7) = (t - 5)(t + 9)$
b) $(3x + 4)(x + 5) = (33 + x)(3x - 4)$
c) $(2r + 5)(3 - r) = 2r(1 - r)$
d) $(4a - 7)(4a + 7) = -8a(7 - 2a)$
e) $(2x + 4)(2x + 4) = x(4x + 2)$

47 Löse die Gleichung.
a) $(x + 5)^2 = x^2 - 15$ b) $(x - 7)^2 = x^2 - 63$
c) $(a - 2)^2 = a^2 + 4^2$ d) $(x + 6)(x - 6) = 13$
e) $(x - 1)^2 = (7 - x)^2$ f) $2(y^2 + 7) = 2(y + 3)^2$
g) $(y + 3)^2 = (y + 1)(y - 1)$
h) $(3a + 2)^2 = 9(a^2 + 1\tfrac{1}{3})$

Farbige Terme

Dieses Bild des Schweizer Grafikers Richard Paul Lohse (1902–1988) heißt „Zentrum aus vier Quadraten als Ergebnis der vier Kreuzflächen".

a) Beschreibe das Bild.
Finde Regelmäßigkeiten.

b) Am Rand des Bilds stehen Variablen für die Längen der Teilflächen. Der Umfang des gesamten Bilds ist
$a + b + c + a + b + c + a + b + c + a + b + c$
oder $4a + 4b + 4c$.
Erkläre beide Terme.
Gib Terme für den Umfang einiger Teilflächen an.

c) Gib Terme für den Flächeninhalt der Teilflächen an, z. B. $a \cdot c$ für das große gelbe Rechteck.

d) Der Term $a \cdot c + b \cdot c = c\,(a + b)$ steht für den Inhalt der gesamten gelben Fläche. Stelle einen Term für die gesamte grüne Fläche auf.

e) Finde Rechtecke, die folgende Flächeninhalte haben:
① $(a + b) \cdot c$ ② $(a + b)(b + c)$ ③ $4b^2$ ④ $(b + c)(b + c)$
⑤ $a \cdot (b + c)$ ⑥ $c \cdot (a + b)$ ⑦ $bc + 2b^2$ ⑧ $ac + 2bc + 2b^2$

f) Stelle aus den Teilflächen des Bilds Figuren mit folgenden Flächeninhalten zusammen, wenn möglich. Zeichne sie in dein Heft.
① $c \cdot (a + b)$ ② $(c + b)^2$ ③ $(a + b + b)(a + b + b + a)$ ④ $c \cdot a + b$

g) Der Flächeninhalt des gesamten Bildausschnitts kann mit unterschiedlichen Termen beschrieben werden. Fülle die Tabelle im Heft aus. Fasse die Terme so weit wie möglich zusammen.

Wortvorschrift	Term
Länge mal Breite	$(a + b + c) \cdot (\ldots)$
zwölf Teilflächen	
drei waagerechte Streifen	
zwei senkrechte Streifen	
vier Quadrate	

h) Welche Terme ergeben sich für den gesamten Umfang und Flächeninhalt, wenn $c = 2b$ ist? Setze ein und fasse zusammen. Finde weitere Zusammenhänge zwischen den Variablen.

i) Zeichne ein ähnliches Bild wie oben. Beachte, dass $c = 2b$ und $a = 3b$ ist. Färbe die Figur beliebig ein und berechne die Flächeninhalte aller Teilflächen in Quadratzentimeter (cm²).

Alles klar?

Entscheide, ob die Aussagen richtig oder falsch sind.
Begründe deine Entscheidung im Heft und korrigiere gegebenenfalls.

1 Terme umformen und vereinfachen

a) $15x - 15x = 0$ b) $-4a - 3b = -7ab$ c) $5 \cdot 4x = 20x$ d) $-3ab \cdot (-3a) = 9ab$

2 Terme mit Klammern

a) Eine Plusklammer kann aufgelöst werden, indem man alle Vor- und Rechenzeichen zu
Pluszeichen macht, also $7a + (3a - 4a) = 7a + 3a + 4a$.

b) Eine Minusklammer löst man auf, indem man alle Vor- und Rechenzeichen in der Klammer
verändert, also ist $12x - (9x - 6) = 12x - 9x + 6$.

c) Der Umfang der Figur rechts kann mit dem Term
$2(a + b) + 4a$ angegeben werden.

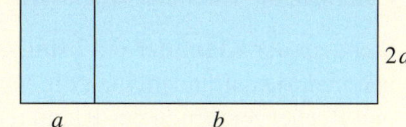

d) $4(ab - 3b) = 4ab - 3b$

e) $3c(5c + 3d - 7) = 15c^2 + 9cd - 21c$

f) Hier wurde der Faktor $2x$ richtig ausgeklammert: $6xy - 14x = 2x(3y - 7x)$.

BEACHTE
Die Lösungen zu
den Aufgaben auf
dieser Seite sowie
dazu passende
Trainingsaufgaben
findest du ab
Seite 188.

3 Produkte von Summen

a) Wenn man $(2a - 3b)(a - 4b)$ ausmultipliziert, so ergibt sich $2a^2 - 8ab - 3ab + 12b^2$.

b) In der Umformung $(8x - 3y)(2x + 5y) = 16x^2 + 40xy - 6xy - \blacksquare$ fehlt noch der Term $15y$.

c) $(1\frac{1}{2}x + 2\frac{1}{2}y)(\frac{1}{2}x - 2y) = \frac{3}{4}x^2 - 1\frac{3}{4}xy - 5y^2$

4 Gleichungen aufstellen und lösen

a) Die Gleichung wurde korrekt gelöst:

$3x + 5 = 33 - x \quad | + x$
$3x + 5 = 33 \quad | - 5$
$3x \quad\;\; = 28 \quad | : 3$
$x \quad\;\;\;\; = 7$

b) Die Aufgabe „Umfang und Flächeninhalt eines Rechtecks mit den
Seitenlängen a und 3 sollen denselben Zahlenwert haben." führt zur
Gleichung $a + 3 = 3a$.

c) Die Gleichung $\frac{1}{3}x - 1 = 1 + \frac{1}{5}x$ hat die Lösung $x = 15$.

5 Sachaufgaben systematisch lösen

a) Wenn eine Mutter 25 Jahre älter ist als ihre Tochter, steht in der Gleichung $a + 25 = b$
das a für das Alter der Mutter und das b für das Alter der Tochter.

b) Das Produkt zweier aufeinanderfolgender gerader Zahlen kann durch $(n - 2) \cdot n$
beschrieben werden.

6 Formeln umstellen

a) Aus dem *Ohmschen Gesetz* folgt $U = R \cdot I$. Das kann man auch als $I = U \cdot R$ schreiben.

b) Wenn man den Umfang u und die Seitenlänge b eines Rechtecks kennt,
liefert $a = (u - b) : 2$ die Länge der anderen Seite.

Zusammenfassung

→ Seite 10

Terme umformen und vereinfachen

In einer Summe oder Differenz dürfen nur **gleiche Variablen zusammengefasst** werden.
Ein Produkt aus gleichen Faktoren kann man als **Potenz** schreiben.
Gibt es **mehrere Faktoren**, kann man die Faktoren vertauschen und zusammenfassen.

$3a + 4b + 2a + 6b = 5a + 10b$

$a \cdot a \cdot a = a^3$
$x \cdot x \cdot x \cdot x \cdot x = x^5$
$4x \cdot 3x = 4 \cdot 3 \cdot x \cdot x = 12x^2$
$5x \cdot 6y \cdot y = 5 \cdot 6 \cdot x \cdot y \cdot y = 30xy^2$

→ Seite 14

Terme mit Klammern

Steht vor der **Klammer** ein **Pluszeichen**, kann man die Klammer weglassen.

$a + (b + c) = a + b + c$
$12x + (15y - 7c) = 12x + 15y - 7c$

Steht vor der **Klammer** ein **Minuszeichen**, löst man sie auf, indem man die Vorzeichen und Rechenzeichen in der Klammer ändert.

$a - (b + c) = a - b - c$
$5a - (-3 - 2b) = 5a + 3 + 2b$
$100 - (6x - 3y) = 100 - 6x + 3y$

Eine **Summe** wird **mit einem Faktor multipliziert**, indem man jeden Summanden in der Klammer mit dem Faktor multipliziert.
Die Umkehrung ist das **Ausklammern**.

$a(b + c) = a \cdot b + a \cdot c$
$3x(4 + 5y) = 12x + 15xy$
$x \cdot y + x \cdot z + 3 \cdot x = x(y + z + 3)$
$12ab + 18ac = 6a(2b + 3c)$

→ Seite 20

Produkte von Summen

Beim **Multiplizieren von zwei Summen** wird jeder Summand der ersten Klammer mit jedem Summanden der zweiten Klammer multipliziert.

$(a + b)(c + d) = ac + ad + bc + bd$

$(3x + y)(2a + 4x)$
$= 6ax + 12x^2 + 2ay + 4xy$

→ Seiten 24, 28, 32

Gleichungen und Sachaufgaben lösen, Formeln umstellen

Um **Sachprobleme** zu lösen, kann man eine Gleichung aufstellen.

Gleichungen können durch **Probieren** oder durch **Äquivalenzumformungen** gelöst werden. Dabei darf man auf beiden Seiten denselben Term addieren, subtrahieren, multiplizieren oder dividieren. Beim Multiplizieren und Dividieren muss der Wert des Terms $\neq 0$ sein.
Durch das Einsetzen der Lösung in die Gleichung (**Probe**), kann man überprüfen, ob die Gleichung richtig gelöst wurde.

Auch um **Formeln** umzustellen, verwendet man Äquivalenzumformungen.

Dennis ist drei Jahre älter als Luisa. Zusammen sind sie 35 Jahre alt.
x: Alter von Luisa. $x + (x + 3) = 35$

$2x + 3 = 35 \qquad | -3$
$2x = 32 \qquad | : 2$
$x = 16$

Also ist Luisa 16 Jahre alt. Dennis ist drei Jahre älter, also 19 Jahre alt.
Probe: $16 + 16 + 3 = 35$ (wahr)

Umfang eines Rechtecks: $u = 2a + 2b$
Auflösen nach a:
$u = 2a + 2b \qquad | -2b$
$u - 2b = 2a \qquad | : 2$
$\frac{1}{2}u - b = a$

Ähnlichkeit

Fische einer Art haben alle die gleiche Form und die gleiche Färbung.
Es gibt aber Unterschiede in der Größe. Die Fische sind ähnlich.
Sind sie auch ähnlich im Sinne der Geometrie?

In diesem Kapitel wirst du maßstäbliche Vergrößerungen und Verkleinerungen
berechnen, vergrößerte oder verkleinerte Bilder von einem Original
herstellen und die Methode der zentrischen Streckung kennenlernen.
Zudem lernst du, wie man ähnliche Figuren erkennt und
wie man sie zur Bestimmung von Längen verwendet.

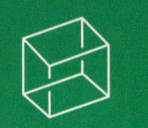

Noch fit?

Aua, und das soll ein stumpfer Winkel sein!

1 Zeichne wie angegeben:

a) zwei Geraden, die senkrecht aufeinander stehen

b) eine Strecke $\overline{AB}$ mit 3,2 cm Länge

c) eine Gerade g und einen Punkt P_1, der auf der Geraden liegt. Zeichne einen weiteren Punkt P_2, der nicht auf der Geraden liegt. Zeichne einen Strahl, der P_1 und P_2 verbindet.

d) zwei zueinander parallele Geraden mit 2,5 cm Abstand

e) einen Kreis mit dem Radius $r = 4{,}7$ cm

f) die Winkel mit den Größen $\alpha = 43°$; $\beta = 143°$ und $\gamma = 265°$

2 Zeichne das Schrägbild eines Würfels bzw. Quaders mit den angegebenen Kantenlängen.

a) $a = 6$ cm
b) $a = 6$ cm; $b = 4$ cm; $c = 2$ cm
c) $a = b = 5{,}6$ cm; $c = 1{,}4$ cm
d) $a = 3{,}7$ cm; $b = 2{,}8$ cm; $c = 8{,}5$ cm

3 Zeichne die Winkel und gib jeweils die Winkelart an (spitz, stumpf oder überstumpf).

a) $\alpha = 45°$
b) $\beta = 120°$
c) $\gamma = 270°$
d) $\delta = 83°$
e) $\varepsilon = 314°$

4 Konstruiere die Dreiecke.

a) $\alpha = 55°$; $\beta = 40°$; $c = 7$ cm
b) $\gamma = 65°$; $a = 5$ cm; $b = 7{,}5$ cm
c) $\alpha = 25°$; $\beta = 120°$; $\gamma = 35°$
d) $\alpha = 36°$; $\beta = 100°$; $a = 4{,}8$ cm

5 Multipliziere mit Stufenzahlen.

a) $31 \cdot 10\,000$
b) $2{,}8 \cdot 10$
c) $2{,}14 \cdot 1000$
d) $0{,}3 \cdot 100$
e) $0{,}012 \cdot 100$
f) $\frac{1}{8} \cdot 1000$

6 Multipliziere im Kopf.

a) $25 \cdot 4$
b) $125 \cdot 8$
c) $20 \cdot 50$
d) $250 \cdot 8$
e) $3 \cdot 150$
f) $20 \cdot 5000$
g) $102 \cdot 7$
h) $99 \cdot 6$
i) $1100 \cdot 22$
j) $97 \cdot 13$
k) $103 \cdot 15$
l) $207 \cdot 11$

7 Gib die Brüche als Dezimalbrüche an.

a) $\frac{1}{10}$
b) $\frac{3}{4}$
c) $\frac{1}{8}$
d) $\frac{5}{8}$
e) $\frac{5}{4}$
f) $\frac{112}{100}$
g) $\frac{9}{3}$
h) $\frac{1}{3}$
i) $\frac{7}{6}$
j) $\frac{5}{7}$

8 Gib die Größen in der Maßeinheit an, die in Klammern steht.

a) 5 cm (mm)
b) $10{,}7$ dm (cm)
c) 91 mm (dm)
d) 7640 m (km)
e) 54 cm² (mm²)
f) 450 cm² (dm²)
g) 13 a (m²)
h) $0{,}076$ m² (dm²)
i) $34\,500$ cm³ (dm³)
j) $53{,}4$ cm³ (mm³)
k) $690\,000$ cm³ (m³)
l) $1{,}7$ m³ (ℓ)

9 Zeichne ein Koordinatensystem und trage die Punkte ein: $A\,(0|7)$; $B\,(2|0)$; $C\,(3{,}5|4)$; $D\,(5|0)$; $E\,(7|7)$. Verbinde die Punkte in alphabetischer Reihenfolge. Welcher Buchstabe entsteht?

BUNT GEMISCHT

1. Erkläre den Zusammenhang zwischen Radius und Durchmesser. Schreibe als Formel.
2. Multipliziere aus (Distributivgesetz): $3 \cdot (a + 15)$.
3. Bei einem Schrägbild wird die Strecke, die nach hinten verläuft, ▪ gezeichnet.
4. Wie ändert sich der Flächeninhalt eines Rechtecks, wenn beide Seitenlängen verdoppelt werden?
5. Zwei Brüche werden miteinander multipliziert, indem man ▪.

Vergrößern und Verkleinern

Erforschen und Entdecken

1 Betrachte die vier Abbildungen.

Marienkäfer

Ausschnitt einer Karte

ein menschliches Haar

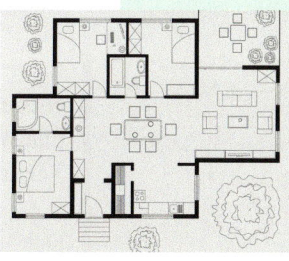
Grundriss eines Hauses

a) Bei welchen Abbildungen handelt es sich um eine Vergrößerung bzw. um eine Verkleinerung gegenüber der Wirklichkeit?

b) In welchen Zusammenhängen hast du schon einmal vom Begriff „Maßstab" gehört? Gib Beispiele und berichte, in welcher Form ein Maßstab angegeben wurde.

c) Schätze ab, welcher Maßstab bei welchem Bild annähernd passend sein könnte. Begründe deine Auswahl.

5 : 1	200 : 1	1 : 200	1 : 1 500 000

d) Ordne dem folgenden Satz den entsprechenden Maßstab zu. Ergänze die Sätze für die drei anderen Maßstabsangaben.
„Ein Zentimeter in der Abbildung entspricht 200 cm in der Wirklichkeit."
„Fünf Zentimeter…."

2 Zeichne ein Rechteck mit $a = 9$ cm; $b = 6$ cm. Dieses Rechteck ist dein Original. Schaffiere es rot und schneide es aus.
Zeichne dann die folgenden Dreiecke auf weißes Papier und schneide sie ebenfalls aus.

① $a = 4,5$ cm; $b = 3$ cm   ② $a = 18$ cm; $b = 12$ cm   ③ $a = 3$ cm; $b = 2$ cm
④ $a = 13,5$ cm; $b = 9$ cm   ⑤ $a = 6$ cm; $b = 4$ cm   ⑥ $a = 1,8$ cm; $b = 1,2$ cm

a) Klebe das rote Original-Rechteck auf eine neue Doppelseite oben mittig in dein Heft und ordne die anderen Rechtecke in zwei Spalten wie folgt darunter:
Links sind die verkleinerten Rechtecke, rechts die vergrößerten.

b) Ordne die Maßstäbe aus der Randspalte jeweils den einzelnen Bildern zu.
Der Maßstab 1 : 3 liest sich beispielsweise wie folgt: „Ein Zentimeter im Bild entspricht drei Zentimeter im Original". Schreibe die Maßstäbe in die entsprechenden Bild-Rechtecke.

c) Beschreibe, wie man anhand der Maßstäbe erkennen kann, ob es sich um eine Vergrößerung oder um eine Verkleinerung handelt.

d) Wievielmal so groß sind die Seiten von ① und ② gegenüber dem Original?

e) Zeichne zum roten Original ein Rechteck im Maßstab 1 : 6. Wie ermittelst du die Längen der Seiten? Mit welchem Faktor musst du die Originalseiten multiplizieren?

f) Welche Maße hat ein Bild-Rechteck bei einer Vergrößerung um den Faktor 5? Wie lautet der Maßstab?

Maßstab
1 : 1,5
1 : 2
1,5 : 1
1 : 3
2 : 1
1 : 5

Lesen und Verstehen

Als **Maßstab** bezeichnet man das Verhältnis zwischen einer abgebildeten Größe und der entsprechenden Größe in der Wirklichkeit.
Der **Streckungsfaktor** gibt an, mit welcher (positiven) Zahl die Originallängen multipliziert werden, um die entsprechenden Bildlängen zu erhalten.

Ist die Abbildung größer als die entsprechende Wirklichkeit, so spricht man von einer maßstäblichen **Vergrößerung**.

Der Maßstab wird als $x : 1$ angegeben.
Der Streckungsfaktor beträgt $k = x$.

BEISPIEL 1
Haar durch ein Mikroskop
Die Vergrößerung beträgt 200 : 1.
Ein 0,05 mm dickes Haar ist unter dem Mikroskop $200 \cdot 0{,}05$ mm $= 10$ mm dick.

Bei einer maßstäblichen **Verkleinerung** ist die Abbildung kleiner als die Wirklichkeit. Entsprechend wird der Maßstab mit $1 : x$ angegeben.
Der Streckungsfaktor beträgt $k = \frac{1}{x}$.

In beiden Fällen ist $x > 1$.

BEISPIEL 2
Die Verkleinerung beträgt 1 : 1 500 000.
Eine in Wirklichkeit 40 km lange Strecke ist auf der Karte 40 km : 1 500 000 $= 0{,}00002666\ldots$ km $\approx 2{,}7$ cm lang.

Basisaufgaben

1 Fülle den Lückentext im Heft aus:
Bei einem Maßstab von 5 : 1 handelt es sich um eine maßstäbliche ▨. Hierbei ist das Bild ▨ so groß wie das Original.
Bei einer fünffachen Verkleinerung spricht man dagegen vom Maßstab ▨.

2 Zeichne ein Quadrat mit der Seitenlänge $a = 3$ cm. Gib die neuen Seitenlängen an.
a) Vergrößere das Quadrat mit $k = 2$.
b) Vergrößere das Quadrat mit $k = 3$.
c) Verkleinere das Quadrat mit $k = \frac{1}{2}$.
d) Verkleinere das Quadrat mit $k = \frac{1}{3}$.

3 Verändere ein Rechteck mit $a = 2$ cm und $b = 3$ cm mit dem Streckungsfaktor k.
a) $k = 2$ b) $k = 3$ c) $k = 1{,}5$
d) $k = \frac{1}{2}$ e) $k = \frac{1}{4}$ f) $k = \frac{3}{5}$
Gib jeweils an, ob vergrößert oder verkleinert wird. Bestimme den Maßstab.

4 Zeichne ein gleichseitiges Dreieck mit $a = 6$ cm. Verkleinere es maßstäblich mit dem angegebenen Streckungsfaktor und gib den Maßstab an.
a) $k = \frac{1}{2}$ b) $k = \frac{1}{3}$ c) $k = \frac{2}{5}$

5 Gib den Streckungsfaktor k bei folgenden Maßstäben an:
a) 1 : 2   b) 3 : 1   c) 1 : 100
d) 5 : 1   e) 1 : 25   f) 1 : 2000

6 Mit welchem Streckungsfaktor wurden die Dreiecke vergrößert bzw. verkleinert,
a) wenn I das Original ist?
b) wenn II das Original ist?
Gib jeweils den Maßstab an.

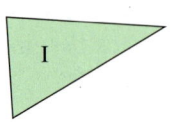
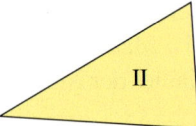

7 Zeichne ein Dreieck mit $a = 3\,\text{cm}$, $c = 5\,\text{cm}$ und $\beta = 80°$.

a) Vergrößere das Dreieck mit $k = 2$.

b) Vergrößere das Dreieck mit $k = 2{,}2$.

c) Vergrößere das Dreieck mit $k = 1{,}5$.

d) Verkleinere das Dreieck mit $k = \frac{1}{2}$.

e) Vergrößere das Dreieck so, dass $a' = 5{,}1\,\text{cm}$ ist. Wie groß ist dann k?

8 Das Original-Rechteck hat die Maße $a = 6\,\text{cm}$ und $b = 2{,}4\,\text{cm}$. Übertrage die Tabelle unten in dein Heft und ergänze sie. Lasse möglichst viel Platz in der letzten Spalte. Bei den grauen Feldern werden die Rechtecke zu groß, sie müssen nicht gezeichnet werden.

Maßstab	Maße der Seitenlängen	Zeichnung
1 : 2	$a = 3\,\text{cm}$ $b = 1{,}2\,\text{cm}$	
1 : 3	$a = …$ $b = 0{,}8\,\text{cm}$	
	$a = 1{,}5\,\text{cm}$ $b = …$	
1 : 6		
2 : 1		
2,5 : 1		
3 : 1		
	$a = 30\,\text{cm}$ $b = 12\,\text{cm}$	
8 : 1		
	$a = 60\,\text{cm}$ $b = 24\,\text{cm}$	

9 Dies ist der Grundriss vom Obergeschoss eines Hauses.

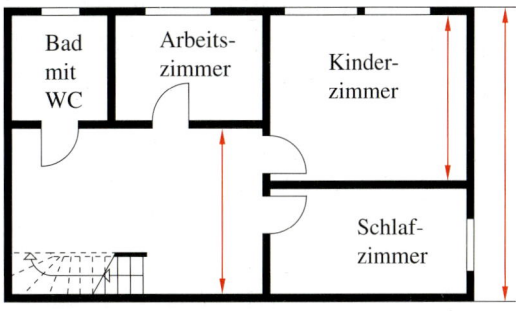

Obergeschoss Maßstab 1 : 200

a) Wie lang sind die roten Strecken in Wirklichkeit?

b) Ermittle für alle Zimmer die wirklichen Längen und berechne ihren Flächeninhalt.

c) Das Wohnzimmer im Untergeschoss hat eine reale Größe von $5\,\text{m} \times 6\,\text{m}$. Welchen Flächeninhalt hätte das Wohnzimmer im Plan?

10 Ein Modellauto wird im Maßstab 1 : 18 angeboten. Der abgebildete Ferrari hat die Maße $6 \times 23 \times 11\,\text{cm}$.
Welche Maße hat das Originalauto?

Methode: Maßstabsgerechte Längen mit einer Zuordnungstabelle berechnen

Will man beispielsweise die fünf höchsten Bauwerke der Welt maßstabsgerecht skizzieren, so sollte man den Maßstab so wählen, dass der Platz im Heft möglichst gut genutzt wird.
Der Burj Khalifa in Dubai ist mit 830 m das höchste Gebäude der Welt. Für seine Skizze stehen 15 cm in der Höhe zur Verfügung.
Mit Hilfe einer Zuordnungstabelle kann man die Höhen der anderen Gebäude berechnen. Der Tokyo Sky Treee ist 634 m hoch.
Auch der Maßstab kann berechnet werden (hier $\frac{3}{16\,600} : 1$, also $\approx 1 : 5533$).
Aber Achtung: Dazu müssen die Größen in der gleichen Einheit angegeben sein.

$: 83\,000$

$\cdot 63\,400$

reale Höhe (in cm)	Höhe im Bild (in cm)
83 000	15
1	$\frac{15}{83\,000} = \frac{3}{16\,600}$
63 400	ca. 11,5

Der „Tokyo Sky Tree" muss 11,5 cm hoch gezeichnet werden.

Burj Khalifa
in Dubai

Weiterführende Aufgaben

11 In der Tabelle findest du die Höhen der fünf höchsten Bauwerke der Welt und zum Vergleich die Höhe des Kölner Doms.

Name	Stadt	Höhe
Burj Khalifa	Dubai	830 m
Tokyo Sky Tree	Tokio	634 m
Shanghai Tower	Shanghai	632 m
Mecca Royal Clock Tower Hotel	Mekka	601 m
Canton Tower	Guangzhou	600 m
Kölner Dom	Köln	157 m

Skizziere die Höhen im Vergleich.
Berechne dazu die Bildhöhen mit Hilfe einer Zuordnungstabelle. Das höchste Bauwerk soll im Bild 20 cm Höhe haben.
Gib auch den Maßstab an.

12 Der Schaufelradbagger 288 aus dem Braunkohletagebau ist 96 m hoch und 220 m lang. Er soll in einem Bild eine Höhe von 15 cm haben.

a) Wie groß müsste ein erwachsener Mann neben dem Bagger gezeichnet werden?
b) Passt die Länge des Baggers in dein Heft?
c) In welchem Maßstab wird der Bagger abgebildet?

13 In welchem Maßstab wurde der Igel abgebildet? Erkläre deine Vorgehensweise.

14 Die Entfernung von der Erde bis zum Mond beträgt 384 400 km.
a) In welchem Maßstab müsste man diese Entfernung darstellen, wenn man ein DIN-A4-Blatt gut nutzen wollte?
b) Zeichne die Entfernung Erde–Mond in deinem gewählten Maßstab als Strecke in dein Heft.
c) Erde ⟷ Mond

Miss die Strecke und bestimme den Maßstab. Die folgenden Entfernungen sollen im gleichen Maßstab veranschaulicht werden. Wie lang müssten die Strecken gezeichnet werden?

mittlere Entfernung Mars–Sonne	228 000 000 km
mittlere Entfernung Erde–Sonne	149 600 000 km
Länge des Erdäquators	40 075 km
Luftlinie Berlin–New York	6385 km

15 Ein Haus hat eine rechteckige Grundfläche von 7,60 m × 10,40 m.
a) Berechne den Flächeninhalt.
b) Zeichne die Grundfläche im Maßstab 1 : 100.
c) Berechne den Flächeninhalt der gezeichneten Fläche und vergleiche diesen mit dem Flächeninhalt des Originals. Was fällt dir auf?
d) Warum lässt sich ein Flächeninhalt nicht direkt durch Multiplikation mit dem Maßstab umrechnen?

16 In der Architektur werden oftmals vor dem Bau dreidimensionale Modelle der geplanten Gebäude hergestellt.
a) Welche Maße hätte das Modell eines quaderförmigen Hochhauses im Maßstab 1 : 200, wenn es 24 m lang, 35 m breit und 61 m hoch wäre?
b) Um welches Vielfache ist das Volumen des Originals größer als das des Modells? Begründe.

Methode: Vergrößern und Verkleinern mit Hilfe einer zentrischen Streckung

Eine maßstäbliche Vergrößerung oder Verkleinerung einer Figur kann man mit Hilfe einer zentrischen Streckung durchführen.
Das Streckungszentrum wird mit Z bezeichnet.
Z kann sowohl außerhalb der Figur, auf ihrem Rand oder innerhalb der Figur liegen.

BEISPIEL

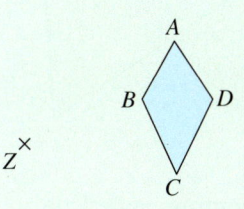

Ein Drachen soll mit Hilfe einer zentrischen Streckung verändert werden:
einmal soll er auf die doppelte Größe vergrößert und einmal auf die Hälfte verkleinert gezeichnet werden.
Das Streckungszentrum Z wird außerhalb der Figur gewählt.

BEACHTE
Mit einer dynamischen Geometrie-Software geht man wie folgt vor:
1. Zeichne den Punkt Z und den Drachen.
2. Zeichne die Strahlen mit dem Werkzeug „Strahl zeichnen".
3. Verwende ein Werkzeug wie „Zentrisch strecken" und bewege den Drachen oder gib erst den Streckungsfaktor k ein.

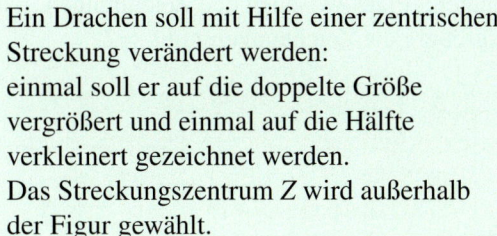

Von Z ausgehend wird durch jeden Eckpunkt des Drachens ein Strahl gezeichnet.

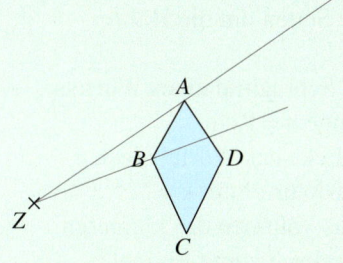

Für die Vergrößerung wird auf jedem Strahl die Länge der Strecke zwischen Z und dem Eckpunkt des Drachens verdoppelt. Diese Punkte werden als Eckpunkte des vergrößerten Drachens markiert. Aus ihnen entsteht der vergrößerte gelbe Drachen im Maßstab 2 : 1.

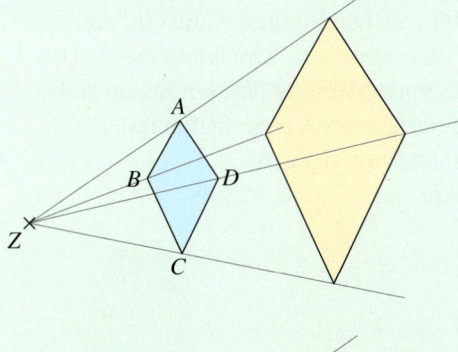

Auf jedem Strahl wird die Länge der Strecke zwischen Z und dem Eckpunkt des Drachens halbiert. Dieser Punkt wird jeweils als Eckpunkt des verkleinerten grünen Drachens markiert. Durch die Verbindung dieser Punkte entsteht der verkleinerte blauen Drachen im Maßstab 1 : 2.

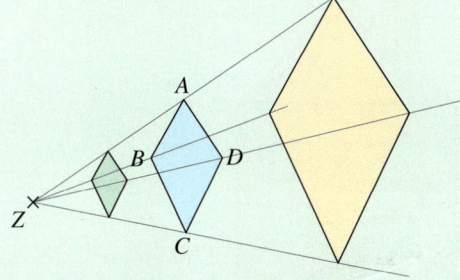

17 Zeichne ein beliebiges Dreieck ins Heft. Vergrößere und verkleinere das Dreieck mit Hilfe einer zentrischen Streckung.
a) Wähle Z innerhalb des Dreiecks.
b) Wähle Z außerhalb des Dreiecks.
c) Z liegt auf dem Punkt A des Dreiecks.

18 Übertrage die Zeichnungen und das Streckungszentrum Z in dein Heft. Lasse genügend Platz zwischen den Zeichnungen. Vergrößere die Zeichnungen mit $k = 2$.

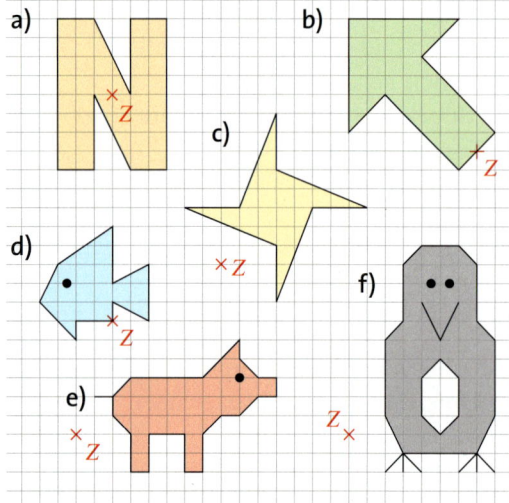

19 Übertrage die Buchstaben in dein Heft. Wähle ein geeignetes Streckungszentrum und vergrößere die Buchstaben mit $k = 2$.

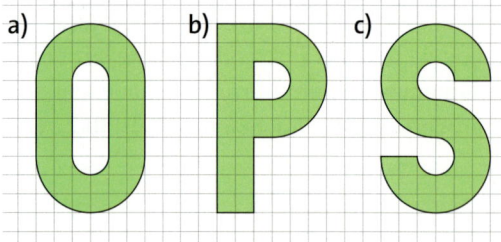

20 Zeichne ein unregelmäßiges Sechseck auf ein weißes Blatt Papier. Jede Seitenlänge soll mindestens 3 cm lang sein.
Lege das Streckungszentrum Z innerhalb der Figur fest.
a) Vergrößere das Sechseck mit $k = 2$.
b) Verkleinere das Sechseck mit $k = \frac{1}{3}$.

21 Zeichne ein beliebiges Fünfeck auf ein weißes Blatt Papier. Lege das Streckungszentrum Z auf einer Ecke fest.
a) Vergrößere es mit $k = 3$.
b) Verkleinere es mit $k = 0,5$.

22 Zeichne einen Fisch ähnlich wie im Bild auf ein weißes Blatt Papier.

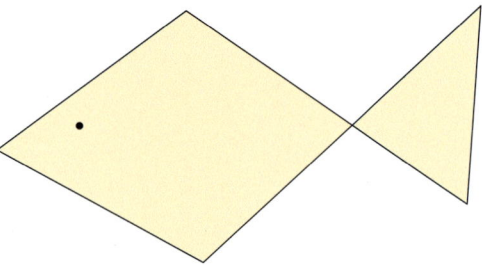

a) Wähle ein Streckungszentrum außerhalb des Fisches und verdopple seine Seitenlängen maßstabsgerecht.
b) Lege Z auf der unteren Ecke fest und verkleinere die Seiten um die Hälfte.

23 Zeichne das Schrägbild eines Würfels mit der Kantenlänge $a = 8\,\text{cm}$.
Lege Z auf einer Ecke des Würfels fest.
a) Verkleinere den Würfel mit $k = \frac{1}{2}$.
b) Wie groß ist das Volumen des kleineren Würfels im Vergleich zum Original?

24 Bei welchen Figuren wählst du am besten eine zentrische Streckung zur Vergrößerung? Welche Figuren lassen sich schneller über eine Vervielfachung der Seitenlängen vergrößern?
Begründe.

Ähnlichkeit im geometrischen Sinn

Erforschen und Entdecken

1 Das links abgebildete Originalfoto hat das Format 4 cm mal 6 cm. Alle anderen Fotos sind dazu in gewisser Weise ähnlich. Aber nur eines ist zum Original auch geometrisch ähnlich.

a) Welches Foto hältst du für **geometrisch** ähnlich zum Original? Begründe.
b) Warum gehören die anderen Fotos nicht dazu?
c) Wie würdest du entscheiden, wenn eins der beiden zueinander ähnlichen Fotos ein Schwarz-Weiß-Foto wäre?

2 Konstruiere die angegebenen fünf Dreiecke auf einem extra Blatt Papier so, dass sie sich nicht überschneiden. Nummeriere sie und schneide sie aus.

① $a = 3$ cm
$c = 5$ cm
$\beta = 70°$

② $a = 5$ cm
$b = 3$ cm
$c = 4$ cm

③ $a = 1,5$ cm
$c = 2$ cm
$\beta = 90°$

④ $a = 6$ cm
$c = 10$ cm
$\beta = 70°$

⑤ $a = 3$ cm
$b = 5$ cm
$c = 4$ cm

a) Sortiere die Dreiecke nach ihrer Ähnlichkeit. Vergleicht eure Ergebnisse in der Klasse.
b) Worin besteht ihre Ähnlichkeit? Was ist gleich, was verschieden? Beschreibe die Merkmale.
c) Zeichne Dreiecke, die zu den ausgeschnittenen Dreiecken ähnlich sind. Wie bist du vorgegangen?
d) Du möchtest ein Dreieck vergrößern. Welche Werte musst du verändern und welche Angaben bleiben gleich?

3 Beschreibe in deinen Worten, wie zwei zueinander ähnliche Kreisausschnitte aussehen müssen. Welche Maße bleiben gleich, welche können sich verändern? Betrachte dazu die Abbildung.

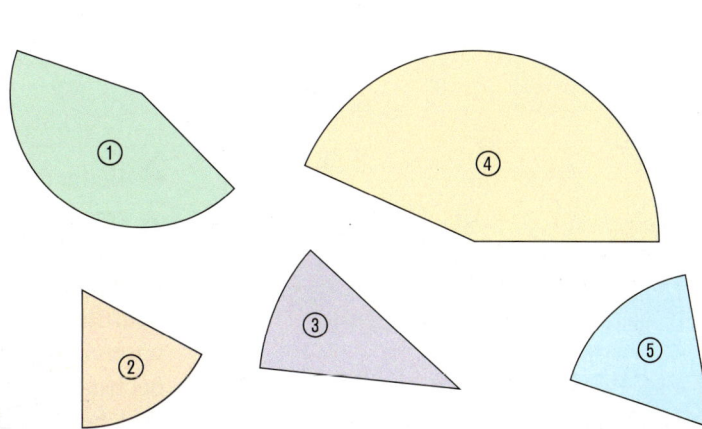

BEACHTE
Vereinfachte Darstellung des Holzpuzzles rechts

ERINNERE DICH
Kongruent heißt deckungsgleich. Kongruente Figuren haben die gleiche Form und Größe.

Lesen und Verstehen

Lisas Hausaufgabe ist es, zu Hause geometrisch ähnliche Figuren zu suchen und sie in die Schule mitzubringen.
Lisa muss lange suchen. Sie findet erst nur Dinge, die nur im allgemeinen Sprachgebrauch ähnlich sind, wie z. B. Schlüssel oder Schuhe. Bei ihrem kleinen Bruder im Zimmer entdeckt sie schließlich das Holzpuzzle rechts und bringt es mit zur Schule.

Im geometrischen Sinn hat das Wort „ähnlich" eine ganz präzise Bedeutung:

> Zwei Figuren heißen zueinander **ähnlich**, wenn sie durch maßstäbliches Vergrößern oder Verkleinern auseinander hervorgehen. Auch kongruente Figuren sind zueinander ähnlich.
>
> Beim maßstäblichen Vergrößern oder Verkleinern bleibt die Form erhalten. Für die Ähnlichkeit ohne Bedeutung sind Farbe, Lage und auch Größe.

BEISPIEL　　　　　ähnliche Trapeze

Basisaufgaben

1 Welche Dreiecke sind zueinander ähnlich? Begründe.

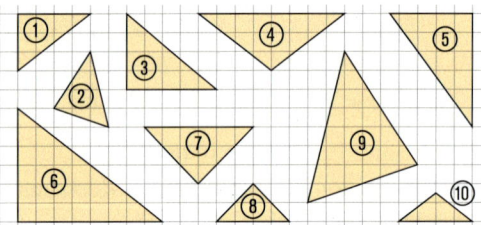

2 Welche Vierecke sind zueinander ähnlich? Begründe.

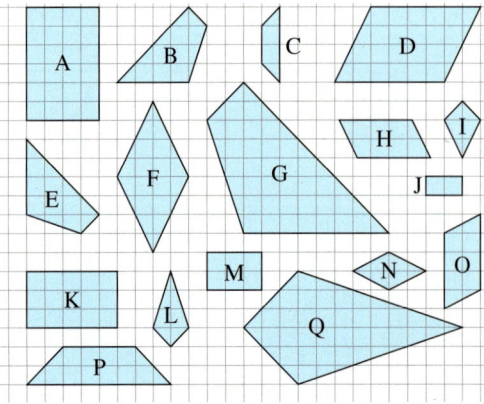

3 Welche zwei Figuren sind jeweils geometrisch ähnlich?

a)

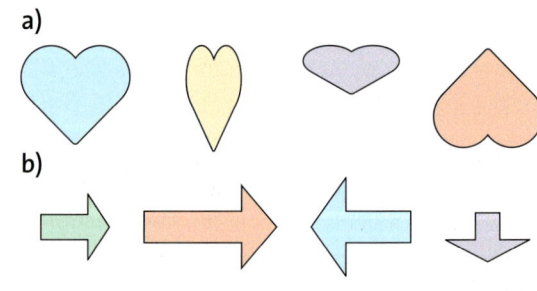

b)

c)

4 Betrachte die Groß- und Kleinbuchstaben:

A, B, C …　　　a, b, c …

Im geometrischen Sinn können – je nach Schriftart – nur einige Großbuchstaben unseres Alphabets ähnlich zu ihren Kleinbuchstaben sein.
Welche Buchstaben sind das? Begründe.

5 ▭ Ein Kreisausschnitt soll vergrößert werden. Die Größe des Mittelpunktswinkels und der Radius werden verdoppelt. Entsteht ein ähnlicher Kreisausschnitt? Begründe mit Hilfe einer Zeichnung.

6 ▭ Beschreibe mögliche Fehler…
a) beim Vergrößern und Verkleinern von Figuren.
b) beim Überprüfen, ob zwei Figuren zueinander ähnlich sind.

7 Ein Parallelogramm in einem Koordinatensystem hat die Koordinaten $A(1|1)$, $B(3|1)$, $C(4|4)$, $D(2|4)$.
Daneben entsteht ein dazu ähnliches, mit $k = 3$ vergrößertes Parallelogramm. Sein erster Eckpunkt ist $A'(5|2)$.
a) Wo liegen die anderen Eckpunkte?
b) Wie lauten die drei anderen Eckpunkte bei einer Vergrößerung mit $k = 2$?
c) Wo liegen die drei anderen Eckpunkte bei einer Verkleinerung mit $k = \frac{1}{2}$?

ERINNERE DICH
α = Mittelpunktswinkel

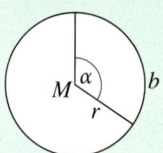

Weiterführende Aufgaben

8 ▭ Paula behauptet, dass alle möglichen Rechtecke zueinander ähnlich sind, da sie in allen vier Winkeln übereinstimmen. Überprüfe Paulas Aussage. Beschreibe dann in deinen Worten, wie zwei zueinander ähnliche Rechtecke aussehen müssen.

9 ▭ Eine Landkarte und das auf der Landkarte dargestellte Gebiet sind zueinander ähnlich.
a) Handelt es sich um eine Ähnlichkeit im geometrischen Sinn? Diskutiert darüber in eurem Kurs.
b) Informiere dich darüber, wie solche Landkarten entstehen.
c) Suche deine Schule auf einer Karte im Internet. Dort kannst du zwischen Karte und Luftaufnahme wechseln. Beschreibe Gemeinsamkeiten und Unterschiede.

10 In ein Koordinatensystem wurden zwei zueinander ähnliche Drachen eingezeichnet.

Original: $A(2|0)$; $B(4|6)$; $C(2|8)$; $D(0|6)$
Bild: $E(10|0,5)$; $F(11|4)$; $G(10|5,5)$; $H(9|4)$

Dabei ist jedoch ein Fehler passiert.
a) Welche Punkte sind nicht korrekt?
b) Finde mehrere Möglichkeiten, den Bilddrachen zu korrigieren.

11 Wahr oder falsch? Begründe.
Immer zueinander ähnlich sind zwei …
a) gleichschenklige Dreiecke
b) gleichseitige Dreiecke
c) Rechtecke
d) Kreise
e) Rauten
f) Parallelogramme
g) Trapeze
h) Quadrate
i) Würfel
j) Quader

12 Die Buchstaben unten weisen unterschiedliche, nicht nur geometrische Ähnlichkeiten auf.

A	**A**	**H**	$\mathscr{A}$	H	$\mathfrak{H}$	H
⊞	A	H	$\mathscr{H}$	H	A	$\mathfrak{A}$

a) Beschreibe diese Ähnlichkeiten.
b) Nur zwei Buchstaben sind auch im geometrischen Sinne ähnlich. Welche sind es?

Strahlensatz

In der Umwelt lassen sich viele Strecken nicht messen. Oft ist das Gelände schwer zugänglich, zum Beispiel bei Flüssen und Schluchten, oder die Gebäude sind zu hoch.

Die Breite einer Bucht kann ermittelt werden, indem man eine Vergleichsstrecke misst und damit die Breite der Bucht berechnet.

Dabei hilft der Strahlensatz.

Werden zwei sich schneidende Geraden von zwei parallelen Geraden geschnitten, so entstehen zwei Dreiecke. Diese sind zueinander ähnlich, da sie in zwei Winkeln übereinstimmen. Man nennt die sich bildende Figur **Strahlensatzfigur**.

BEACHTE
Da die Dreiecke ZAB und $ZA'B'$ ähnlich zueinander sind, unterscheiden sich die entsprechenden Seiten um den Streckungsfaktor k und es gilt:
$\overline{ZA'} = k \cdot \overline{ZA}$
$\overline{ZB'} = k \cdot \overline{ZB}$
$\overline{A'B'} = k \cdot \overline{AB}$

Strahlensätze
Werden zwei sich schneidende Geraden von zwei Parallelen geschnitten, entstehen zueinander ähnliche Dreiecke ZAB und $ZA'B'$. Ihre entsprechenden Seitenlängen stehen im gleichen Verhältnis zueinander, das heißt, sie haben den gleichen Ähnlichkeitsfaktor k.

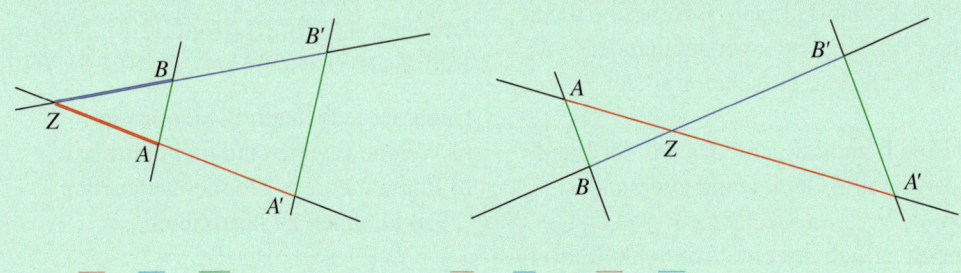

Es gilt: $\frac{\overline{ZA'}}{\overline{ZA}} = \frac{\overline{ZB'}}{\overline{ZB}} = \frac{\overline{A'B'}}{\overline{AB}} = k$, ebenfalls gilt: $\frac{\overline{ZA}}{\overline{AA'}} = \frac{\overline{ZB}}{\overline{BB'}}$ und $\frac{\overline{ZA'}}{\overline{AA'}} = \frac{\overline{ZB'}}{\overline{BB'}}$.

Mithilfe des Strahlensatzes kann man Entfernungen und Höhen bestimmen. Ein Beispiel:

Situation:
Sabrina liegt im Garten. 1,60 m entfernt von ihr steht ein zusammengeklappter Sonnenschirm. Er hat eine Höhe von 2,20 m. Schaut sie genau über seine Spitze, so sieht sie die Spitze der Tanne neben dem Haus. Die Tanne steht 5,80 m von ihr entfernt.

Skizze:

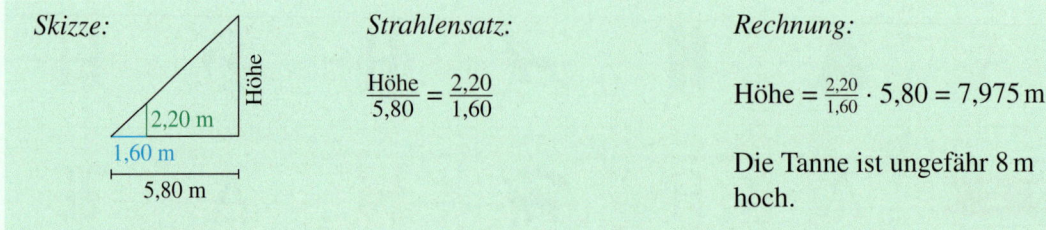

Strahlensatz:

$$\frac{\text{Höhe}}{5,80} = \frac{2,20}{1,60}$$

Rechnung:

$$\text{Höhe} = \frac{2,20}{1,60} \cdot 5,80 = 7,975 \text{ m}$$

Die Tanne ist ungefähr 8 m hoch.

Mit einfachen Mitteln und mit Hilfe des Strahlensatzes kann man die Höhe von Gebäuden, Masten, Bäumen, … ermitteln. Dazu benötigt ihr Folgendes.

Material:
Stäbe unterschiedlicher Länge (mindestens 30 cm lang), farbiges Klebeband, Zollstock, Meterschnur oder Maßband.

Bauanleitung und Vorgehensweise:
Wie auf dem Foto peilt ihr mit dem Stab in der Hand aus einem bestimmten Abstand ein Gebäude an.
Vor dem Einsatz solltet ihr noch einige Fragen klären. Diese beziehen sich auch darauf, wie ihr den Stab richtig vorbereitet:

1. In welchem Winkel sollte der Arm ausgestreckt werden und warum?
2. Wieso befindet sich die rote Markierung von der Hand gemessen auf Augenhöhe?
3. Welchen Abstand habt ihr zum Gebäude?
4. Welche Maße werden benötigt?
5. Welche Maße sind nach einem Mal Messen bekannt und welche müssen immer wieder neu ermittelt werden?

BEACHTE
Auch heute noch werden solche Peilmethoden angewendet. Zum Beispiel bestimmt der Förster so die Höhe von Bäumen.

Findet euch in Gruppen zusammen und geht mit eurem Material auf den Schulhof.
Baut eure Stäbe in den Maßen, die zu euch passen und mit denen ihr auf dem Schulhof die Höhe der Schulgebäude gut messen könnt. Probiert durch Anpeilen erst einmal mit verschieden langen Stäben ohne Markierung aus, welche Stablängen günstig sind.

1 Schaut euch die Zeichnung genau an. Überlegt gemeinsam.
a) Wie wird die Höhe des Baums bestimmt? Worauf muss geachtet werden?
b) Erklärt, warum nicht der Boden angepeilt wird.

2 Fertigt eine Skizze mit einer Strahlensatzfigur an, sodass erkennbar wird, wie ihr die Höhe berechnen wollt.

3 Entwerft eine Tabelle, in der ihr die für die Höhenbestimmung benötigten Maße eintragen könnt. Peilt verschiedene Gebäude oder Bäume an.
Tragt alle ermittelten Maße in einer Tabelle zusammen. Berechnet daraus die noch fehlenden Höhen.

4 Lege für Aufgabe 3 eine geeignete Tabelle in einem Tabellenkalkulationsprogramm an und berechne so jeweils die fehlende Höhe.

5 ➡ Ein Gebäude wurde mit einem Stab angepeilt und die Höhe mit Hilfe des Strahlensatzes berechnet. Die Höhe betrug nach den Berechnungen 10,80 m. Die tatsächliche Höhe betrug 12,30 m.
Erkläre den möglichen Fehler.

Ähnlichkeit in der Kunst

In der bildenden Kunst finden sich viele Beispiele für Vergrößerungen und vor allem
für Verkleinerungen. Hier geht es jedoch nicht um geometrische Ähnlichkeit, sondern darum,
dass die Wirklichkeit (im allgemeinen Verständnis) mehr oder weniger ähnlich dargestellt wird.

Der französische Maler Pierre-Auguste Renoir (1841 bis 1919) arbeitete viel mit Menschen,
die für ihn Modell standen. Am Bild links erkennst du, dass er bemüht war, die beiden
Mädchen am Klavier möglichst wirklichkeitsgetreu abzubilden.
Auf den Bildern „Marzella" von Ernst Ludwig Kirchner (1880 bis 1938) und „Der Kuss"
von Gustav Klimt (1862 bis 1918) dagegen wird die Wirklichkeit stärker verfremdet
dargestellt.

1 Aus dem Kunstunterricht kennst du vielleicht die unten beschriebene Methode
zur Vergrößerung eines Bildes.
Führe folgende Arbeitsschritte durch:
1. Nimm ein Foto von dir und belege es mit einem Raster.
2. Zeichne auf ein Blatt Papier ein größeres Raster, dessen Zeilen- und Spaltenanzahl
   deiner Vorlage entsprechen.
3. Übertrage das Bild nun Kästchen für Kästchen in das große Raster.
a) Vergleiche das Ergebnis mit dem Original. Sieht deine Zeichnung dem Foto ähnlich?
b) Wie könntest du vorgehen, um ein noch besseres Ergebnis zu erhalten?

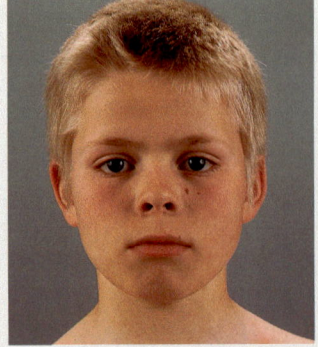 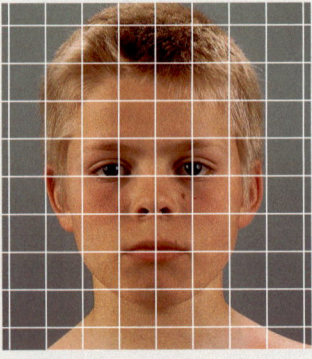

Wenn man einem Bild eine Tiefe geben möchte, so kann man mit einem Fluchtpunkt arbeiten. Technisch gesehen greift man dabei auf eine zentrische Streckung zurück. Der Fluchtpunkt ist das Streckungszentrum Z.

2 Zeichne einen Raum mit Fluchtpunkt: Beginne mit einem Rechteck in der Mitte. Lege den Fluchtpunkt in die Mitte des Rechtecks.
Alle horizontal verlaufenden Linien im Raum beginnen in einer (gedachten) Verlängerung im Fluchtpunkt.

Auch im Theater trifft man auf Vergrößerungen und Verkleinerungen und auf die Technik der zentrischen Streckung. Am deutlichsten wird dies im Schattentheater, in dem durch die unterschiedlichen Entfernungen von Lichtquelle, Akteur und Projektionsfläche die Größe des Schattens variiert.

3 Zeichne ein schlichtes Haus auf Pappe und schneide es aus. Halte das Haus zwischen eine Lichtquelle (am besten ein Halogenstrahler) und eine Wand und experimentiere mit dem Schatten des Hauses.
a) Wie verändert sich die Größe des Schattens, wenn das Haus näher an der Lichtquelle bzw. weiter von ihr entfernt ist?
b) Was passiert, wenn du die Lichtquelle auf die Wand zu- bzw. von ihr weg bewegst?

c) Versuche deine Anordnung so zu stellen, dass die Seitenlängen des Schattens genau doppelt (dreifach, vierfach, …) so groß sind wie die von deinem Original.
d) Skizziere den Versuchsaufbau von der Seite und zeichne den Weg der Lichtstrahlen ein. Es soll erkennbar sein, wie der Schatten entsteht und wie es zu der Veränderung der Größe kommt.

4 ⏩ Mit einfachen Möglichkeiten kann man ein Schattentheater aufführen. Dabei bewegt man sich wie im Bild vor einer Wand oder hinter einer Leinwand. Für den Zuschauer ist nur der Schatten sichtbar.
a) Experimentiert mit einer Wand, einer Lichtquelle (am besten ein Halogenstrahler) und eurem Schatten.
b) Lasst einen „Zwerg" und einen „Riesen" miteinander auftreten.
c) Verfasst eine kleine Szene und spielt diese eurem Kurs vor.

Vermischte Übungen

1 Bestimmt in der Gruppe an eigenen Landkarten und Stadtplänen verschiedene Entfernungen. Bearbeitet dabei folgende Aufgaben:
a) Welches Land bzw. welcher Ort wird auf eurer Karte dargestellt?
b) Wie groß ist der Maßstab?
c) Wie viel km in der Wirklichkeit entsprechen 1 cm im Bild?
d) Bestimmt die tatsächliche Entfernung von Orten auf eurer Karte.
e) Funktioniert dies auch mit einer Karten-App?

2 Vergrößere bzw. verkleinere das Rechteck. Gib die neuen Seitenlängen und den Maßstab an.
a) $a = 2\,cm$; $b = 3\,cm$; $k = 2$
b) $a = 4{,}5\,cm$; $b = 3\,cm$; $k = \frac{1}{3}$
c) $a = 4\,cm$; $b = 6\,cm$; $k = 1{,}5$
d) $a = 9{,}6\,cm$; $b = 6{,}4\,cm$; $k = \frac{1}{4}$

3 Gib die Längen im jeweils gefragten Maßstab an.
Wähle eine sinnvolle Einheit.

	Originallänge	Maßstab
a)	23 cm	1 : 10
b)	154 m	1 : 100
c)	0,2 mm	150 : 1
d)	3,4 cm	5 : 1
e)	56,7 m	1 : 250
f)	0,0085 mm	500 : 1
g)	647,8 km	1 : 10 000 000
h)	789,4 km	1 : 20 000 000
i)	384 400 km	1 : 1 Mrd.

4 Gib die Maßstäbe aus der Tabelle in Aufgabe 3 als Streckungsfaktoren k an.

5 Zeichne ein Parallelogramm mit $a = 4\,cm$, $b = 6\,cm$ und $\alpha = 35°$.
a) Vergrößere es mit $k = 2$.
b) Verkleinere es mit $k = \frac{1}{2}$.
c) Gib jeweils den Flächeninhalt an. Entnimm die fehlenden Maße deiner Zeichnung.

6 Ein Modellauto ist im Maßstab 1 : 18 gebaut. Seine Höhe beträgt 7,9 cm.
a) Wie hoch ist das Original?
b) Das Original ist 1,62 m breit. Wie breit ist das Modell?
c) Zeichne ein vereinfachtes Auto und vergrößere es mit $k = 2{,}5$.

7 Ein Auto ist in Wirklichkeit 1,70 m breit, sein Modell ist 3,4 cm breit. Sein Nummernschild ist in Wirklichkeit 52 cm breit und soll auch im Modell zu sehen sein. Wie breit muss es sein?

8 Modellbahnen mit der Bezeichnung H0 sind in einem Maßstab von 1:87 gebaut. Ein Mittelwagen des ICE 3 ist in Wirklichkeit 24 775 mm lang, 3890 mm hoch und 2950 mm breit.

a) Wie lang ist sein Modell?
b) Berechne Höhe und Breite des Modellwagens.
c) Wie lang ist der Originalzug, wenn das Modell eine komplette Zuglänge von etwa 230,85 cm hat?
d) Wie viele Wagen hat ein Zug dieser Länge?

9 Zeichne den Anfangsbuchstaben deines Namens auf ein weißes Blatt Papier und vergrößere ihn mit $k = 2$.
a) Lass von deinem Nachbarn kontrollieren, ob deine Buchstaben wirklich ähnlich zueinander sind oder ob du verzerrt gezeichnet hast.
b) Woran kann man eine Verzerrung erkennen? Beschreibe.

10 Zwei amerikanischen Forschern zufolge sind sich Hund und Besitzer tatsächlich ähnlich. Jedoch werden sich Mensch und Hund nicht immer ähnlicher, sondern der Mensch sucht sich einen ihm ähnlichen Hund aus.

a) Beschreibe die Ähnlichkeiten, die du jeweils feststellen kannst.
b) Nenne die Kriterien, die für die Ähnlichkeit im geometrischen Sinn gelten.

11 Finde ähnliche Figuren. Bestimme den Streckungsfaktor.

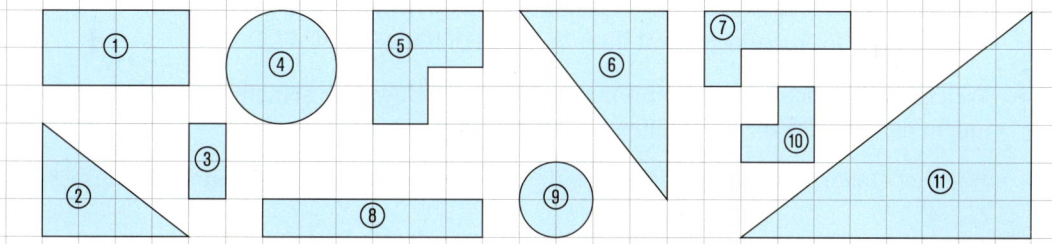

12 ▭➡ Miss die Länge und die Breite deines Zimmers.
a) Fertige einen maßstabsgerechten Grundriss deines Zimmers an.
   Welchen Maßstab wählst du dafür und warum?
b) Zeichne ebenfalls maßstabsgerecht deine Möbel ein.

13 Zeichne ein einfaches Tier – ähnlich wie in den Bildern dargestellt – in dein Heft oder auf ein weißes Blatt Papier.
Lege ein Streckungszentrum fest und vergrößere dein Bild mit Hilfe einer zentrischen Streckung.

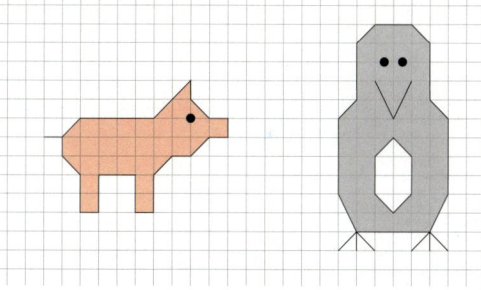

14 Zu Fußballweltmeisterschaften werden viele Nationalflaggen in unterschiedlichen Größen verkauft. Das Verhältnis der Höhe zur Länge ist immer $3:5$.
a) Ein Anbieter verkauft eine Flagge mit den Maßen $90\,cm \times 150\,cm$. Entspricht das der korrekten Größe?
b) Übertrage die Fahne in einem geeigneten Maßstab in dein Heft. Gib den Maßstab an.
c) Vergleicht eure Zeichnungen untereinander. Diskutiert, was ein geeigneter Maßstab ist.

15 Zeichne ein Quadrat mit der Seitenlänge $a = 3\,cm$ und vergrößere es mit dem Streckungsfaktor $k = 2$.
a) Wie verändert sich der Flächeninhalt?
b) Mit welchem Streckungsfaktor erhält man den neunfachen Flächeninhalt?
c) Mit welchem Streckungsfaktor erhält man etwa den doppelten Flächeninhalt?

Vom Plan zum Haus

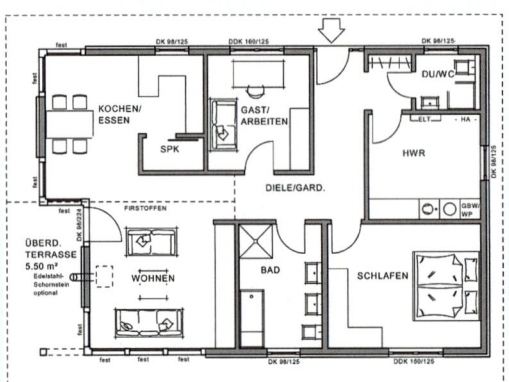

Plan im Maßstab 1 : 200

a) Übertrage die Außenmauern des Grundrisses in gleicher Größe in dein Heft.
Beschrifte jede Außenwand mit ihrer wirklichen Länge.

b) Welche Größe hat das Schlafzimmer im Original? Berechne seinen Flächeninhalt,
indem du zunächst die wirklichen Seitenlängen ermittelst.

c) Wie viel Quadratmeter misst die Grundfläche des gesamten Hauses ohne die Terrasse?

d) Wie würde der Maßstab lauten, wenn die längste Seite des Hauses in Wirklichkeit
18 m lang wäre?

e) Wie lang ist die eine Seite des Pools
in Wirklichkeit, wenn sein Flächeninhalt auf dem Plan 6,6 cm² beträgt
und die andere Seite dort 2,2 cm
lang ist?

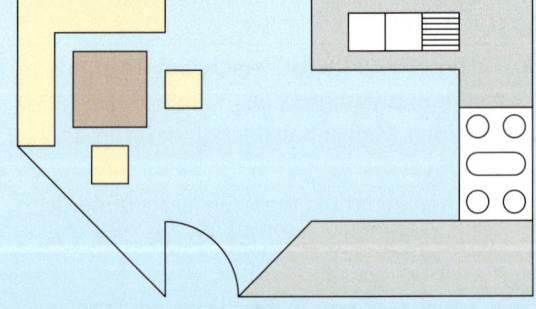

f) Übertrage die rechts abgebildete
Küche in dein Heft und vergrößere
sie samt Einrichtung mit $k = 2$.

g) Wievielmal größer wäre die Fläche des Schlafzimmers im Original, wenn der
Maßstab im Plan oben 1 : 250 betragen würde?

h) Das Haus steht auf einer rechteckigen Grundstücksfläche, auf dem Rasen gesät werden
soll. Im Plan mit dem Maßstab 1 : 200 sind die Seitenlängen 18 cm × 15 cm lang.
Durch Steinplatten und den Pool bedeckt sind in Wirklichkeit 155 m².
Wie viele Pakete Rasensamen werden benötigt? Ein Paket Rasensamen von 4 kg reicht
für 200 m² Rasen.

Alles klar?

Entscheide, ob die Aussagen richtig oder falsch sind.
Begründe deine Entscheidung im Heft und korrigiere gegebenenfalls.

1 Vergrößern und Verkleinern

a) Ein Maßstab von 5 : 1 bedeutet eine Verkleinerung gegenüber der Wirklichkeit.

b) Ein Bild wird erst um 50 % verkleinert und dann um 50 % vergrößert. Es ist dann genau so groß wie am Anfang.

c) Ist der Streckungsfaktor $k > 1$, so spricht man von einer maßstäblichen Verkleinerung.

d) Bei einer Vergrößerung mit einem Streckungsfaktor von $k = 3$ ergibt sich der Maßstab 3 : 1.

e) Das blaue Dreieck rechts ist aus dem roten Dreieck durch eine Vergrößerung mit $k = \frac{1}{2}$ hervorgegangen.

f) Von einem Prisma wird ein Modell im Maßstab 1 : 10 angefertigt. Für das Modell benötigt man dann ein Tausendstel des Materials des Originals.

g) Die Höhe eines Modellautos bei einem Maßstab von 1 : 25 beträgt 6,8 cm. Im Original ist das Auto 1,70 m hoch.

h) In Wirklichkeit ist ein Maikäfer 2,5 cm lang. In einem Buch ist er mit einer Länge von 15 cm abgebildet. Der Maßstab beträgt also 6 : 1.

BEACHTE
Die Lösungen zu den Aufgaben auf dieser Seite sowie dazu passende Trainingsaufgaben findest du auf Seite 190.

2 Zentrische Streckung

a) Liegt das Streckungszentrum innerhalb der Originalfigur, so überschneiden sich Bild und Original teilweise.

b) Der Streckungsfaktor in der Abbildung rechts beträgt $k = 4$.

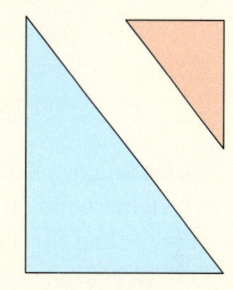

3 Ähnlichkeit im geometrischen Sinn

a) Die drei abgebildeten Esel sind zueinander geometrisch ähnlich.

b) Quadrate, Kreise und Rauten sind sich immer geometrisch ähnlich.

c) Haben zwei Dreiecke gleich große Winkel, aber unterschiedlich lange Seiten, so sind sie zueinander ähnlich.

d) Das oben abgebildete rote Dreieck ist zu dem blauen wegen der unterschiedlichen Lage und der anderen Farbe nicht ähnlich.

4 Strahlensatz

a) In der Zeichnung lässt sich die Länge der Strecke $\overline{AB}$ berechnen als $\overline{A'B'} : \overline{ZA'} \cdot \overline{ZA}$

b) Ist in der Zeichnung die Strecke $\overline{AB} = 47$ m, die Strecke $\overline{ZB} = 104$ m und $\overline{ZB'} = 205$ m, dann ist die Strecke $\overline{A'B'}$ etwa 92,6 m lang.

c) Kenne ich in der Figur rechts drei Streckenlängen, kann ich jede beliebige Streckenlänge berechnen.

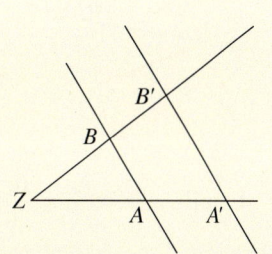

Zusammenfassung

→ Seiten 48, 51

Vergrößern und Verkleinern; Zentrische Streckung

Um Figuren maßstäblich zu vergrößern oder zu verkleinern, multipliziert man die Seitenlängen des Originals mit dem **Streckungsfaktor *k*** und zeichnet das Bild mit den neu berechneten Längen. Die Winkelgrößen ändern sich nicht.

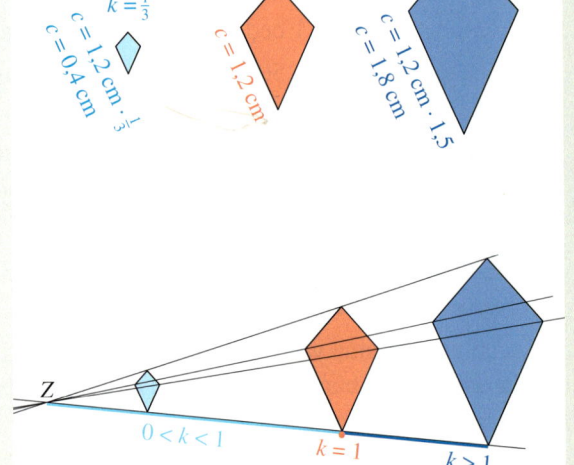

$k > 1$ Vergrößerung
              Maßstab $x : 1$ mit $x = k$
$0 < k < 1$ Verkleinerung
              Maßstab $1 : x$ mit $x = \frac{1}{k}$

Maßstäbliches Vergrößern oder Verkleinern mit Hilfe einer **zentrischen Streckung**: Das **Streckungszentrum** wird mit **Z** bezeichnet, der **Streckungsfaktor** mit **k**.

→ Seite 54

Ähnlichkeit im geometrischen Sinn

Zwei Figuren heißen zueinander **ähnlich**, wenn sie durch maßstäbliches Vergrößern oder Verkleinern auseinander hervorgehen. Beim maßstäblichen Vergrößern oder Verkleinern bleibt die Form erhalten. Unbedeutend sind Farbe, Lage und Größe.

ähnliche Trapeze:

Hauptähnlichkeitssatz
Zwei Dreiecke sind zueinander ähnlich, wenn sie in der Größe von zwei Winkeln übereinstimmen.

→ Seite 56

☐ Strahlensatz

Werden zwei sich schneidende Geraden von zwei Parallelen geschnitten, entstehen zueinander ähnliche Dreiecke ZAB und $ZA'B'$. Ihre entsprechenden Seitenlängen stehen im gleichen Verhältnis zueinander, das heißt, sie haben den gleichen Ähnlichkeitsfaktor k.

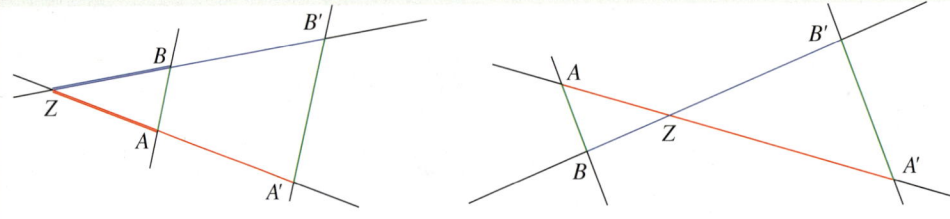

Es gilt: $\frac{\overline{ZA'}}{\overline{ZA}} = \frac{\overline{ZB'}}{\overline{ZB}} = \frac{\overline{A'B'}}{\overline{AB}} = k$, ebenfalls gilt: $\frac{\overline{ZA}}{\overline{AA'}} = \frac{\overline{ZB}}{\overline{BB'}}$ und $\frac{\overline{ZA'}}{\overline{AA'}} = \frac{\overline{ZB'}}{\overline{BB'}}$.

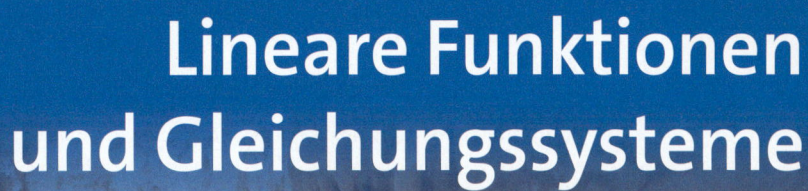

Lineare Funktionen und Gleichungssysteme

Tropfsteine entstehen durch Wasser, das durch Kalkstein fließt. Wenn das Wasser auf eine Höhle trifft, tropft es von der Decke herab. An der Decke entstehen Stalaktiten, am Boden Stalagmiten. Durchschnittlich wächst ein Stalaktit in 100 Jahren 1 cm. Ist er heute 1,50 m lang, dann ist er in 100 Jahren 1,51 m lang, in 200 Jahren 1,52 m, … Es dauert also sehr lange, bis sich Stalaktit und Stalagmit treffen.

In diesem Kapitel erfährst du, wie man solche und andere Sachprobleme durch lineare Funktionen beschreiben kann und welche besonderen Eigenschaften diese Funktionen haben. Außerdem erfährst du, wie man Gleichungen zu solchen Problemen mit Hilfe von Geraden im Koordinatensystem lösen kann.

Noch fit?

1 Berechne den Wert der Terme.

a) $15x + 7$ für $x = 6$ 　　　　　　　　 b) $4(x - 12)$ für $x = 2$

c) $11 - (2 - 3y)$ für $y = 0{,}5$ 　　　　 d) $a(3 + 2a)$ für $a = 2$

e) $2(5 + 3x) - 12$ für $x = -2{,}5$ 　　 f) $x^2 + 3x - 4$ für $x = -4$

g) $2(\frac{1}{2}x + 7)$ für $x = -4$ 　　　 h) $(2 - 5x) - 8x$ für $x = \frac{1}{2}$

i) $x(1{,}5x - 3) - 2x$ für $x = -2$ 　　 j) $5b - 10 + 3b(b + 1{,}5)$ für $b = 1{,}5$

2 Für welche natürliche Zahl $x < 10$ haben alle vier Terme den gleichen Wert?
Löse das Problem durch Probieren.

① $4x - 4$ 　　　　 ② $23 - \frac{1}{2}x$ 　　　　 ③ $5(x - 2)$ 　　　　 ④ $2(x + 4)$

3 Finde zu jeder Aussage einen passenden Term. Gib an, wofür die Variable steht.

a) Zum Einkaufspreis kommen noch 19 % Mehrwertsteuer hinzu.

b) Eine Taxifahrt kostet pro Kilometer 1,60 € und 3 € Grundgebühr.

c) Ein rechteckiges Grundstück wird eingezäunt. Das Grundstück ist 10 m länger als breit.

4 Löse die Gleichungen. Auch systematisches Probieren ist eine Lösungsmethode.

a) $x + 12 = 35$ 　　 b) $2x + 12 = 30$ 　　 c) $4x - 15 = 51$ 　　 d) $86 = 14 + 3x$

e) $80 = 100 - 5x$ 　 f) $-7x - 5 = 44$ 　　 g) $36 = 12 - 4x$ 　　 h) $42 - 8x = 46$

i) $\frac{1}{2}x + 4 = 12$ 　 j) $\frac{3}{4}x - 8 = 1$ 　　 k) $6 - \frac{1}{3}x = -1$ 　　 l) $11 = \frac{2}{5}x - 5$

5 20 Eintrittskarten kosten 122,00 €.

a) Übertrage und ergänze die Tabelle.

Anzahl	1	2	3	4	10	20
Preis in €						

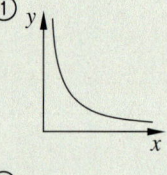

b) Wie viel kosten 31 Karten?

c) Ist diese Zuordnung proportional oder antiproportional?

d) Welche grafische Darstellung ① oder ② gehört zu der Zuordnung?

e) Erkläre anhand von ① und ②, wann eine Zuordnung fallend und wann
steigend genannt wird.

f) Stelle die Zuordnung *Preis → Anzahl* auf eine Art deiner Wahl dar.

BUNT GEMISCHT

1. Ein Pulli kostet 25 €. Der Preis wird um 15 % reduziert. Wie viel kostet der Pulli jetzt?

2. Teilt man einen Gewinn unter 5 Personen auf, so erhält jeder 1200 €.
   Wie hoch wäre der Anteil, wenn der Gewinn nur an 4 Personen verteilt würde?

3. Welche Zahl ist durch 6 teilbar: 111 225, 543 718 oder 8 432 964 ?

4. Trage die Punkte $A(-1{,}5|-2)$, $B(3{,}5|-2)$ und $C(3{,}5|3)$ in ein Koordinatensystem ein.
   Ergänze D, sodass ein Quadrat entsteht. Welche Koordinaten hat D?

5. Schätze, wie viele Stunden du in deinem Leben geschlafen hast.
   Vergleiche mit deinem Nachbarn.

6. Welche drei aufeinander folgenden Zahlen haben die Summe 57?

7. Wie viel Liter Wasser sind in einem Aquarium ($a = 60$ cm, $b = 30$ cm und $c = 40$ cm),
   das zu $\frac{3}{4}$ gefüllt ist?

NACHGEDACHT
Wie viele Kugeln hat diese Pyramide? Wie viele Kugeln hätte sie, wenn sie aus 10 Schichten bestehen würde?

Lineare Funktionen erkennen und darstellen

Erforschen und Entdecken

1 Einmal in der Woche treffen sich die Radfahrer vom Fahrradclub „Zugvögel" um 18 Uhr zum Training. Gefahren wird in drei Leistungsgruppen. Die langsame Gruppe fährt mit einer Durchschnittsgeschwindigkeit von $20\frac{km}{h}$, die schnelle Gruppe mit einer Durchschnittsgeschwindigkeit von $30\frac{km}{h}$.

a) Vergleiche die gefahrenen Strecken der langsamen und der schnellen Gruppe nach einer halben Stunde, nach einer Stunde, nach 1,25 h und nach 2 h.
   Lege eine Wertetabelle an.
b) Veranschauliche die Situation in einem geeignet gewählten Koordinatensystem.
   Darf man die Punkte jeder Gruppe miteinander verbinden? Wenn ja, verbinde sie.
c) Wie würde das Schaubild der mittleren Gruppe aussehen? Skizziere es.

2 Zwei Gefäße werden unter dem Wasserhahn mit Wasser gefüllt.

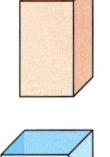
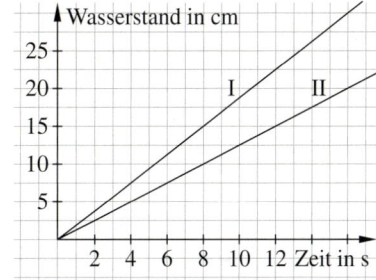

a) Beschreibe, wie sich der Wasserstand in den beiden Gefäßen verändert.
b) Begründe, welcher Graph zu welchem Gefäß gehört.
c) Wie sehen die beiden Graphen aus, wenn zu Beginn schon jeweils 10 cm hoch Wasser in den Gefäßen ist? Zeichne sie.
d) Erfinde selbst zwei Füllgraphen. Überlege dir zunächst, wie hoch das Wasser am Anfang im Gefäß steht und um wie viel Zentimeter der Wasserstand pro Minute steigt.
   Schreibe jeweils auf eine Karteikarte die entsprechende Wertetabelle und zeichne auf eine andere Karte den Füllgraphen.
e) Arbeite zu viert zusammen und vermischt eure Karten. Spielt mit den Karten Memory und ratet, welche Füllgraphen jeweils zu den Wertetabellen passen.

3 Für Jugendliche kostet der Eintritt in einen Freizeitpark 5 €. Man zahlt für jede Fahrt mit einer Achterbahn 0,50 €.

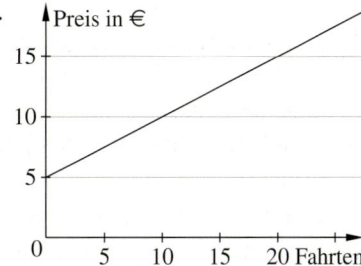

a) Beschreibe, welche Zuordnung dargestellt ist.
b) Alicja meint: „Das ist doch komisch. Laut der Graphik muss ich 5 € zahlen, wenn ich gar nicht fahre."
   Hat Alicja Recht? Erkläre, warum das so sein muss.
c) Joscha meint: „Wenn ich doppelt so viel fahre, dann muss ich auch doppelt so viel bezahlen."
   Erkläre, ob Joschas Aussage in diesem Fall stimmt.
d) Welche Eigenschaften hat die Zuordnung? Begründe.

| steigend | | | | Alle y-Werte sind natürliche Zahlen. |
| fallend | proportional | | antiproportional | |

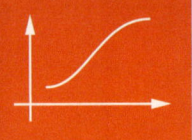

Lesen und Verstehen

An einem herrlichen Sonntag vergnügen sich die Kinder der Familie Klausen im Plansch-becken, das 30 cm tief mit Wasser gefüllt ist. Dabei geht viel Wasser über den Rand verloren.

Der Wasserstand im Pool kann dargestellt werden durch eine eindeutige Zuordnung *Zeit → Wasserstand*.
Jeder Minute kann genau ein Wasserstand zugeordnet werden.

> Eine Zuordnung, bei der jedem x-Wert genau ein y-Wert zugeordnet wird, heißt **Funktion**.

BEISPIEL 1
Wasser-verlust

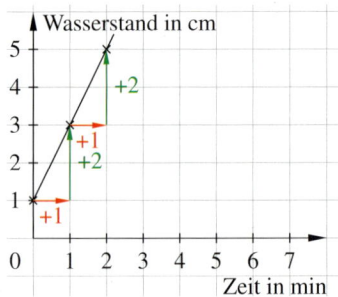

x	Zeit (in min)	0	10	20	30	40	50	60
y	Wasserstand (in cm)	30	26	26	16	10	8	1

Am Abend beträgt der Wasserstand nur noch 1 cm. Herr Klausen füllt das Becken wieder gleichmäßig mit dem Schlauch. Pro Minute steigt das Wasser um 2 cm.

BEACHTE
Der x-Wert einer Funktion wird auch als **Argument** bezeichnet. Den y-Wert nennt man auch **Funktionswert**.

Um die **Wertetabelle** einer Funktion zu erstellen, berechnet man für jedes x den zugehörigen y-Wert.

BEISPIEL 2

x	Zeit (in min)	0	1	2	3	4	5
y	Wasserstand (in cm)	1	3	5	7	9	11

Mit Hilfe der Wertetabelle kann man den **Funktionsgraphen** zeichnen.

Der zu x gehörende y-Wert kann durch einen Funktionsterm $f(x)$ berechnet werden.
Die Gleichung $y = f(x)$ nennt man die **Funktionsgleichung**.

BEACHTE
Eine **proportionale Funktion** ist eine besondere lineare Funktion mit $b = 0$:
$y = a \cdot x$ bzw.
$f(x) = a \cdot x$

> Eine Funktion mit der Funktionsgleichung
> $y = f(x) = ax + b$ heißt **lineare Funktion**.
> Ihr Graph ist eine Gerade.
> Der Faktor a heißt **Steigung** der Funktion.
> Die Variable b heißt y-**Achsenabschnitt**.

Das Nachfüllen des Wassers stellt eine lineare Funktion dar. Der Graph ist eine Gerade.

$$y = 2x + 1 \qquad \text{oder}$$
$$f(x) = 2x + 1 \qquad (\text{„} f \text{ von } x \text{ gleich } 2x + 1\text{“})$$

Die Größe der Steigung a gibt an, um wie viel sich der Funktionswert y verändert, wenn sich der x-Wert um 1 verändert.
Je größer der Betrag der Steigung, desto steiler verläuft die Gerade.

Für $x = 3$ gilt: $\quad y = 2 \cdot 3 + 1 = 7$ oder
$$f(3) = 2 \cdot 3 + 1 = 7$$
Nach 3 min beträgt der Wasserstand 7 cm.

Der Schnittpunkt des Graphen mit der y-Achse ist der y-Achsenabschnitt b.

Erhöht sich der x-Wert um 1 Einheit, dann erhöht sich der y-Wert um 2 Einheiten.
Die Funktion hat die Steigung $a = 2$.
Der y-Achsenabschnitt ist $b = 1$.

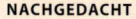

Basisaufgaben

1 Trage die Werte in ein Koordinatensystem ein und zeichne den Graphen der Funktion.

a)
x	0	1	2	3	4	5	6
y	1,5	3	4,5	6	7,5	9	10,5

b)
x	0	1	2	3	4	5	6
y	2	4	6	8	10	12	14

c)
x	0	2	4	6	8	10	12
y	6	5	4	3	2	1	0

d)
x	−3	−2	−1	0	1	2	3
y	−1	0	1	2	3	4	5

2 Lege eine Wertetabelle an und zeichne die Graphen der Funktionen. Gib die Steigung a und den y-Achsenabschnitt b an.
a) $y = 3x + 2$ b) $y = 2x + 1$
c) $y = 1,5x + 0,5$ d) $y = -1x + 2$
e) $f(x) = 0,5x + 1$ f) $f(x) = -2,5x - 1$

3 Stelle die Funktionsgleichungen auf, lege jeweils eine Wertetabelle an und zeichne die Graphen der linearen Funktionen.
BEISPIEL $a = 4; b = 1; y = 4x + 1$
a) $a = 2; b = 3$ b) $a = -3; b = 5$
c) $a = 3; b = 0,5$ d) $a = -5; b = 2,2$
e) $a = 4; b = -2$ f) $a = 0,5; b = -2$

4 Durch die Wertetabelle wird eine lineare Funktion beschrieben.

x	0	1	2	3	4	5	6	7
y			3,5	5	6,5			

a) Übertrage die Tabelle in dein Heft und ergänze die fehlenden Werte.
b) Zeichne den Graphen der Funktion.
c) Welche der folgenden Funktionsgleichungen passt zu der Funktion? Begründe.
  ① $y = 1,5x + 3,5$ ② $y = 1,5 + 1x$
  ③ $y = 1,5x + 0,5$ ④ $y = 3,5x + 1,5$

5 Berechne jeweils den y-Wert für $x = -3; x = 0; x = 2$ und $x = 13$.
BEISPIEL $f(-3) = 3 \cdot (-3) + 4,5 = -4,5$
a) $f(x) = 3x + 4,5$ b) $f(x) = 2x + 2$
c) $f(x) = 4x - 3$ d) $f(x) = 8,2x - 4,2$

6 Lies zunächst den y-Achsenabschnitt b und die Steigung a ab. Gib dann die Funktionsgleichung der linearen Funktion an.

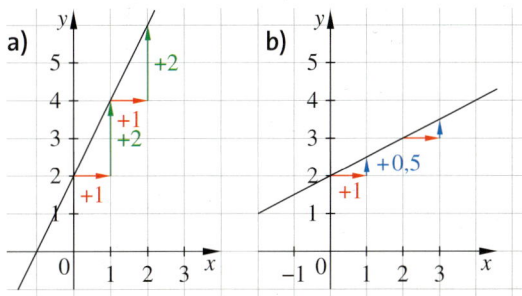

7 Übertrage die Punkte aus der Wertetabelle in ein Diagramm.
Prüfe danach, ob es sich um eine lineare Funktion handelt.

a)
x	0	1	2	4	6
y	15	13	11	7	3

b)
x	−1	0	1	2	3
y	8	10	13	15	18

c)
x	−2	0	2	4	6
y	−6	0	6	12	18

8 Die Tabelle zeigt den Tankinhalt eines Pkw bei einer Autobahnfahrt.

Strecke (in km)	0	50	100	150	200	250
Tankinhalt (in ℓ)	55	51	47			

a) Ergänze die Wertetabelle im Heft.
b) Stelle den Sachverhalt grafisch dar.
c) Gib die Funktionsgleichung an.

9 Frau Ates least einen Pkw. Sie zahlt 5000 € an und muss jeden Monat eine Leasingrate von 250 € zahlen.
a) Wie viel hat sie nach 1 Monat (2 Monaten, 3 Monaten) bezahlt?
b) Erstelle eine Wertetabelle und zeichne den Graphen.
c) Gib die Funktionsgleichung an.
d) Wie viel hat sie nach 3 Jahren gezahlt?

10 ⬛ Welche Graphen in der Randspalte sind Funktionen, welche linear? Begründe.

NACHGEDACHT
Wie viele Funktionswerte muss man mindestens berechnen, um eine lineare Funktion zeichnen zu können?

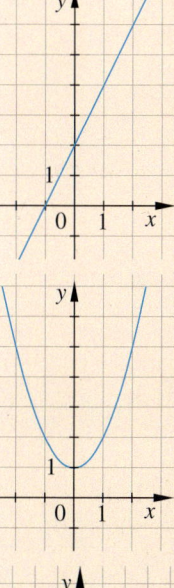

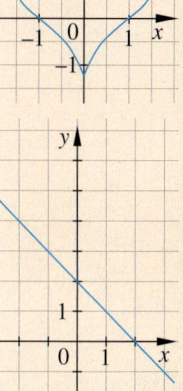

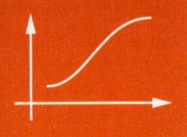

Weiterführende Aufgaben

NACHGEDACHT
Welche Annahme muss man in Aufgabe 11 machen, um den Sachverhalt durch eine lineare Funktion beschreiben zu können?

11 ➡ Lineare Funktionen lassen sich auf verschiedene Weisen darstellen. Übertrage die Tabelle in dein Heft (Querformat) und vervollständige sie. Denke dir weitere Beispiele aus.

Sachverhalt	Funktionsgleichung	Wertetabelle				Graph
Kontoführungsgebühr Grundgebühr 2,50 € 0,50 € pro Buchung	$y = 0,5x + 2,5$	x 3 6 9 12 y				
Taxifahrt		x 0 5 10 15 y 2,2 9,7 17,2 24,7				
Feder-pendel Verlängerung y; Masse x	$y = 2x$					
Prepaid-Karte zum Telefonieren Kosten 8 €						

12 Ist die Funktion linear? Begründe. Wenn ja, gib eine Funktionsgleichung an.

a)
x	−3	−2	−1	0	1	2	3
y	5	2	5	1	5	6	1

b)
x	0	1	2	3	4	5	6
y	2	3	5	7	11	13	17

c)
x	−15	−10	−5	0	5	10	15
y	−3	−2	−1	0	1	2	3

13 Zeichne ohne Wertetabelle die Gerade mit der Funktionsgleichung $f(x) = 2x + 1$.

14 Welche Gleichung passt? Begründe.
a) Ein Haar ist 12 cm lang.
Es wächst pro Monat um 0,8 cm.
① $y = 12x + 0,8$ ② $y = 0,8x + 12$
b) Die Bereitstellung eines Busses kostet 360 €. Pro km werden 55 Cent berechnet.
① $f(x) = 0,55x + 360$ ② $y = 55x + 360$

15 ➡ Die Tabelle zeigt die Masse eines Betonmischers bei verschiedenen Ladungen.

Betonvolumen (in m³)	1	2	3	4
Masse des Lkws (in t)	13	15,4	17,8	20,2

a) Begründe, warum durch die Wertetabelle eine lineare Funktion dargestellt wird.
b) Zeichne den Graphen der Funktion.
c) Lies aus der Zeichnung ab, wie viel der Betonmischer ohne Ladung etwa wiegt.
d) Gib die Funktionsgleichung an.

16 Nach einem Fußballspiel verlassen die 56 000 Zuschauer das Stadion durch die vier Ausgänge.
Pro Minute gehen durch jeden Ausgang etwa 220 Zuschauer.
a) Gib eine Funktionsgleichung an für die Anzahl der Zuschauer, die nach x Minuten noch im Stadion sind.
b) Wie viele Zuschauer befinden sich nach 25 Minuten noch im Stadion?

17 Herr Keser und sein Mann Herr Faltz lesen beide gerne Bücher.
Im aktuellen Buch schafft Herr Keser in fünf Minuten vier Seiten. Herr Faltz schafft in 10 Minuten 6 Seiten. Allerdings hat Herr Faltz schon das erste Kapitel und daher 20 Seiten gelesen, als Herr Keser das Buch begonnen hat.
a) Stelle je eine Funktionsgleichung auf.
b) Das Buch hat 200 Seiten. Wer ist zuerst mit Lesen fertig?
Beantworte die Frage, indem du beide Funktionen zeichnest und abliest, wann jeder fertig wird.

18 Ein Schwimmbecken wird geleert.
Der Wasserstand beträgt zunächst 2,5 m und sinkt pro Stunde um 0,15 m.
a) Lege eine Wertetabelle an.
b) Veranschauliche das Leeren des Beckens durch einen Funktionsgraphen.
c) Warum liegt eine lineare Funktion vor?
d) Welche Steigung und welchen y-Achsenabschnitt hat die Funktion?
Gib die Funktionsgleichung an.

19 In einer Badewanne sind 150 ℓ Wasser.
Der Abfluss ist verstopft, deshalb läuft das Wasser nur mit 12 Litern pro Minute ab.
a) Wie viel Wasser ist nach 1 min (2 min, 4 min, 6 min, 12 min) noch in der Wanne? Erstelle eine Wertetabelle.
b) Stelle einen Term zur Berechnung der Wassermenge w in Abhängigkeit von der Zeit t in Minuten auf.
c) Nach wie viel Minuten sind nur noch 90 Liter Wasser in der Badewanne?
d) Berechne, wie lange es dauert, bis die Badewanne leer ist.

20 ➡ Der Graph einer Geraden wird durch $y = 3x + 4$ beschrieben.
a) Gib die Gleichung einer Zuordnung an, deren Graph durch den Ursprung und parallel zu dieser Geraden verläuft.
b) Kilian sagt: „Das ist doch dann der Graph einer proportionalen Zuordnung." Stimmt das?

21 ➡ Zwei verschieden dicke Kerzen aus gleichem Material brennen ganz ab. Das Diagramm zeigt, wie sich ihre Höhe dabei verändert.

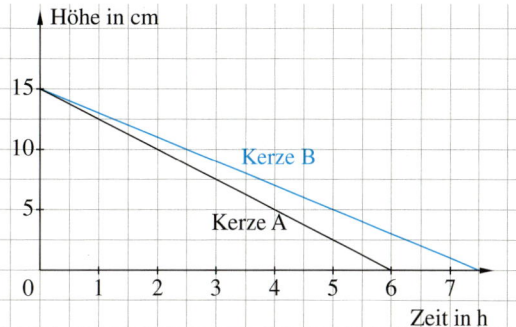

a) Gib die Brenndauer der Kerzen an.
b) Beschreibe die Form der beiden Kerzen.
c) Gib je eine Funktionsgleichung an.
d) Welche der Funktionsgleichungen beschreibt den Abbrennvorgang einer 18 cm hohen zylinderförmigen Kerze mit einer Brenndauer von 20 Stunden?
① $y = 18 - 20x$ ② $y = 20 - 18x$
③ $y = 18 - 0,9x$ ④ $y = 20 - 0,9x$
⑤ $y = 18 + 0,9x$ ⑥ $y = 18 - 0,2x$

22 ➡ Erkläre die Abbildung.
Bilde dazu Sätze wie:
„Jede Funktion ist auch eine …" und „Eine Funktion muss nicht …".

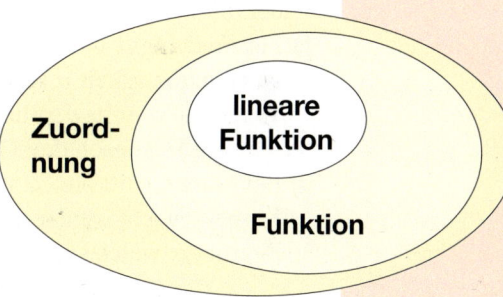

23 Gegeben sind die drei Punkte $A\,(3|1)$, $B\,(0|4)$ und $C\,(2|-1)$.
Durch welche zwei der drei Punkte kann man eine Gerade mit einer positiven Steigung zeichnen?
Gib die Funktionsgleichung an.

24 Eine Gerade verläuft durch den Punkt $P\,(3|4)$ und hat die Steigung $a = 2$.
a) Bestimme die Funktionsgleichung.
b) Ermittle die Funktionsgleichung einer Geraden, die auch durch P geht, aber senkrecht zur ersten Gerade verläuft.

25 Ein Gefäß steht unter einem tropfenden Wasserhahn. Durch die Gleichung $y = 10 + 2x$ wird die Höhe des Wasserstandes (in cm) in Abhängigkeit von der Zeit x (in h) angegeben.
a) Um wie viel Zentimeter steigt der Wasserstand in einer Stunde?
b) Ist zu Beginn der Beobachtung schon Wasser im Gefäß? Begründe.
c) Welche Form kann das Gefäß haben? Welche Form hat es sicher nicht?
d) Was würde sich an der Gleichung ändern, wenn man ein schlankeres Gefäß wählt?

BEACHTE
Der Alkohol gelangt nicht sofort ins Blut, sondern mit einer gewissen zeitlichen Verzögerung. Das wird in diesem Modell nicht berücksichtigt.

26 Ein Mann kann pro Stunde und pro Kilogramm Körpergewicht etwa 0,1 g Alkohol abbauen. Wissenschaftler haben herausgefunden, dass der Abbau von Alkohol im Blut in etwa linear abläuft.
Ein Glas Bier (200 ml) enthält ungefähr 8 g reinen Alkohol.
Ein Mann wiegt 90 kg. Er hat auf einem Gartenfest drei Gläser Bier getrunken.
a) Wie viel Gramm Alkohol hat der Mann im Blut? Wie viel Gramm Alkohol kann er pro Stunde abbauen?
b) Stelle eine Funktionsgleichung auf, die die Menge des Restalkohols (in g) in Abhängigkeit von der Zeit x (in h) angibt.
c) Wie lange dauert es, bis der Alkohol im Blut des Mannes vollständig abgebaut ist? Gib die Zeit in Stunden und Minuten an.
d) Mit der folgenden Formel kann man ausrechnen, wie hoch der Promillewert im Blut ist:
   Promillewert = Alkoholmenge (in g) : Körperflüssigkeit (in kg)
   Dabei gilt für einem erwachsenen Mann **Körperflüssigkeit = Körpergewicht · 0,7**.
   Welchen Promillewert hätte der Mann dann nach Genuss der drei Gläser Bier?
   Runde auf zwei Nachkommastellen.
e) Wie viel Gramm Alkohol dürfen noch im Blut des Mannes sein, damit er gerade unterhalb der 0,3-Promille-Grenze liegt?
f) Für Frauen gilt
   Körperflüssigkeit = Körpergewicht · 0,6.
   Welchen Promillewert hätte dann eine 60 kg schwere Frau nach drei Gläsern Bier?
g) Bei Frauen wird pro Stunde und Kilogramm Körpergewicht weniger Alkohol abgebaut. Begründe, welche Gerade zu wem gehört.

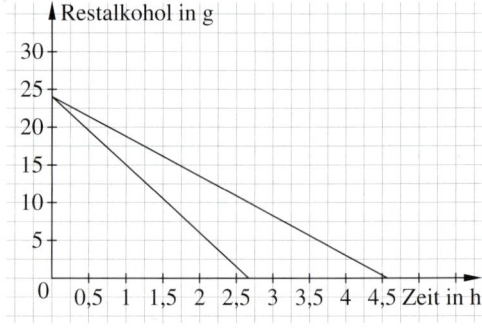

27 Die Physiklehrerin schlägt ihrer Klasse vor, die Länge von Kabeln durch Wiegen zu ermitteln. Sie behauptet, es würde genügen, von zwei verschieden langen Kabeln Masse und Länge zu kennen. Damit könne man dann die Länge anderer Kabel allein über das Wiegen bestimmen.
a) Was hat die Physiklehrerin stillschweigend vorausgesetzt?
b) Aus den Messungen ergeben sich zwei Punkte. Sie werden in einem Diagramm eingezeichnet. Auf der x-Achse wird die Länge und auf der y-Achse die Masse abgetragen. Die beiden Punkte werden durch eine Gerade verbunden. Welche Bedeutung hat hier die Steigung der Gerade? Wofür steht der y-Achsenabschnitt?
c) Führt einen entsprechenden Versuch mit Kabeln aus dem Physiksaal durch.

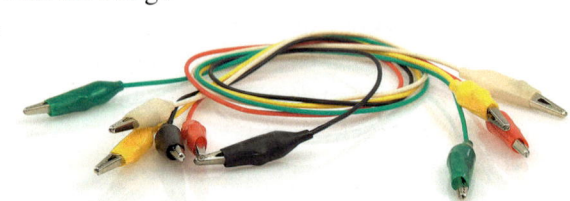

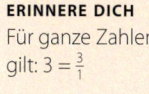

Lineare Funktionen zeichnen und untersuchen

Erforschen und Entdecken

1 In einer Höhle hat ein Forscher einen 10 cm langen
Stalaktiten entdeckt und dazu eine Graphik angefertigt.
a) Vor wie vielen Jahren begann die Entstehung des Stalaktiten? Beschreibe, wie du das in der Graphik erkennst.
b) Wie lang wird der Stalaktit in 500 Jahren sein?
c) Vor wie vielen Jahren war der Stalaktit 5 cm lang?
Beschreibe, wie b) und c) zusammenhängen.

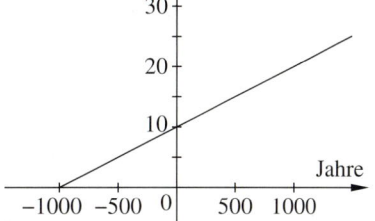

d) Nun soll das Wachstum eines Stalaktiten, der heute gerade entsteht und eines, der heute
bereits 50 cm lang ist, dargestellt werden. Beschreibe, wie man die Graphik dazu jeweils
verändern muss.

2 Daniel hat zu vier Funktionsgleichungen die Funktionsgraphen gezeichnet.

① $y = 3x - 1$ ② $y = -3x + 2$ ③ $y = \frac{3}{4}x - 2$ ④ $y = -\frac{2}{3}x + 1$

ERINNERE DICH
Für ganze Zahlen
gilt: $3 = \frac{3}{1}$

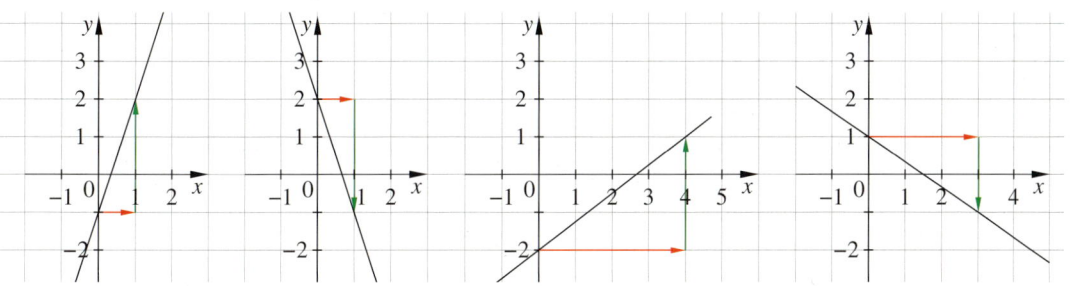

a) Daniel erklärt: „Ich bin immer von der Grundform $y = ax + b$ ausgegangen. Das b ist der
y-Achsenabschnitt, also schneidet die Gerade mit der Gleichung $y = 3x - 1$ die y-Achse
im Punkt ▪. Das a ist die Steigung, also …"
Führe seine Erklärung zu Beispiel ① fort. Erläutere auch sein Vorgehen in Beispiel ②.
b) Betrachte nun die Beispiele ③ und ④. Warum ist Daniel hier etwas anders vorgegangen?

3 Die Schülerinnen und Schüler der 8 a haben Funktionssteckbriefe erstellt.

① Eine Kilowattstunde (kWh)
Strom kostet 0,23 €. Der Grundpreis pro Jahr beträgt 235 €.

② Ein Taxiunternehmen hat Tages- und
Nachtpreise. Tag: Grundpreis 4,00 €,
Preis pro km 2,00 €. Nacht: Preis pro km
2,10 € bei gleichem Grundpreis.

③ Ein Tank
ist mit 120 ℓ
Wasser gefüllt.
Bei gleichmä-
ßiger Wasser-
entnahme ist er
nach 48 Tagen
leer.

④ Um fünf Uhr morgens lag die
Temperatur bei −5 °C. Sie stieg bis
zum Nachmittag um 2 °C pro Stunde.

⑤ Für 3000 kWh Strom fallen
940 € Kosten an, für 5500 kWh
sind 1540 € zu zahlen.

**ZUM
WEITERARBEITEN**
Denkt euch selbst
Steckbriefe aus
und lasst eure
Mitschülerinnen
und Mitschüler
die Funktionsglei-
chungen finden.

a) Überlege, welche Funktionsgleichungen die Funktionen haben.
Gib an, wofür die Variablen stehen.
b) Vergleicht zu zweit eure Ergebnisse und erklärt einander, wie ihr die Gleichungen bestimmt
habt. Falls ihr nicht alle Gleichungen ermitteln konntet, informiert euch bei einer anderen
Kleingruppe.
c) Erstellt ein Plakat oder eine Folie und notiert, wie man die Funktionsgleichungen in den
verschiedenen Fällen bestimmen kann.

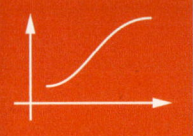

Lesen und Verstehen

Eine Bergstraße hat eine Steigung von 25 %, das heißt, dass sie auf 100 m horizontaler Strecke um 25 m bzw. auf 1 m horizontaler Strecke um 0,25 m ansteigt. Auch lineare Funktionen haben Steigungen. Die Funktionsgleichung $y = 0{,}25\,x + 1$ hat die Steigung 0,25. Das heißt, dass sich bei Erhöhung des x-Wertes um 1 der y-Wert um 0,25 erhöht.

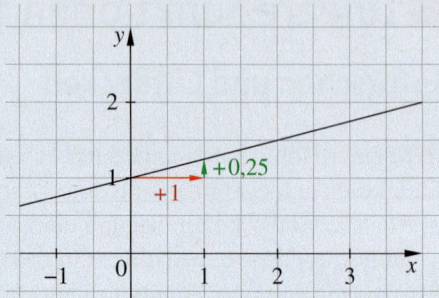

BEACHTE
Für $a > 0$ ist die Gerade steigend, für $a < 0$ ist sie fallend.
Ist $a = 0$, so verläuft die Gerade parallel zur x-Achse.

Eine lineare Funktion hat die Funktionsgleichung $y = f(x) = a\,x + b$. Dabei gibt a die Steigung der Funktion an und b ihren y-Achsenabschnitt.
Bei Erhöhung des x-Werts um 1 erhöht sich der y-Wert in einer linearen Funktion immer um den gleichen Wert a. Diese Änderungsrate nennt man die **Steigung** der Funktion.
Die Steigung lässt sich aus den Koordinaten zweier Punkte berechnen:

$$\text{Steigung} = \frac{\text{Differenz der } y\text{-Koordinaten}}{\text{Differenz der } x\text{-Koordinaten}} = \frac{y_2 - y_1}{x_2 - x_1}$$

Die Steigung lässt sich durch ein **Steigungsdreieck** veranschaulichen.

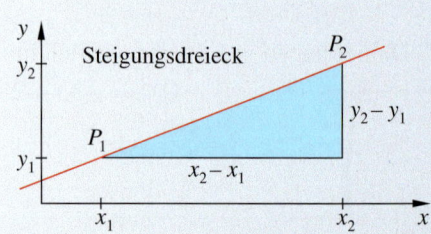

BEISPIEL 1

BEACHTE
Es ist $a = 1{,}5 = \frac{3}{2}$.
Man kann also zum Zeichnen des ersten Graphen vom y-Achsenschnittpunkt 2 nach rechts und 3 nach oben gehen.

Graph I gehört zu der Funktionsgleichung $y = 1{,}5\,x + 1$.
Die Funktion hat die Steigung $a = 1{,}5$ und den y-Achsenabschnitt $b = 1$. Die Gerade schneidet die y-Achse bei $y = 1$ und die x-Achse bei $x \approx -0{,}7$.

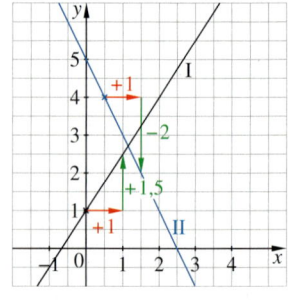

Graph II geht durch den Punkt $P(0{,}5\,|\,4)$ und hat die Steigung $a = -2$. Da die Steigung negativ ist, ist die Gerade fallend.
Sie schneidet die y-Achse bei $y = 5$ und die x-Achse bei $x = 2{,}5$.
Die Funktionsgleichung ist $y = -2\,x + 5$.

Die **Nullstelle** ist die x-Koordinate des Schnittpunkts des Graphen mit der x-Achse.
Die Nullstelle einer linearen Funktion erhält man, indem man $y = 0$ setzt, also die Lösung der Gleichung $0 = a\,x + b$ bestimmt.

BEISPIEL 2

Die Nullstelle der linearen Funktion $y = 1{,}5\,x + 1$ ist abgelesen ungefähr $-0{,}7$.
Mit dem Gleichsetzen von y und 0 kann man die Nullstelle genau bestimmen.

$$1{,}5\,x_0 + 1 = 0 \quad | -1$$
$$1{,}5\,x_0 = -1 \quad | : 1{,}5$$
$$x_0 = -\tfrac{2}{3} \quad \text{Die Nullstelle liegt bei } x_0 = -\tfrac{2}{3}.$$

BEISPIEL 3

Die Nullstelle der Funktionsgleichung $y = -2\,x + 5$ wird durch Einsetzen in die Formel $x_0 = \frac{-b}{a}$ bestimmt.

$$x_0 = \frac{-5}{-2} = \frac{5}{2} = 2{,}5$$

Die Nullstelle liegt bei $x_0 = 2{,}5$.

Basisaufgaben

1 Zeichne den Graphen der Funktion mit Hilfe eines Steigungsdreiecks. Schreibe die Funktionsgleichung auf.

a) $a = 2$; $b = 1$ b) $a = 4$; $b = 0{,}5$
c) $a = 0{,}5$; $b = 4$ d) $a = 2{,}5$; $b = -2$
e) $a = -2$; $b = 0$ f) $a = -3$; $b = 6$
g) $a = -1{,}5$; $b = 2\frac{1}{2}$ h) $a = 1$; $b = -1$

2 Lies aus der Funktionsgleichung die Steigung und den y-Achsenabschnitt ab und zeichne die Gerade.

a) $y = 4x - 1$ b) $y = 7x + 2$
c) $f(x) = -3x + 6$ d) $f(x) = -4x - 0{,}5$
e) $f(x) = -x + 3$ f) $y = \frac{1}{2}x - 1$
g) $y = 2x + 5$ h) $f(x) = -2x + 1$

3 ▥▸ Zeichne die drei Geraden in ein Koordinatensystem. Was fällt dir auf?
I $y = 1{,}5x + 3$;   **II** $y = 1{,}5x + 1$;
III $y = 1{,}5x - 1$

4 Forme die Gleichung um und notiere sie in der Form $y = ax + b$. Gib die Steigung a an, den Schnittpunkt mit der y-Achse und berechne die Nullstelle.

a) $2x + y = 5$ b) $2x - y = 3$
c) $3y - x = 9$ d) $x - 2y = 6$
e) $2x + 3y = 0$ f) $4x - 3y = 12$
g) $5x = 2y$ h) $2x - 3y - 6 = 0$

5 Berichtige mögliche Fehler in den Geradengleichungen.

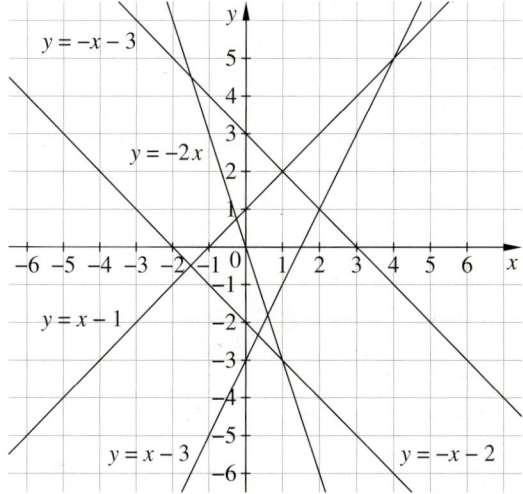

6 Kevin und Dilara haben die Funktion $f(x) = \frac{2}{5}x + 2$ gezeichnet.

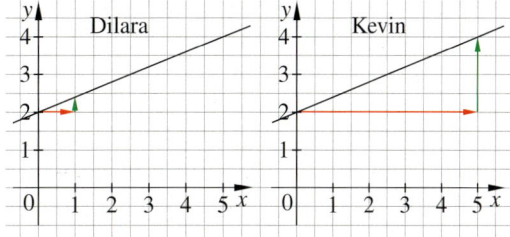

a) Vergleiche ihre Vorgehensweise. Lässt sich mit beiden Methoden die Steigung bestimmen? Welche ist genauer?
b) Lassen sich mit beiden Methoden beliebige Brüche als Steigungen zeichnen?

7 Zeichne die Graphen der linearen Funktionen und gib ihre Funktionsgleichungen an.

a) $a = \frac{1}{5}$; $b = 1$ b) $a = -\frac{5}{6}$; $b = 3$
c) $a = \frac{3}{4}$; $b = -2$ d) $a = -\frac{1}{3}$; $b = -1$

8 Zeichne eine Gerade, die durch den Punkt P geht und die Steigung a hat.

a) $P(1|2)$; $a = 1$ b) $P(2|3)$; $a = 2$
c) $P(-1|3)$; $a = 4$ d) $P(-2|0)$; $a = 3$

9 Zeichne eine Gerade, die durch A und B geht.
Lies den Schnittpunkt mit der x-Achse ab.

a) $A(2|3)$; $B(6|5)$ b) $A(-1|4)$; $B(-2|6)$
c) $A(3|0)$; $B(5|1)$ d) $A(0|-2)$; $B(1|2)$
e) $A(0|0)$; $B(2|3)$ f) $A(1|2)$; $B(3|1)$

10 Finde eine passende Gleichung der Form $y = f(x) = ax + b$.

a) Ein Mietwagen kostet 35 € Grundgebühr. Pro gefahrenem Kilometer kommen 40 Cent hinzu.
b) Der Wasserstand in einem Schwimmbecken beträgt 1,80 m. Pro Stunde verringert er sich um 6 cm.

11 Berechne die Nullstelle der Funktion.

a) $f(x) = 3x - 6$ b) $f(x) = -2x + 8$
c) $f(x) = x + 5$ d) $f(x) = 3x + 12$
e) $f(x) = -2x + 5$ f) $f(x) = 9x - 6$

BEACHTE
Die Lösungen zu Aufgabe 11 ergeben in der richtigen Reihenfolge den Namen eines Landes.
Auf welchem Kontinent liegt dieses Land?
-5 (A); -4 (N); $\frac{2}{3}$ (A); 2 (U); 2,5 (D); 4 (G)

Weiterführende Aufgaben

12 ➡ Alina meint: „Das mit den Steigungsdreiecken habe ich nicht ganz verstanden. a ist die Steigung. Bei Funktionen wie $y = 3x + 4$ ist auch alles klar, $a = 3$, da gehe ich eine Einheit nach rechts und drei Einheiten nach oben.
Aber wie geht das bei $y = -3x + 4$?
Und wie gehe ich vor, wenn a ein Bruch ist, zum Beispiel bei $y = \frac{2}{3}x + 2$?"
Erkläre es an den Beispielen.
Formuliere dazu einen Merktext.

13 Bestimme die Gleichung der Geraden.

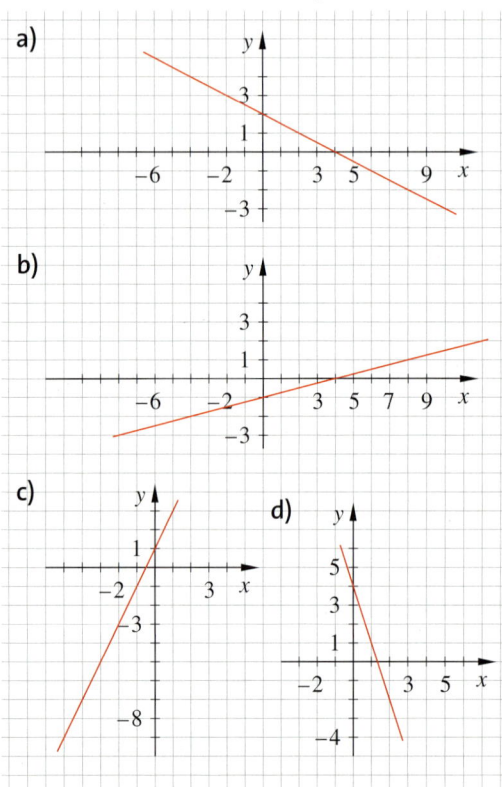

a)

b)

c)

d)

14 ➡ Eine Gerade verläuft durch die Punkte $A(-2|3)$ und $B(4|-1)$. Max und Ruth berechnen beide die Steigung a.

Max: $a = \dfrac{3 - (-1)}{-2 - 4} = -\dfrac{2}{3}$

Ruth: $a = \dfrac{-1 - 3}{4 - (-2)} = -\dfrac{2}{3}$

a) Überprüfe ihre Rechnungen.
   Warum funktionieren beide Wege?
b) Berechne auf beiden Wegen die Steigung der Geraden durch $A(1|7)$ und $B(5|-1)$.

15 Der Graph einer Funktion verläuft parallel zur x-Achse und schneidet die y-Achse in $P(0|4)$.
Wie lautet die Gleichung der Funktion?
Ist die Funktion linear?

16 Gib die Funktionsgleichungen und die Nullstellen der Funktionen an.

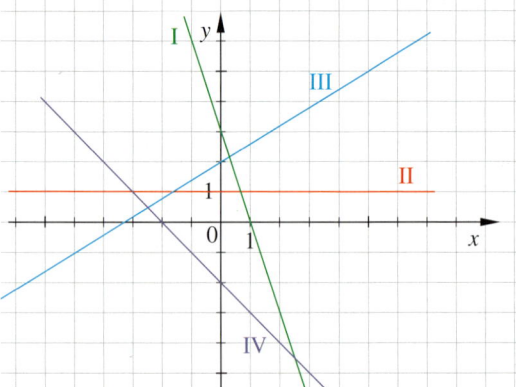

17 Bestimme rechnerisch die Nullstellen.
a) $f(x) = 4x - 5$ b) $y = 2,5x + 2$
c) $y = 2x + 4$ d) $f(x) = 3x - 4,5$
e) $f(x) = -3x + 4,5$ f) $f(x) = -0,5x +$
g) $y = 6x - 2,1$ h) $y = -\frac{3}{4}x + \frac{1}{2}$

18 ➡ Taxi Weber verlangt 1,40 € pro gefahrenem Kilometer, aber keine Grundgebühr. Bei Taxi Reni zahlt man 2,50 € für die Anfahrt des Taxis und 1,30 € pro gefahrenem Kilometer.
a) Stelle je eine Funktionsgleichung auf.
b) Erstelle jeweils eine Wertetabelle für 0 km, 5 km, 10 km, …, 30 km.
c) Zeichne die beiden Graphen in ein Koordinatensystem.
d) Ist eines der Taxiunternehmen günstiger? Begründe.

19 Ein 60-ℓ-Tank ist leicht beschädigt. Pro Minute tropfen 8 ml heraus.
a) Gib eine Funktionsgleichung an, mit der man den Restinhalt des Tanks berechnen kann.
b) Wie viel Liter befinden sich nach 1,5 Stunden im Tank?
c) Wann ist der Tank leer?

■ Lineare Gleichungssysteme durch Probieren und zeichnerisch lösen

Erforschen und Entdecken

1 Der Mathematiklehrer stellt seiner Klasse ein Rätsel:
„Auf einem Bauernhof leben Schafe und Hühner. Es sind genau doppelt so viele Schafe wie Hühner. Zusammen haben die Tiere 100 Beine."
Annika löst das Rätsel durch Probieren.
Sie überlegt, dass es höchstens 25 Schafe sein können. Dann legt sie eine Tabelle an:

	Anzahl Schafe	Anzahl Hühner	Anzahl Beine
1. Versuch	24	12	$4 \cdot 24 + 2 \cdot 12 = 120$
2. Versuch			

a) Warum denkt Annika, dass es höchstens 25 Schafe sein können? Warum startet sie ihren ersten Versuch dann mit 24 Schafen?
b) Übertrage Annikas Tabelle in dein Heft. Setze sie fort und bestimme die Anzahl der Schafe und Hühner.
c) Erfinde selbst ein ähnliches Rätsel.

2 Jette und Ferhat verkaufen ihre alten Spielsachen auf verschiedenen Flohmärkten. Jette zahlt 4 € Standgebühr und verkauft jedes Spielzeug für 1,00 €. Ferhat zahlt 8 € Standgebühr und verkauft jedes Spielzeug für 1,50 €.

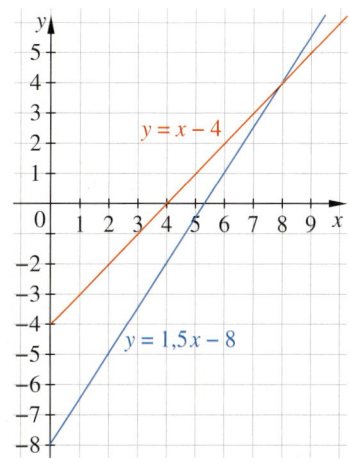

$y = x - 4$

$y = 1,5x - 8$

a) Ordne Jette und Ferhat jeweils eine der Funktionsgleichungen zu, die die Einnahmen je nach Anzahl der verkauften Spielsachen bestimmen.
b) Beschreibe das Diagramm. Was bedeutet der Schnittpunkt der beiden Graphen?
c) Wer hat mehr Geld eingenommen, wenn er 10 Spielzeuge verkauft?
d) Was bedeuten die Schnittpunkte der Graphen mit der x-Achse?

3 Piotr möchte sich im Winterurlaub einen Helm zum Snowboardfahren leihen.

① **Helmverleih „Be Prepared"**
Leihgebühr pro Tag: 2 €
Versicherung einmalig: 12 €

② **Helmverleih „Helmet"**
Leihgebühr pro Tag: 3 €
Versicherung einmalig: 7 €

a) Vergleiche die beiden Angebote. Wie gehst du vor?
b) Stelle die Kosten beider Helmverleihe in einer Grafik dar.
c) Bei welcher Leihdauer spielt es keine Rolle, welchen Anbieter Piotr wählt?
d) Für welchen Anbieter sollte sich Piotr entscheiden? Notiert mehrere Einflussmöglichkeiten, von denen die Entscheidung abhängig sein kann.

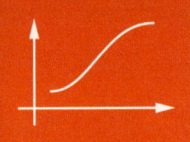
Lesen und Verstehen

Clara und Justin sammeln Autogrammkarten. Clara meint: „Zusammen haben wir schon 42 Autogrammkarten." Justin sagt: „Ich habe doppelt so viele Karten wie du."
Zu dieser Aufgabe gibt es zwei Gleichungen.

x ist die Anzahl von Claras Karten, $\qquad$ y ist die Anzahl von Justins Karten.

I $x + y = 42$ $\qquad\qquad$ II $2x = y$ (oder $2x - y = 0$)

> Eine Gleichung, die sich in die Form $cx + dy = e$ bringen lässt, heißt **lineare Gleichung**.
> Wenn mehrere lineare Gleichungen zum selben Problem bzw. zu einer Aufgabe gehören, so spricht man von einem **linearen Gleichungssystem** (kurz LGS).
> Jede Lösung eines linearen Gleichungssystems muss alle Gleichungen des Systems erfüllen.

Lineare Gleichungssysteme kann man durch **systematisches Probieren** mit einer Tabelle lösen.

BEACHTE
Zur Probe sollte man die Lösung noch einmal in beide Gleichungen einsetzen. Nur wenn beide Gleichungen wahr sind, also erfüllt sind, ist die Lösung richtig.

BEISPIEL 1

	Anzahl von Claras Karten	Anzahl von Justins Karten (doppelt so viele wie Clara) $2x = y$	Anzahl von Claras und Justins Karten (soll 42 sein) $x + y = 42$
1. Versuch	1	$2 \cdot 1 = 2$	$1 + 2 = 3 \neq 42$

Die Zahlen sind viel zu niedrig.
Im nächsten Versuch wird eine viel höhere Zahl für Claras Karten genommen.

2. Versuch	15	$2 \cdot 15 = 30$	$15 + 30 = 45 \neq 42$

Die Zahl ist etwas zu hoch.
Im nächsten Versuch wird eine etwas niedrigere Anzahl für Claras Karten angenommen.

3. Versuch	14	$2 \cdot 14 = 28$	$14 + 28 = 42$

$x = 14$ und $y = 28$ sind Lösungen beider Gleichungen. Clara hat 14 Karten und Justin 28.

BEACHTE
Die Probe mit $x = 14$, $y = 28$ ergibt:
I $14 + 28 = 42$
II $2 \cdot 14 = 28$
Beide Gleichungen sind erfüllt.

Lineare Gleichungssysteme mit zwei Variablen kann man durch Zeichnen lösen.
Dazu müssen beide Gleichungen in die Form $y = ax + b$ gebracht werden.

> Zur **grafischen Lösung** eines Gleichungssystems mit zwei Variablen zeichnet man die Graphen zu den Gleichungen in dasselbe Koordinatensystem. Die Koordinaten des Schnittpunkts beider Graphen sind die Lösungen des Gleichungssystems.

Auch das Autogrammkartenproblem lässt sich grafisch lösen:

I $x + y = 42$ $|-x$ (Gleichung nach y auflösen)
$\quad\ y = -x + 42$
II $y = 2x$
Der Schnittpunkt ist $S(14|28)$.
Die x-Koordinate gibt die Anzahl von Claras Karten an, die y-Koordinate die Anzahl von Justins Karten.

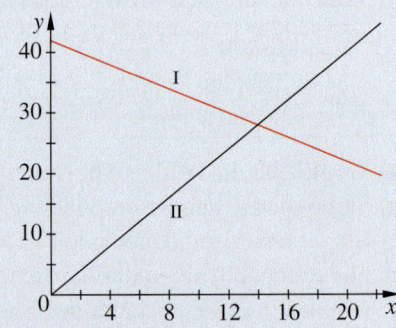

Basisaufgaben

1 Das Gleichungssystem
I $3x + 1 = y$; **II** $y - x = 7$
wird durch Probieren gelöst. Fahre fort.

x	$y = 3x + 1$	$y - x = 7$
1	$y = 4$	$4 - 1 = 3$
2	$y = 7$	…

2 Löse die erste Gleichung nach y auf.
Löse dann mit Hilfe einer Tabelle.
a) **I** $x + y = 19$; **II** $2x = y + 5$

x	$x + y = 19$; $y = 19 - x$	$2x = y + 5$
1	$y = 18$	…

b) **I** $3x + y = 15$; **II** $8x + 2y = 38$
c) **I** $5x + y = 15$; **II** $4x + y = 13$
d) **I** $2x + y = 6$; **II** $3x + 2y = 11$

3 Löse die Gleichungssysteme durch
systematisches Probieren. Wenn nötig,
wähle zuerst eine Gleichung aus, die du gut
nach y auflösen kannst.
a) **I** $x + y = 3$; **II** $y = x + 1$
b) **I** $2x + y = 23$; **II** $3x + 3y = 39$
c) **I** $3x - y = 11$; **II** $2x + y = 14$
d) **I** $5x + 2y = 24$; **II** $3x - y = 3$
e) **I** $7x - 2y = 15$; **II** $5x + y = 18$

4 Stelle jeweils zwei Gleichungen auf
und löse sie durch systematisches Probieren.
Lege zuerst die beiden Variablen fest.
a) Leon sagt: „Zusammen haben wir
   117 Aufkleber." Marie sagt: „Ich habe
   doppelt so viele Aufkleber wie du."
   Wie viele Aufkleber hat jeder?
b) Frau Blüte ist Klassenlehrerin der 8 a.
   Sie sagt zu ihrer Kollegin aus der 8 b:
   „Zusammen haben wir 52 Schülerinnen
   und Schüler. In der 8 a sind zwei Schüler
   mehr als in der 8 b."
   Wie viele Schüler sind jeweils in Klasse 8 a
   und Klasse 8 b?
c) Zwei Bauern treffen sich. Der erste sagt:
   „Zusammen haben wir 84 Kühe."
   Der andere sagt: „Wenn du mir zwei Kühe
   abgeben würdest, hätten wir gleich viele."
   Wie viele Kühe hat jeder der beiden?

5 Zeichne mit Hilfe der Wertetabelle die
beiden Geraden in ein Koordinatensystem.
Bestimme die Koordinaten des Schnittpunkts.
Wo erkennst du den gemeinsamen Schnittpunkt in den Tabellen?

x	-3	-2	-1	0	1	2	3
$y = x + 3$	0	1	2	3	4	5	6

x	-3	-2	-1	0	1	2	3
$y = 2x + 2$	-4	-2	0	2	4	6	8

6 Zeichne die beiden Geraden und bestimme
die Koordinaten des Schnittpunkts.
a) **I** $y = 10 - x$; **II** $y = 2x + 1$
b) **I** $y = -2x - 5$; **II** $y = x + 4$
c) **I** $y = 3x + 1$; **II** $y = x - 3$
d) **I** $y = 2x - 2$; **II** $y = -2x + 2$

7 Löse die Gleichungen nach y auf.
Zeichne die beiden Graphen und bestimme
die Lösung des Gleichungssystems.
a) **I** $x + 2y = 10$; **II** $x + y = 8$
b) **I** $2x - y = -5$; **II** $5x + y = -2$
c) **I** $x - y = 1$; **II** $x + y = 3$
d) **I** $6x + 3y = -9$; **II** $2x - 4y = -8$

8 Zwei Kerzen werden zugleich angezündet.
Die eine Kerze ist 8 cm hoch und brennt pro
Stunde 1 cm herunter. Die andere Kerze ist
5 cm hoch und brennt pro Stunde 0,5 cm ab.
a) Ordne die Gleichungen **I** $y = -\frac{1}{2}x + 5$ und
   II $y = -x + 8$ den Kerzen zu.
b) Nach welcher Zeit sind beide Kerzen gleich
   hoch? Bestimme die Höhe.
c) Welche Kerze ist zuerst abgebrannt?

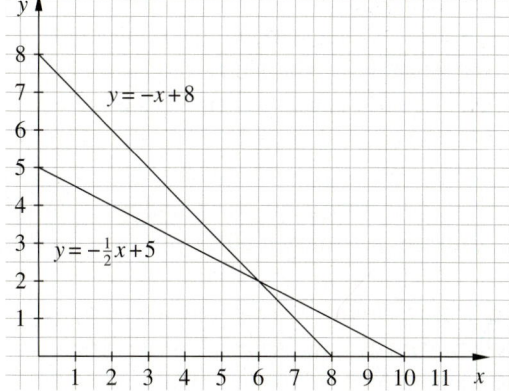

BEACHTE
Die Lösungen zu
Aufgabe 4 erge-
ben in der rich-
tigen Reihenfolge
den Namen eines
Landes.
Auf welchem
Kontinent liegt
dieses Land?
25 (I); 27 (L);
39 (B); 40 (Z);
44 (E); 78 (E)

Weiterführende Aufgaben

9 Ein Rollerfahrer fährt um 11 Uhr ab mit einer Geschwindigkeit von $40\frac{km}{h}$. Um 12:30 Uhr fährt ein Motorradfahrer den gleichen Weg mit $60\frac{km}{h}$.

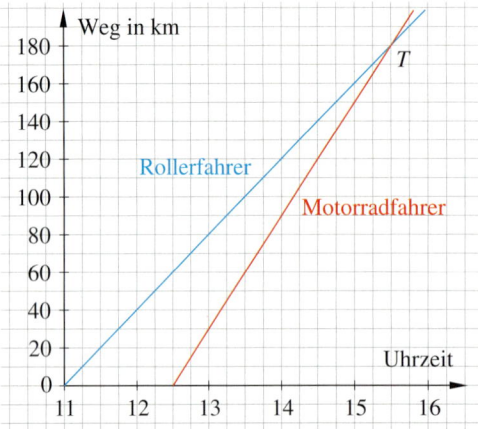

a) Um wie viel Uhr und nach wie viel Kilometern treffen sich die beiden?
b) Gib jeweils eine lineare Gleichung an.

10 Erfinde eine „Verfolgungsgeschichte".

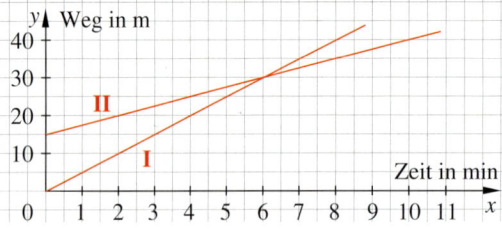

11 Anna kauft auf einem Volksfest Wertmarken für Getränke. Es gibt Wertmarken zu 0,80 € und Wertmarken zu 1 €. Sie bezahlt 14 € für insgesamt 15 Marken. Wie viele Marken von jeder Sorte hat sie gekauft? Löse schrittweise.
– Stelle zwei Gleichungen mit x und y auf. Die Anzahl der Marken zu 0,80 € sei x. Die Anzahl der Marken zu 1 € sei y.
– Löse die Gleichungen nach y auf und zeichne die zugehörigen Geraden.
– Bestimme die Lösung für x und y.
– Schreibe die Antwort auf.

Kundenzieher
Kosten pro Geschenk 0,50 €; Versandkosten 10 €.

Clientfriend
Kosten pro Geschenk 0,70 €; Versandkosten inklusive.

12 Eine Firma will Werbegeschenke bestellen. Welchen der beiden Anbieter sollte sie wählen? Wovon kann die Wahl abhängen?

13 Herr Wendt möchte für einen Tagesausflug ein Auto mieten. Zur Auswahl stehen:
A) Funnycar: pro Tag 33 €, 1,60 € pro km
B) Suncar: pro Tag 26 €, 1,80 € pro km
Bei welcher Fahrstrecke würde man das Funnycar (Suncar) anmieten?

14 ➡ Zwei Aquarien werden gleichmäßig mit Wasser gefüllt. Im ersten Aquarium steht das Wasser bereits 16 cm hoch. Es steigt jede Minute um 1,5 cm. Im anderen Aquarium steht das Wasser 20 cm hoch. Es steigt jede Minute um 0,7 cm an.

a) Nach wie viel Minuten sind beide Aquarien gleich hoch gefüllt?
b) Wie hoch steht das Wasser dann?
c) Welches Aquarium hat eine größere Grundfläche? Begründe.

15 ➡ Gegeben sind die Gleichungssysteme
① **I** $x + y = 2$; **II** $2y = -2x + 6$
② **I** $2x + y = 4$; **II** $3x + 1,5y = 6$
a) Versuche, diese Gleichungssysteme grafisch zu lösen. Was stellst du fest?
b) Erkläre, woran es liegt, dass diese Gleichungssysteme keine eindeutige Lösung haben.

16 Vervollständige den Lerntext:

Man kann die Lösungen von einem linearen Gleichungssystem finden, indem man zwei Geraden zeichnet. Dabei können drei Fälle auftreten:
1. Die Graden schneiden sich, dann hat das Gleichungssystem genau eine Lösung.
2. ...

Methode: Funktionenplotter

Ein **Funktionenplotter** ist ein Programm, das Graphen von Funktionen zeichnen kann.
Im Internet gibt es kostenlose Funktionenplotter, manchmal als Teil einer dynamischen
Mathematik-Software.
In der **Eingabezeile** können Funktionen z. B. in der Form $f(x) = ax + b$ eingegeben werden.
Die eingegebenen Funktionen werden in einem **Grafikfenster** gezeichnet.

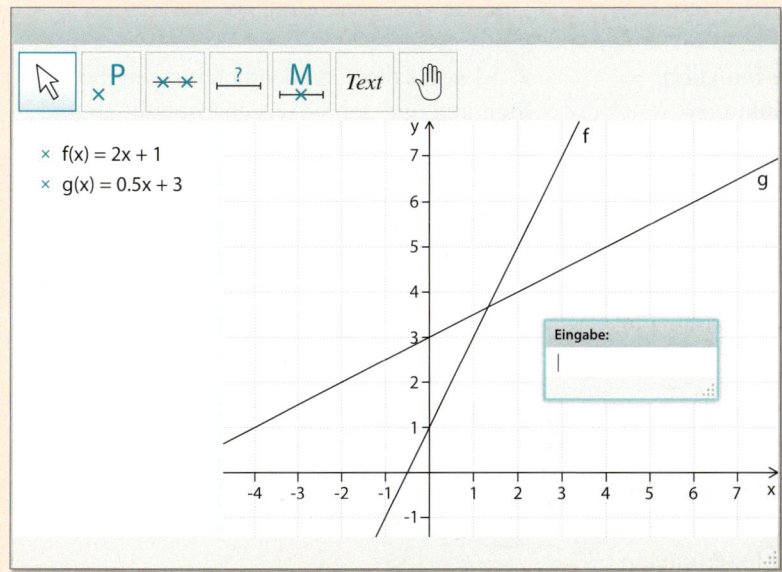

1 Zeichne die Funktionen mit einem Funktionenplotter.
a) $y = 3x + 4$ **b)** $y = -2x + 5$ **c)** $y = \frac{1}{3}x - 2$

2 Zeichne und finde eine Gleichung einer linearen Funktion, die durch die beiden
angegebenen Punkte geht. Überprüfe mit Hilfe des Funktionenplotters.
a) $P(0|3), Q(6|0)$ **b)** $R(1|2), S(3|6)$ **c)** $A(-2|0), B(4|-3)$

Die Schnittpunkte von Funktionen f und g kann man aus der Zeichnung ablesen oder durch
entsprechende Befehle (wie **Schneide (f, g)** oder **Schnittpunkt von [f; g]**) bestimmen lassen.

3 Bestimme den Schnittpunkt der beiden Funktionen.
a) $f(x) = 11 - 3x;\ g(x) = 7x - 9$ **b)** $f(x) = 3x + 5{,}4;\ g(x) = -5{,}5x + 2$

Mit einem Funktionenplotter kann man lineare Gleichungssysteme lösen. Gibt man lineare
Gleichungen ein, werden sie als Gerade dargestellt. Man erhält die Lösung des Gleichungssystems, indem man den Schnittpunkt der Geraden bestimmen lässt. Bewegt man die Geraden
hin und her, dann ändert sich die Funktionsgleichung.

4 Stelle beide Gleichungen mit dem Funktionenplotter dar.
I $x + 2y = 2$; **II** $4x + 5y = -2$
a) Verändere die Werte in der ersten Gleichung so, dass der Schnittpunkt bei $(-3|2)$ liegt.
b) Verändere die Werte in Gleichung **I** so, dass sich die Geraden auf der y-Achse schneiden.
c) Verändere Gleichung **I** so, dass sich die Geraden nicht schneiden.
d) Verändere Gleichung **I** so, dass die Geraden übereinander liegen.

Vermischte Übungen

1 Durch die Wertetabelle wird eine lineare Funktion beschrieben.

x	1	2	3	4	5	6	7	8
$f(x)$	5	7	9	11				

a) Übertrage die Tabelle in dein Heft und ergänze sie.
b) Zeichne den Graphen der Funktion.
c) Welche der folgenden Funktionsgleichungen passt zu der Tabelle?
　① $f(x) = 4x + 1$　　② $f(x) = 4x - 1$
　③ $f(x) = 2x + 3$　　④ $f(x) = 3x + 2$

2 Ein Eiswürfel schmilzt in der Sonne. Die Höhe des Eiswürfels wird regelmäßig gemessen.

Zeit	0 min	1 min	2 min	3 min
Höhe	8 cm	7,6 cm	7,2 cm	6,8 cm

a) Gib eine passende Funktionsgleichung an.
b) Wann ist der Eiswürfel geschmolzen?
c) Zeichne den Graphen der Funktion. Zeichne das Steigungsdreieck ein.

3 Ein Fallschirmspringer springt aus 4000 m Höhe. Nach den ersten 300 m fällt er mit einer konstanten Geschwindigkeit von $200 \frac{km}{h}$, das sind $55\frac{5}{9} \frac{m}{s}$, bis zu einer Höhe von 1000 m. Dort öffnet er den Fallschirm.
Welche der Funktionen gibt seine jeweilige Höhe für den Bereich von 3700 m bis 1000 m an? x steht für Sekunden.
　① $f(x) = 3700 + 200x$　② $f(x) = 3700 - 55\frac{5}{9}x$
　③ $f(x) = 55\frac{5}{9}x - 3700$　④ $f(x) = 55\frac{5}{9}x$

4 Zeichne mit Hilfe eines Steigungsdreiecks Graphen zu den folgenden Funktionen.
a) $a = 3$; $b = 1$　　　b) $a = 2,5$; $b = 4$
c) $a = -2$; $b = -0,5$　d) $a = 1$; $b = -3,5$
e) $a = -1,5$; $b = 1,5$　f) $a = 1,8$; $b = 0$

5 ⇨ Gib eine Funktionsgleichung an, deren Graph durch die angegebenen Punkte verläuft. Gibt es mehrere Möglichkeiten?
a) $P(1|4)$; $Q(2|12)$　　b) $P(1|4)$; $Q(5|0)$
c) $P(-2|1)$; $Q(2|-7)$　d) $P(3|6,5)$; $Q(5|9,5)$

6 Katrin und Thomas wollen sich treffen. Sie wohnen 12 km voneinander entfernt. Katrin fährt um 15 Uhr zu Hause mit dem Fahrrad mit $12 \frac{km}{h}$ los. Thomas kommt ihr zu Fuß mit $6 \frac{km}{h}$ entgegen.
Um wie viel Uhr treffen sie sich?

7 Lies aus den Geradengleichungen die Steigung und den y-Achsenabschnitt ab und zeichne die Geraden.
a) $y = 2x + 1$　　　　b) $y = 4x - 3$
c) $y = \frac{3}{4}x - 2$　　　d) $f(x) = -\frac{1}{3}x - 1$
e) $y = -\frac{4}{5}x + 2$　　f) $y = -\frac{2}{5}x + \frac{1}{2}$

8 Bestimme die Gleichungen der Geraden.

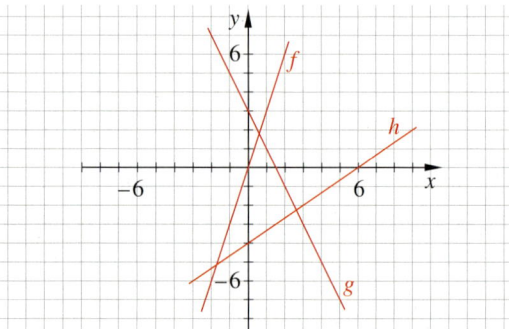

9 In einer Tierhandlung gibt es Kaninchen und Vögel. Die Tiere haben zusammen 35 Köpfe und 94 Füße.
Wie viele Tiere sind es jeweils? Beschreibe dein Vorgehen.

10 Ein Rechteck hat einen Umfang von 60 dm. Verkürzt man eine Seite um 2 dm und verlängert die andere Seite um 1,5 dm, dann entsteht ein Rechteck mit einem genau so großen Flächeninhalt.
Berechne die Seitenlängen der beiden Rechtecke. Es sind natürliche Zahlen.

11 Gegeben ist die Gleichung $4x + 2y = 6$.
a) Ergänze die Werte der Lösungspaare $(4|\ )$; $(\ |11)$; $(0,5|\ )$; $(\ |0)$.
b) Überprüfe, ob das Wertepaar $(-5|12)$ Lösung der linearen Gleichung ist.
c) Zeichne die Lösungen der Gleichung als Gerade in ein Koordinatensystem ein.

BEACHTE
In den Zeppelinen schweben die Lösungen zu Aufgabe 5.

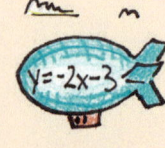

12 Gegeben sind die beiden Punkte $P(2|-1)$ und $Q(-4|7)$ und die Gerade h mit der Gleichung $h(x) = -\frac{3}{4}x + 2$.

a) Welche Steigung hat die Gerade g durch P und Q? Vergleiche mit h.

b) Zeichne die Gerade h in ein Koordinatensystem. Beschreibe dein Vorgehen.

c) In welchem Punkt schneidet die Gerade h die y-Achse und in welchem Punkt schneidet sie die x-Achse?

d) Gib die Gleichung einer Geraden an, die zu h parallel ist und durch den Punkt $R(8|-2)$ verläuft.

13 Vervollständige den Lückentext unten mit Hilfe des Diagramms.

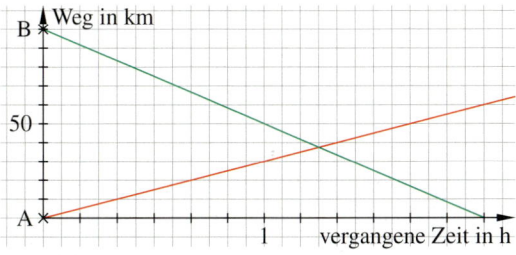

Sofie fährt um 16 Uhr mit dem Fahrrad mit ▩ $\frac{km}{h}$ von A nach B.

Lukas bricht gleichzeitig vom ▩ km entfernten B nach A auf. Er fährt mit seinem Motorroller mit ▩ $\frac{km}{h}$.

Die beiden treffen sich um ▩ Uhr in ▩ km Entfernung von A.

14 Bestimme zeichnerisch die Lösung des Gleichungssystems.

a) **I** $y = -3x - 5$; **II** $y = x + 5$

b) **I** $y = 3x + 1$; **II** $y = 3x - 4$

c) **I** $y = 0,25x + 1,5$; **II** $y = 2x + 5$

d) **I** $y = 1,5x - 3$; **II** $y = \frac{2}{3}x + 2$

15 Auf einem Parkplatz stehen Pkw und Motorräder. Zusammen sind es 55 Fahrzeuge mit 190 Rädern.

Wie viele Fahrzeuge von jeder Sorte stehen auf dem Hof?

16 Ein Musikgeschäft verkauft E-Bässe (5 Saiten) und E-Gitarren (6 Saiten).

Die 120 Instrumente haben 670 Saiten.

17 Katharina hat für ihren Urlaub eine bestimmte Summe Geld gespart. Gibt sie täglich 12 € aus, reicht ihr Geld neun Tage länger als geplant. Gibt sie aber täglich 17 € aus, muss sie ihren Urlaub um einen Tag verkürzen.

Wie lange sollte ihre Urlaubsreise dauern und wie viel Geld hatte Katharina gespart?

18 In ihrem Urlaub zahlen Herr und Frau Fröhlich für 12 Übernachtungen 930 €. Einige Tage verbrachten sie in einem Hotel für 95 € pro Nacht, den Rest in einer Pension für 65 € pro Nacht. Wie lange waren sie im Hotel?

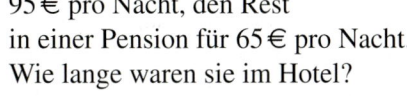

19 Die Schülervertretung einer Schule hat eine Maschine zur Herstellung von Buttons zum Preis von 615 € angeschafft. Für die Herstellung eines Buttons müssen ca. 25 Cent Materialkosten gerechnet werden. Die SV möchte die Buttons für 1,20 € verkaufen.

a) Sind die Anschaffungskosten gedeckt, wenn jeder der 750 Schüler der Schule einen Button kauft?

b) Wie viele Buttons müssen mindestens verkauft werden, um die Kosten zu decken?

c) Der Förderverein der Schule will der Schülervertretung zur Anschaffung der Buttonstanzmaschine 225 € stiften. Der Preis für die Buttons soll dann aber auf 90 Cent reduziert werden. Wie viele Buttons müssen dann zur Kostendeckung verkauft werden?

Auf dem Vennbahnweg

Die Vennbahn ist eine ehemalige Bahnstrecke zwischen Aachen und St. Vith in Belgien. Heute führt ein Fahrradweg im alten Gleisbett durch die Eifel. Die Karte zeigt ein Teilstück des Vennbahnwegs.

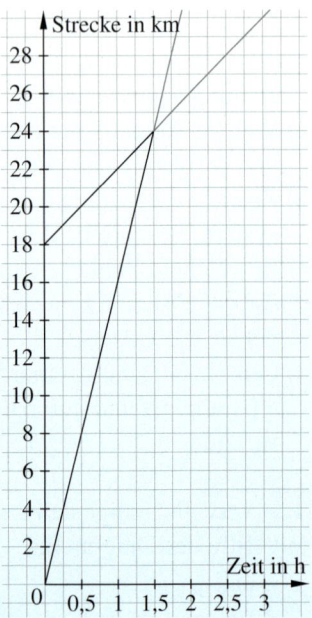

Emre wohnt in Kornelimünster.
Er startet um 9 Uhr mit dem Rad über den Vennbahnweg ins 24 km entfernte Monschau, um sich dort mit seinem Freund Elias zu treffen.
Elias nutzt den Vennbahnweg, um zu Fuß nach Monschau zu gelangen.
Er wohnt in einem kleinen Ort kurz vor Monschau.

a) Übertrage das Diagramm in dein Heft. Welche Gerade steht für welchen Jungen? Trage an die y-Achse an, wo Kornelimünster, Monschau und Elias' Wohnort liegen.

b) Woran erkennst du im Diagramm, dass beide Jungen zur selben Zeit starten?

c) Wie weit von Monschau entfernt liegt Elias' Heimatort?

d) Lies aus der Zeichnung ab, wie weit die beiden Jungen eine Stunde nach ihrem Aufbruch voneinander entfernt sind.

e) Gib die Koordinaten des Schnittpunkts der beiden Geraden an. Was bedeutet der Schnittpunkt für die Bewegungsgeschichte?

f) Bestimme die Durchschnittsgeschwindigkeit in $\frac{km}{h}$, mit der sich Emre und Elias jeweils bewegen.

g) Gib für die beiden Geraden Funktionsgleichungen in der Form $y = ax + b$ an. Notiere, wofür die Variablen x und y stehen.

h) Zeichne in deinem Heft den Graphen der linearen Funktion mit $y = -8x + 24$ in das Koordinatensystem ein. Erzähle dazu eine Geschichte von Ariane, deren Bewegung auf dem Vennbahnweg durch diese Funktion beschrieben wird.
Sowohl Emre als auch Elias begegnen Ariane. Wann finden diese Begegnungen ungefähr statt?

Alles klar?

Entscheide, ob die Aussagen richtig oder falsch sind.
Begründe deine Entscheidung im Heft und korrigiere gegebenenfalls.

1 Lineare Funktionen erkennen und darstellen

Drei Schnecken kriechen an einer Wand herauf und herunter.

a) Zu Beginn der Beobachtung befindet sich eine Schnecke am Boden.

b) Für Schnecke C gilt die Funktionsgleichung $y = -x + 6$.

c) Schnecke B hat eine Geschwindigkeit von 50 cm pro Stunde.

d) Schnecke A ist schneller als Schnecke B.

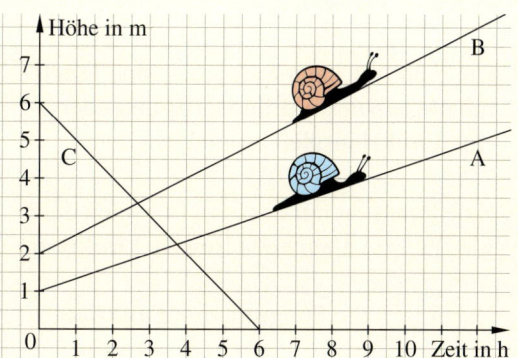

BEACHTE
Die Lösungen zu den Aufgaben auf dieser Seite sowie dazu passende Trainingsaufgaben findest du ab Seite 192.

2 Lineare Funktionen zeichnen und untersuchen

a) Die Gerade zu $y = -x + 2$ schneidet die y-Achse im Punkt $(0|2)$ und hat die Steigung 0.

b) Um die Gerade zu $y = 2x - 3$ zu zeichnen, markiert man den Punkt $P(0|-3)$ auf der y-Achse und geht von dort 2 Einheiten nach oben und eine Einheit nach rechts. Den so erhaltenen Punkt $Q(1|2)$ verbindet man mit P.

c) Rechts ist die Gerade zu $y = \frac{1}{2}x + 2$ abgebildet.

d) Eine Gerade mit der Steigung $\frac{3}{2}$ steigt steiler an als eine Gerade mit der Steigung $\frac{3}{4}$.

e) Die Funktion g rechts hat die Nullstelle 2.

f) Die Gerade g ist fallend. Daher ist das a in $g(x) = ax + b$ negativ.

g) Der Graph einer linearen Funktion verläuft immer durch drei Quadranten des Koordinatensystems.

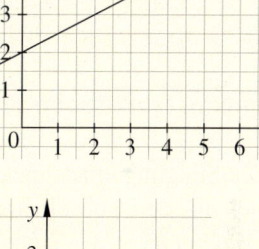

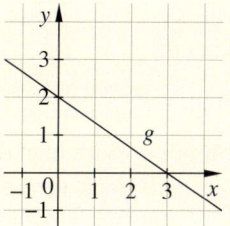

3 Lineare Gleichungssysteme durch Probieren und zeichnerisch lösen

a) Ein Hotel hat Einzelzimmer und Doppelzimmer. In diesen 24 Zimmern stehen 40 Betten. Um die Anzahl der Einzelzimmer zu bestimmen, probiert man am besten ungerade Zahlen größer als 12 aus.

b) Das Gleichungssystem **I** $y = \frac{1}{3}x + 1$; **II** $y = -\frac{2}{3}x + 4$ hat die Lösung $(3|2)$.

c) Das Schaubild zeigt die Geraden, die zum Gleichungssystem **I** $6y + x = 18$; **II** $2y - x = 2$ passen.

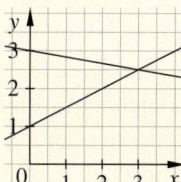

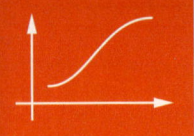

Zusammenfassung

→ Seite 68

Lineare Funktionen erkennen und darstellen

Eine Zuordnung, bei der jedem x-Wert genau ein y-Wert zugeordnet wird, nennt man eine **Funktion**.

Die Funktion kann man durch eine **Wertetabelle**, einen **Funktionsgraphen** oder eine **Funktionsgleichung** darstellen.

Eine Funktion mit der Funktionsgleichung $y = f(x) = ax + b$ heißt **lineare Funktion**.

Dabei ist a die **Steigung der Funktion**.

Der Graph einer linearen Funktion ist eine Gerade, die die y-Achse im Punkt $P(0|b)$ schneidet.
Daher nennt man b auch den **y-Achsenabschnitt**.

Funktionsgleichung
$$y = f(x) = \tfrac{2}{5}x + 2$$

Wertetabelle

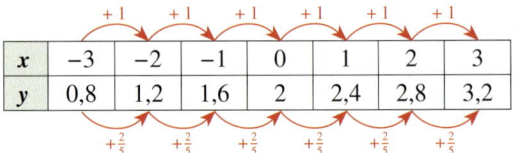

Funktionsgraph

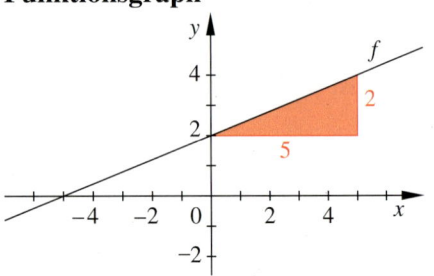

Die Funktion hat die Steigung $a = \tfrac{2}{5}$ und schneidet die y-Achse bei $P(0|2)$.

→ Seite 74

Lineare Funktionen zeichnen und untersuchen

Die Steigung einer linearen Funktion lässt sich aus den Koordinaten zweier Punkte berechnen.

$$\text{Steigung} = \frac{\text{Differenz der } y\text{-Koordinaten}}{\text{Differenz der } x\text{-Koordinaten}} = \frac{y_2 - y_1}{x_2 - x_1}$$

Die Steigung kann man durch ein **Steigungsdreieck** veranschaulichen.

Die **Nullstelle** ist die x-Koordinate des Schnittpunkts des Graphen mit der x-Achse.

$$y = \tfrac{2}{5}x + 2$$

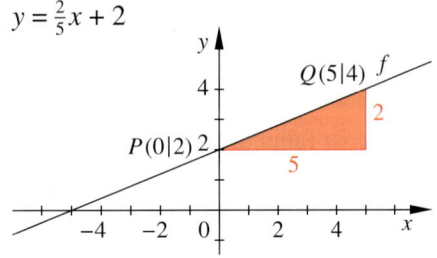

Die Steigung ist $a = \frac{4-2}{5-0} = \frac{2}{5}$.
Die Nullstelle ist $x_0 = -5$.

→ Seite 78

Lineare Gleichungssysteme lösen

Gehören mehrere lineare Gleichungen zum selben Problem, so spricht man von einem linearen Gleichungssystem.
Lineare Gleichungssysteme kann man durch Probieren oder grafisch lösen.
Bei der grafischen Lösung rechts ist der Schnittpunkt beider Graphen die Lösung.

grafische Lösung:

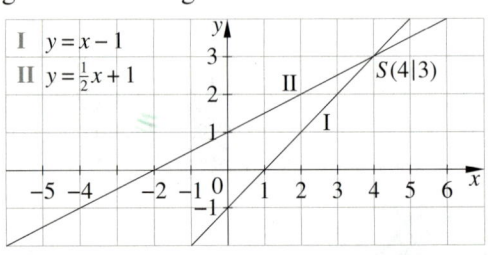

Satz des Pythagoras

Der Philosoph und Mathematiker Pythagoras wurde um etwa 570 v. Chr. auf der griechischen Insel Samos geboren. Sein Denkmal in der Hafenstadt Pythagoreio auf Samos wurde im Jahre 1988 errichtet.

In diesem Kapitel lernst du wichtige Zusammen-hänge in rechtwinkligen Dreiecken kennen, die bereits die alten Griechen kannten (Satz des Pythagoras, Höhensatz und Kathetensatz). Dazu erfährst du, dass du Dreiecke nicht immer konstruieren musst, um eine unbekannte Seitenlänge zu bestimmen. Du kannst sie nämlich auch ohne Konstruktion direkt berechnen.

Noch fit?

1 Dreiecke benennen und beschriften

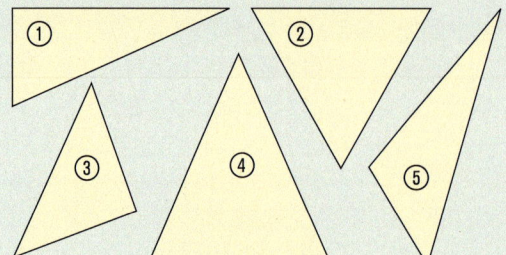

a) Miss die Innenwinkel der Dreiecke.

b) Benenne jeweils die Dreiecksart nach Seiten und nach Winkeln.

c) Bestimme jeweils den Umfang.

d) Skizziere die Dreiecke im Heft. Beschrifte die Eckpunkte, die Seiten und die Winkel. Beschreibe die Regel, mit der man Dreiecke beschriftet.

2 Bestimme den Flächeninhalt der Figuren.

a) rechtwinkliges Dreieck mit den Seitenlängen $a = 1{,}5\,\text{cm}$ und $b = 2{,}2\,\text{cm}$

b) Dreieck mit der Seitenlänge $c = 3{,}4\,\text{cm}$ und der Höhe $h_c = 1{,}95\,\text{cm}$

c) Parallelogramm mit Seitenlänge $b = 6{,}1\,\text{cm}$ und Höhe $h_b = 1{,}31\,\text{cm}$

3 Zeichne eine 8 cm lange Strecke g in dein Heft. Zeichne eine Gerade, die …

a) senkrecht zu g ist.

b) parallel zu g ist und einen Abstand von 3 cm hat.

c) die Strecke in einem Winkel von 60° schneidet

4 Fülle die Tabelle aus und gib das Ergebnis, wenn erforderlich, in der kleineren Einheit an.

a)

+	6000 km	45 cm	36 dm
3 m			
0,098 km			
825,5 m			
$\frac{2}{5}$ km			
906,1 dm			

b)

+	45 cm²	5,1 dm²	7,2 m²
1,5 dm²			
400 cm²			
1,2 m²			
$\frac{1}{4}$ m²			
3,5 m²			

5 Runde auf Hundertstel.

a) 4,655 cm   b) 1,9999 kg   c) 34,782 t   d) 1,4 m   e) 5,191 g

6 Löse die Klammern auf.

a) $(a + 2)(b + 3)$ b) $(x + 4)(x + 9)$ c) $(x - 4)(y - 7)$

d) $(2a + 6)(3b - 5)$ e) $(5a - 4b)(5a + 4b)$ f) $(2x + 3y)(2x - 3y)$

7 Löse die Gleichungen.

a) $8{,}5 + x = 13$ b) $x - 2{,}7 = 5$ c) $5x + 4 = 49$ d) $6x - 5 = 43$

e) $4x + 3 = 2x + 19$ f) $11x - 5 = 7x + 47$ g) $\frac{x}{3} = 7{,}5$ h) $8 + \frac{x}{5} = 18$

BUNT GEMISCHT

1. Setze Klammern so, dass das Ergebnis 3192 ist: $45 + 12 \cdot 16 - 8 \cdot 7$
2. Eine Miete wird von 419 € um 9 % erhöht. Wie viel Euro beträgt die Erhöhung?
3. Erkläre die Begriffe Median und arithmetisches Mittel.
4. Die Zuordnung von Fahrtzeit zu Fahrstrecke ist proportional, wenn …

Einfache Potenzen und Wurzeln

Erforschen und Entdecken

1 Die Zahlen in der Tabelle wurden immer nach der gleichen Vorschrift gebildet.

a) Formuliere mit eigenen Worten, durch welche Rechenvorschrift diese Zahlen entstanden sind.

b) Was fällt dir in den Zeilen und Spalten auf? Finde Begründungen.

c) Erkläre wie man schnell erkennen kann, aus welchen Zahlen 1156; 6084 und 9025 entstanden sind.

1	4	9	16	25	36	49	64	81	100
121	144	169	196	225	256	289	324	361	400
441	484	529	576	625	676	729	784	841	900
961	1024	1089	1156	1225	1296	1369	1444	1521	1600
1681	1764	1849	1936	2025	2116	2209	2304	2401	2500
2601	2704	2809	2916	3025	3136	3249	3364	3481	3600
3721	3844	3969	4096	4225	4356	4489	4624	4761	4900
5041	5184	5329	5476	5625	5776	5929	6084	6241	6400
6561	6724	6889	7056	7225	7396	7569	7744	7921	8100
8281	8464	8649	8836	9025	9216	9409	9604	9801	10000

2 Eine rechteckige Rasenfläche ist 16 m breit und 4 m lang.

a) Wie groß müsste die Seitenlänge einer quadratischen Rasenfläche sein, wenn sie denselben Flächeninhalt wie die rechteckige haben soll?

b) Übertrage die Tabelle in dein Heft. Bestimme dann die Seitenlängen der Quadrate, deren Flächeninhalte angegeben sind.

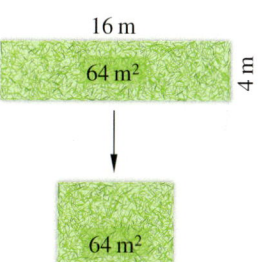

BEACHTE
Maßstab 1 : 100 bedeutet: 1 cm im Heft steht für 100 cm in der Wirklichkeit.

Flächeninhalt	25 m²	9 m²	81 m²	1 m²	400 m²	1600 m²
Seitenlänge						

c) Zeichne die ersten vier Quadrate im Maßstab 1 : 100 in dein Heft.

3 Arbeitet zu zweit.

a) Beginnt mit einem Würfel, der eine Kantenlänge von 2 cm hat. Berechnet nun, wie das Volumen sich verändert, wenn die Kantenlänge vervielfacht wird. Ergänzt dazu die Tabelle im Heft.

Kantenlänge	Original	verdoppelt	verdreifacht	vervierfacht
a	2 cm	4 cm		
Volumen V	8 cm³			

b) Was ihr in a) beobachtet hat, gilt für jeden Würfel. Ergänzt die Aussage:
Wird die Kantenlänge eines Würfels verdoppelt (verdreifacht, vervierfacht), dann … sich das Volumen des Würfels.

c) Was passiert wohl, wenn man die Kantenlänge eines Würfels verfünffacht? Begründet ohne eine Beispiel zu rechnen.

d) Startet mit einem Quader mit den Kantenlängen 2 cm, 3 cm und 4 cm. Vervielfacht nun die Kantenlängen und berechnet die Volumen. Was fällt euch auf?

4 Die Zahlen aus dem gelben Kasten kann man den Zahlen aus dem blauen Kasten nach einer bestimmten Vorschrift zuordnen. Notiere diese Zuordnungsvorschrift. Welche Zahlen kannst du nicht zuordnen? Begründe. Gib eventuell fehlende Zahlen an.

gelber Kasten:
0,3   0
1,4   17 $\frac{1}{10}$
2,5
13   12   −16
−5   0,4
$\frac{4}{9}$

blauer Kasten:
0,09   0,04
1,96   289
$\frac{16}{81}$ 256
$\frac{1}{100}$ 6,25
144   0,16
0   −25

Lesen und Verstehen

Die Pythagoräer waren die Anhänger des Mathematikers Pythagoras. Sie lebten im 6. Jahrhundert vor Christus und spielten bei der Entwicklung der Mathematik eine Vorreiterrolle. Zum Beispiel legten sie mit Kieselsteinen Figuren wie Dreiecke und Vierecke.

Daraus leiteten sie mathematische Beziehungen her, wie zum Beispiel mit den Quadraten rechts. Sie fragten sich zum Beispiel: Aus wie vielen Plättchen besteht dann die siebte Figur? Gibt es eine Regel?

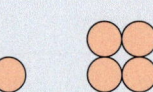 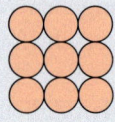 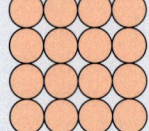

Man **quadriert** eine Zahl a, indem man sie mit sich selbst multipliziert.
$$a \cdot a = a^2$$
a^2 heißt **Quadratzahl** von a.

BEISPIEL 1
Im 7. Quadrat sind 7 Steine in einer Reihe.
Man rechnet: $7^2 = 7 \cdot 7 = 49$
Das siebte Quadrat besteht aus 49 Steinen.

Die Umkehrung des Quadrierens nennt man Quadratwurzelziehen bzw. **Wurzelziehen**. Die Quadratwurzel (oder kurz Wurzel) einer **positiven** Zahl a ist die **positive** Zahl, die mit sich selbst multipliziert a ergibt. Sie wird mit $\sqrt{a}$ bezeichnet.

↓Quadratwurzel
$\sqrt{64} = 8$ ← Wert der Quadratwurzel
↑Radikand (darf nicht negativ sein)

BEISPIEL 2
Ein Quadrat soll aus 121 Steinen bestehen. Wie viele Steine liegen in einer Reihe?
Man rechnet: $\sqrt{121} = 11$,
denn $11 \cdot 11$ ist 121.
Man liest: Die Wurzel aus 121 ist 11.
In einer Reihe müssen 11 Steine liegen.
Im Taschenrechner tippt man z. B.:
√ 1 2 1 =

> **BEACHTE**
> Die Zahl −8 ist **nicht** die Quadratwurzel aus 64, obwohl $(-8)^2 = 64$.

Man baut nun aus Steinen Würfel. Das heißt die Länge, Breite und Höhe besteht immer aus derselben Anzahl von Steinen. Wie viele Steine hat dann der fünfte Würfel?

Man bildet die **dritte Potenz** einer Zahl a, indem man sie zweimal mit sich selbst multipliziert.
$$a \cdot a \cdot a = a^3$$
a^3 heißt **Kubikzahl** (dritte Potenz) von a.

BEISPIEL 3
Im 5. Würfel liegen 5 Steine in einer Reihe.
Man rechnet: $5^3 = 5 \cdot 5 \cdot 5 = 125$
Man liest: 5 hoch 3 ist gleich 125
Der 5. Würfel besteht aus 125 Steinen.

Die **Kubikwurzel** einer positiven Zahl a ist die positive Zahl, die als dritte Potenz a hat. Sie wird mit $\sqrt[3]{a}$ bezeichnet.

↓Kubikwurzel
$\sqrt[3]{64} = 4$ ← Wert der Kubikwurzel
↑Radikand (darf nicht negativ sein)

BEISPIEL 4
In welcher Reihe liegen 343 Steine?
Man rechnet: $\sqrt[3]{343} = 7$, denn $7 \cdot 7 \cdot 7 = 343$.
Man liest: Die Kubikwurzel aus 343 ist 7.
Im Taschenrechner tippt man z. B.
3 ³√y 3 4 3

Aus negativen Zahlen kann man keine Quadrat- oder Kubikwurzel ziehen.

BEISPIEL 5
$\sqrt{-25}$ und $\sqrt[3]{-27}$ sind nicht lösbar.

Basisaufgaben

1 Quadriere die Zahlen von 0 bis 25 und präge dir die Ergebnisse ein. Lass dich von deinem Tischnachbarn abfragen.

2 Quadriere.
a) 7^2 b) 12^2 c) 16^2 d) 50^2
e) 10^2 f) 100^2 g) 1000^2 h) $10\,000^2$

3 Berechne.
a) $1{,}5^2$ b) $0{,}4^2$ c) $0{,}12^2$ d) $0{,}08^2$

4 Berechne. Was stellst du fest?
a) $11^2 = \blacksquare$; $1{,}1^2 = \blacksquare$; $0{,}11^2 = \blacksquare$
b) $17^2 = \blacksquare$; $1{,}7^2 = \blacksquare$; $0{,}17^2 = \blacksquare$
c) $21^2 = \blacksquare$; $2{,}1^2 = \blacksquare$; $0{,}21^2 = \blacksquare$
d) $6^2 = \blacksquare$; $0{,}6^2 = \blacksquare$; $0{,}06^2 = \blacksquare$

5 Berechne zuerst die Quadratzahl im Kopf.
a) $7 - 3^2$ b) $15 + 19^2$ c) $16 - 16^2$
d) $12^2 - 56$ e) $13^2 + 15^2$ f) $25^2 - 6 - 5^2$

6 Eine Quadratische Fliese hat eine Kantenlänge von 18 cm.
a) Wie groß ist ihr Flächeninhalt?
b) Wie viele Fliesen benötigt man für eine quadratische Terrasse von $20{,}25\,\text{m}^2$?

7 Bestimme die Quadratwurzel.
a) $\sqrt{16}$ b) $\sqrt{49}$ c) $\sqrt{169}$ d) $\sqrt{361}$
e) $\sqrt{625}$ f) $\sqrt{441}$ g) $\sqrt{900}$ h) $\sqrt{2500}$

8 Prüfe, ob richtig gerechnet wurde, und korrigiere, wenn nötig.
BEISPIEL $\sqrt{25} = 5$, denn $5 \cdot 5 = 5^2 = 25$
a) $\sqrt{121} = 11$ b) $\sqrt{169} = 14$
c) $\sqrt{361} = 18$ d) $\sqrt{1{,}44} = 1{,}2$
e) $\sqrt{0{,}10} = 0{,}01$ f) $\sqrt{0{,}09} = 0{,}03$

9 Berechne im Kopf.
a) $\sqrt{0{,}04}$ b) $\sqrt{0{,}25}$ c) $\sqrt{0{,}09}$
d) $\sqrt{0{,}49}$ e) $\sqrt{1{,}21}$ f) $\sqrt{0{,}0009}$
g) $\sqrt{0{,}0036}$ h) $\sqrt{0{,}0144}$ i) $\sqrt{0{,}0169}$

10 Berechne mit dem Taschenrechner. Runde auf zwei Stellen nach dem Komma.
a) $\sqrt{3{,}1}$ b) $\sqrt{21}$ c) $\sqrt{0{,}045}$ d) $\sqrt{300}$
e) $\sqrt{111}$ f) $\sqrt{17{,}5}$ g) $\sqrt{8{,}03}$ h) $\sqrt{9{,}99}$

11 Berechne mit dem Taschenrechner. Runde auf drei Stellen nach dem Komma.
a) $\sqrt{(15{,}5 + 6{,}02)}$ b) $\sqrt{(7{,}32 - 4{,}89)}$

12 Zeichne das Quadrat mit dem angegebenen Flächeninhalt. Nutze den Taschenrechner, wenn nötig. Runde dann sinnvoll.
a) $4\,\text{cm}^2$ b) $10{,}3\,\text{cm}^2$ c) $33\,\text{cm}^2$
d) $8{,}1\,\text{cm}^2$ e) $24\,\text{cm}^2$ f) $79\,\text{cm}^2$

13 Berechne.
a) 1^3 b) 3^3 c) 5^3 d) 7^3
e) 2^3 f) 4^3 g) 10^3 h) 100^3
i) -2^3 j) $(-2)^3$ k) $0{,}5^3$ l) $(-0{,}01)^3$

14 Bestimme das Volumen der Würfel mit folgender Kantenlänge und ordne es.
a) $a = 4\,\text{cm}$ b) $a = 0{,}2\,\text{m}$ c) $a = 0{,}6\,\text{dm}$
d) $a = 80\,\text{mm}$ e) $a = 6{,}9\,\text{cm}$ f) $a = 4{,}5\,\text{cm}$

15 ➡ Halil meint: „Die Zahlen 11^3 und 111^3 sind besonders, aber 1111^3 nicht". Beschreibe, was er damit meint.

16 Prüfe, ob richtig gerechnet wurde, und korrigiere, wenn nötig.
BEISPIEL $\sqrt[3]{729} = 9$, denn $9 \cdot 9 \cdot 9 = 9^3 = 729$
a) $\sqrt[3]{65} = 4$ b) $\sqrt[3]{27} = 3$
c) $\sqrt[3]{9{,}261} = 2{,}1$ d) $\sqrt[3]{0{,}27} = 0{,}3$

17 Ermittle aus dem Volumen des Würfels die Kantenlänge durch Probieren. Die Kantenlängen sind alle kleiner als 15 m.
a) $V = 216\,\text{m}^3$ b) $V = 512\,\text{m}^3$
c) $V = 64\,\text{m}^3$ d) $V = 1728\,\text{m}^3$

18 Berechne mit dem Taschenrechner. Runde auf die Hundertstelstelle.
a) $\sqrt[3]{555}$ b) $\sqrt[3]{2{,}13}$ c) $\sqrt[3]{29}$
d) $\sqrt[3]{1{,}01}$ e) $\sqrt[3]{456}$ f) $\sqrt[3]{4{,}56}$

19 ➡ Galina meint: „Hat ein Quadrat einen Flächeninhalt von a, dann ist die Seitenlänge $\sqrt{a}$. Da es keine negative Seitenlänge gibt, ist die Quadratwurzel immer positiv." Argumentiere wie Galina, warum die Kubikwurzel immer positiv ist.

Weiterführende Aufgaben

20 Quadriere zuerst und ziehe anschließend die Wurzel. Was stellst du fest?
a) 2　　　**b)** 10　　　**c)** 15　　　**d)** 0,5
e) −8　　**f)** 0,2　　**g)** −2,6　　**h)** −1,2

21 Berechne mit dem Taschenrechner.
a) $−11{,}45^2$ 　　　　　**b)** $(−265{,}11)^2$
c) $7{,}43^2 \cdot 6$ 　　　　**d)** $2{,}8 \cdot 5{,}6^2$
e) $2{,}4^2 \cdot 5{,}6^2$ 　　　**f)** $(2{,}3 \cdot 8{,}7)^2$
g) $(15{,}1 + 67{,}9)^2$ 　**h)** $(3{,}7^2 − 1{,}2^2) \cdot 4{,}5$

22 Welche Zahlen sind jeweils gleich?
a) 8; 2^3; 4^2; $\sqrt{64}$; $2 \cdot 2^2$
b) $10 \cdot 3$; 10^3; $10^2 + 10$; 1000; $\sqrt{100}$
c) $\sqrt[3]{27}$; $3 \cdot 3 \cdot 3$; $3^2 \cdot 3^2$; 3^3; 27
d) $2a \cdot b^2 \cdot a$; $a^3 \cdot b^2$; $b \cdot a^2 \cdot a \cdot b$; $a^2 \cdot ab$

BEACHTE
Die Lösungen zu Aufgabe 23 ergeben in der richtigen Reihenfolge den Namen eines Landes. Auf welchem Kontinent liegt dieses Land?
12 (S); 14 (B); 15 (A); 18 (I); 22 (A); 110 (M)

23 Ein Rechteck soll in ein flächengleiches Quadrat umgewandelt werden.
Welche Seitenlänge hat das Quadrat?
a) $a = 24\,\text{cm}$; $b = 6\,\text{cm}$
b) $a = 75\,\text{dm}$; $b = 3\,\text{dm}$
c) $a = 242\,\text{m}$; $b = 50\,\text{m}$
d) $a = 700\,\text{cm}$; $b = 28\,\text{m}$
e) $a = 5184\,\text{mm}$; $b = 6{,}25\,\text{dm}$
f) $a = 30{,}25\,\text{cm}$; $b = 1{,}6\,\text{dm}$

24 Im Thronsaal des Schlosses Neuschwanstein ist der Fußboden mit einem Mosaik geschmückt, das das Leben der Tiere auf unserer Erde darstellt.

a) Wie viele quadratische Steinchen mit 1,2 cm Kantenlänge wurden etwa benötigt, wenn der Thronsaal 20 m breit und 23 m lang ist?
b) Wie ändert sich die Anzahl der Steinchen pro Quadratmeter, wenn die Kantenlänge eines Steinchens verdoppelt wird?

25 Zeichne einen Würfel mit einem Volumen von $42{,}875\,\text{cm}^3$ im Schrägbild. Beschreibe dein Vorgehen.

26 ➡ Berechne erst im Kopf.
Formuliere dann eine allgemeine Regel, wie man die Nachkommastellen bestimmen kann.
a) 13^2; $1{,}3^2$; $0{,}13^2$; $0{,}013^2$
b) $0{,}2^2$; $0{,}02^2$; $0{,}002^2$; $0{,}0002^2$
c) $\sqrt{400}$; $\sqrt{4}$; $\sqrt{0{,}04}$; $\sqrt{0{,}0004}$
d) $\sqrt{900}$; $\sqrt{9}$; $\sqrt{0{,}09}$; $\sqrt{0{,}0009}$
e) $\sqrt{1600}$; $\sqrt{16}$; $\sqrt{0{,}16}$; $\sqrt{0{,}0016}$

27 ➡ Stimmt die folgende Aussage?
„Die dritte Potenz einer Zahl ist immer größer als ihr Quadrat."

28 ➡ Finde Beispiele und begründe. Formuliere dann eine Regel.
a) Bei welchen Zahlen erhält man beim Ziehen der Quadratwurzel eine kleinere (größere, die gleiche) Zahl?
b) Prüfe, ob die Regeln auch für Kubikwurzeln gelten.

29 Arbeitet zu zwei. Ein Quader hat ein Volumen von $216\,\text{cm}^3$.
a) Gebt mögliche Kantenlängen des Quaders an. Findet verschiedene Lösungen und vergleicht sie.
b) Welche Kantenlänge hat ein Würfel mit diesem Volumen?

30 Ein Stein wird von einem Turm herunterfallen gelassen. Die Zeit bis zum Aufkommen wird gemessen. Mit Hilfe dieser Zeit kann die Höhe des Turms berechnet werden. Dazu nutzt man die Faustformel $s = 5\,t^2$ (s = Höhe in m, t = Zeit in s).
Berechne die Turmhöhe.
a) $t = 3\,\text{s}$　　**b)** $t = 6{,}5\,\text{s}$　　**c)** $t = 11\,\text{s}$

31 Kennt man die Höhe eines Turms, so kann man berechnen, wie lange ein Stein fällt. Berechne mit der Faustformel die Fallzeit.
$t^2 = \frac{s}{5}$ (t = Zeit in s, s = Höhe in m)
a) $s = 20\,\text{m}$　　**b)** $s = 85\,\text{m}$　　**c)** $s = 250\,\text{m}$

■ Der Satz des Pythagoras

Erforschen und Entdecken

1 Der Künstler Max Bill verwendete für sein Kunstwerk „Thema 3 : 4 : 5" einen Zusammenhang aus der Geometrie.

Arbeitet zu zweit.

a) Beschreibt das Bild.

b) Was ist mit „Thema 3 : 4 : 5" gemeint?

c) Kann man ein solches Bild aus Quadraten auch zum Thema 4 : 5 : 6 oder 5 : 12 : 13 finden?

d) Findet andere geeignete Zahlenkombinationen und erklärt, wie sie aufgebaut sind.

e) Findet Möglichkeiten, den Flächeninhalt der verschiedenen Quadrate im Bild miteinander zu vergleichen. Findet heraus, wie viele der kleinen bunten Quadrate jeweils auf die größeren Quadrate passen.

Könnt ihr auch herausfinden, wie viele der kleinen bunten Quadrate auf eines der schwarzen Dreiecke passen?

2 Stellt euch vor, ihr befindet euch im alten Ägypten. Jährlich nach der großen Nilüberschwemmung mussten rechtwinklige Felder neu vermessen werden.

Das gelang mit einem besonderen Seil.

Es war durch 11 Knoten in 12 gleich lange Abschnitte eingeteilt.

Legt dieses Seil mit 12 kleinen, gleich langen Hölzchen nach.

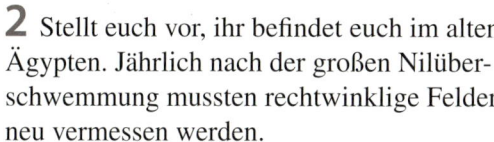

– Legt mit euren 12 Hölzchen verschiedene Dreiecke.

– Findet heraus, wie sich mit Hilfe der 12 Hölzchen ein rechtwinkliges Dreieck konstruieren lässt. Aus wie vielen Hölzchen besteht jede der drei Seiten?

– Funktioniert dies auch mit einer anderen Anzahl von Hölzchen?

3 Dieses Modell ist in vielen Mathematik-Ausstellungen zu sehen. Es ist mit Sand gefüllt und man kann es umdrehen.

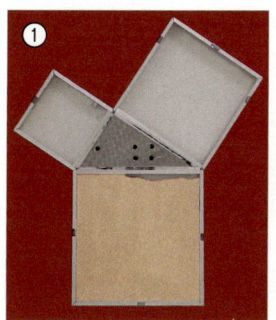  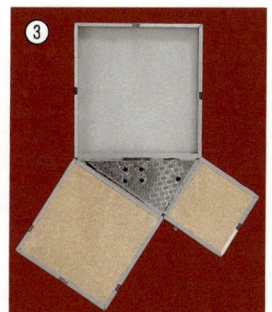

a) Beschreibe die drei Fotos.

Beginne so: „In der Mitte des Modells befindet sich ein ■ Dreieck. An jeder Seite des Dreiecks liegt ein ■ an. Auf dem ersten Bild ist das ■ Quadrat unten. Es ist vollständig mit ■ gefüllt. …"

b) Was kannst du über die Größe der kleinen Quadrate und des großen Quadrats aussagen?

Lesen und Verstehen

Die Größe eines Fernsehbildschirms wird als die Länge der Bildschirmdiagonalen angegeben.
Ein Bildschirm ist 40 cm und 22,5 cm breit. Ein Zoll entspricht etwa 2,5 cm. Wie lang ist seine Diagonale?

Die Diagonale teilt den (rechteckigen) Bildschirm in zwei rechtwinklige Dreiecke.

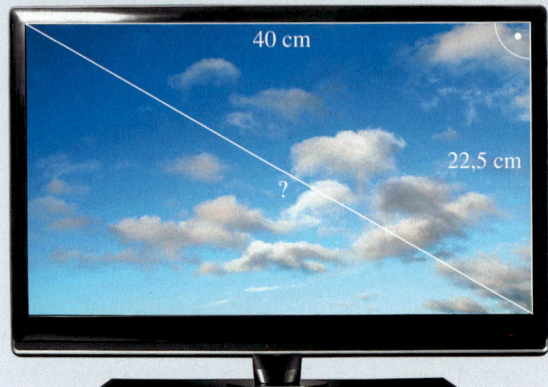

Nur in einem rechtwinkligen Dreieck gilt:
Die Seiten, die den rechten Winkel einschließen, heißen **Katheten**.
Die Seite, die dem rechten Winkel gegenüberliegt, heißt **Hypotenuse**.
Sie ist immer die längste Seite.

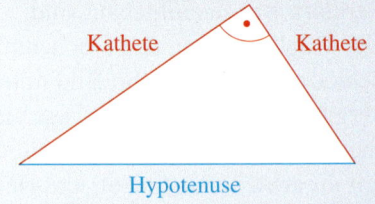

Satz des Pythagoras:
In jedem rechtwinkligen Dreieck gilt:
Die beiden Quadrate über den Katheten haben zusammen denselben Flächeninhalt wie das Quadrat über der Hypotenuse.
$$a^2 + b^2 = c^2$$
Umgekehrt gilt: Wenn in einem Dreieck mit den Seiten a, b, c die Beziehung $a^2 + b^2 = c^2$ besteht, dann ist das Dreieck rechtwinklig. Die Hypotenuse ist c.

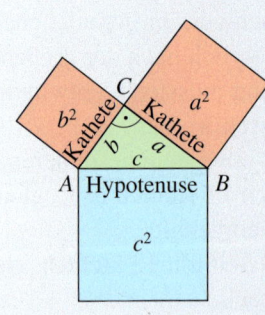

Mit dem Satz des Pythagoras lässt sich eine fehlende Seitenlänge berechnen.

BEISPIEL 1   Planfigur

Im Dreieck des Bildschirms sind
$\gamma = 90°$, $a = 22,5$ cm, $b = 40$ cm gegeben.

Wie lang ist die Diagonale c?

Lösung: $c^2 = a^2 + b^2$
$c^2 = (22,5 \text{ cm})^2 + (40 \text{ cm})^2$
$c^2 = 506,25 \text{ cm}^2 + 1600 \text{ cm}^2$
$c^2 = 2106,25 \text{ cm}^2 \qquad | \sqrt{}$
$c = \sqrt{2106,25 \text{ cm}^2} = 45,89 \text{ cm}$
Das sind ungefähr 114,7 Zoll.

BEISPIEL 2   Planfigur

gegeben: $\gamma = 90°$,
     $a = 9$ cm,
     $c = 15$ cm

Berechne die fehlende Kathete b.

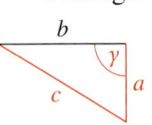

Lösung: $a^2 + b^2 = c^2 \qquad | - a^2$
$\qquad\qquad b^2 = c^2 - a^2$
$b^2 = (15 \text{ cm})^2 - (9 \text{ cm})^2$
$b^2 = 225 \text{ cm}^2 - 81 \text{ cm}^2$
$b^2 = 144 \text{ cm}^2 \qquad | \sqrt{}$
$b = \sqrt{144 \text{ cm}^2} = 12 \text{ cm}$

Basisaufgaben

1 Übertrage das „Pythagoraspuzzle" auf ein Blatt Papier. Schneide die farbigen Teile aus und lege sie zum Hypotenusenquadrat zusammen. Präsentiere dein Ergebnis in geeigneter Form der Klasse.

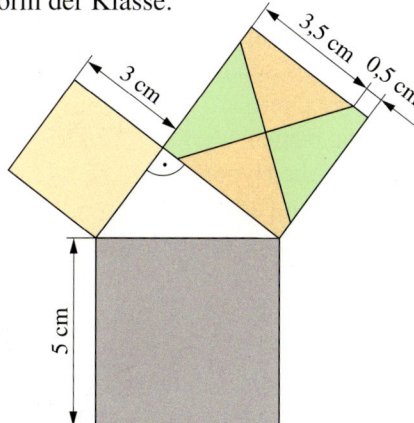

2 In welchen Dreiecken gilt der Satz des Pythagoras? Begründe.

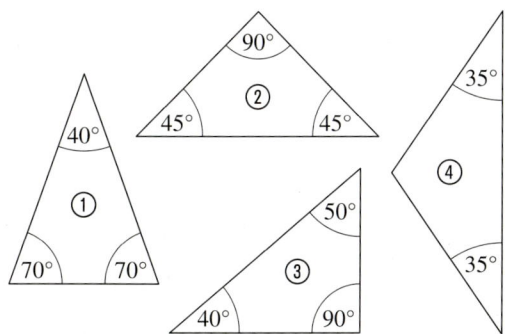

3 Ordne jedem rechtwinkligen Dreieck die passende Gleichung zu.

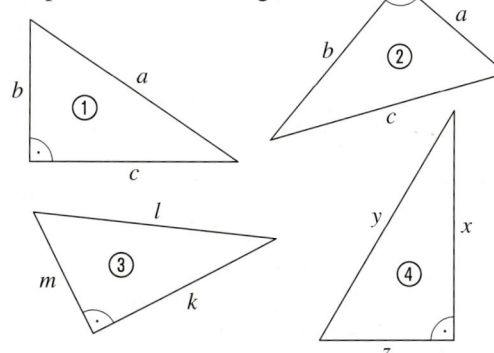

$a^2 + b^2 = c^2$ $\quad a^2 + c^2 = b^2$ $\quad b^2 + c^2 = a^2$

$m^2 + k^2 = l^2$ $\quad m^2 + l^2 = k^2$ $\quad l^2 + k^2 = m^2$

$x^2 + y^2 = z^2$ $\quad x^2 + z^2 = y^2$ $\quad z^2 + y^2 = x^2$

4 Übertrage die Tabelle in dein Heft und setze fort: Gib die Längen der Katheten und der Hypotenuse an und notiere die Gleichung.

	Kathete 1	Kathete 2	Hypo-tenuse	Satz des Pythagoras
a)	b	c	a	$b^2 + c^2 = \dots$

a)
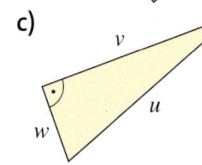
b)
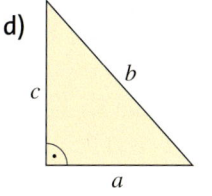

c)
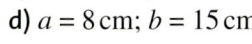
d)

5 Zeichne und beschrifte ein rechtwinkliges Dreieck so, dass gilt:

a) $a^2 + b^2 = c^2$ **b)** $x^2 = y^2 + z^2$

c) $e^2 + f^2 = g^2$ **d)** $a^2 = b^2 + c^2$

6 Berechne in dem rechtwinkligen Dreieck ABC mit $\gamma = 90°$ die Länge der Seite c.

a) $a = 3\,cm;\ b = 4\,cm$

b) $a = 12\,cm;\ b = 5\,cm$

c) $a = 24\,cm;\ b = 7\,cm$

d) $a = 8\,cm;\ b = 15\,cm$

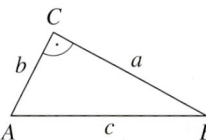

7 Berechne die Länge der Diagonalen e.

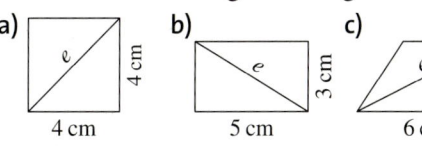

8 Suche rechtwinklige Dreiecke. Schreibe alle Gleichungen auf, die sich nach dem Satz des Pythagoras ergeben.

a)
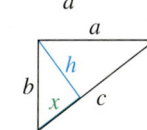
b)
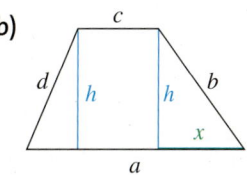

c)   **d)**
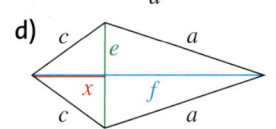

9 Kann das Dreieck rechtwinklig sein mit dem rechten Winkel $\gamma = 90°$? Begründe.
a) $a = 9\,cm$, $b = 40\,cm$, $c = 41\,cm$
b) $a = 6\,cm$, $b = 35\,cm$, $c = 37\,cm$
c) $a = 63\,cm$, $b = 13\,cm$, $c = 64\,cm$
d) $a = 3\,cm$, $b = 40\,mm$, $c = 0,5\,dm$

10 Zeichne das Dreieck. Ist die längste Seite die Hypotenuse eines rechtwinkligen Dreiecks? Überprüfe durch eine Rechnung.
a) $a = 5\,cm$; $b = 6,5\,cm$; $c = 9\,cm$
b) $a = 3,5\,cm$; $b = 6,5\,cm$; $c = 4,5\,cm$
c) $a = 4\,cm$; $b = 3,4\,cm$; $c = 2,4\,cm$

11 Gib die Katheten und die Hypotenuse an. Notiere die Gleichung nach dem Satz des Pythagoras. Berechne dann die fehlende Seitenlänge.
BEISPIEL zu a) $\quad b^2 + 12^2 = 18^2$
$$b^2 = 18^2 - 12^2$$
$$b = \sqrt{18^2 - 12^2} \text{ usw.}$$

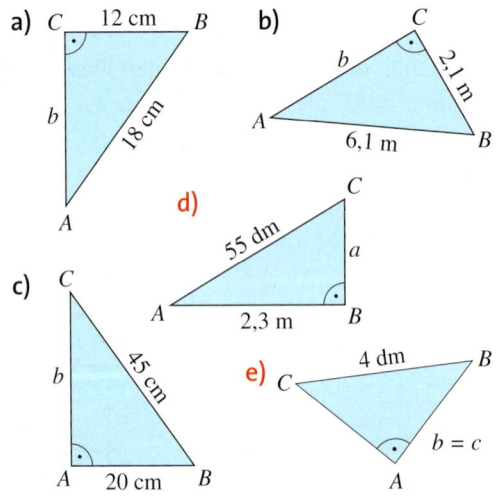

12 Der rechte Winkel des Dreiecks ABC liegt am gegebenen Eckpunkt. Berechne die fehlende Seitenlänge. Finde zuerst die Hypotenuse.

	90° bei	Seite a	Seite b	Seite c
a)	A		3 cm	4 cm
b)	B	8 cm		18 cm
c)	C		4,5 cm	8,5 cm
d)	A	10 cm	6 cm	
e)	B		15 cm	12,8 cm

BEACHTE
Die Lösungen zu Aufgabe 12 ergeben in der richtigen Reihenfolge den Namen eines Landes. Auf welchem Kontinent liegt dieses Land?
5 (J); 7,21 (P); 7,82 (N); 8 (A), 19,70 (A)

13 Eine Leiter steht mit dem unteren Ende 3 m von einer Wand entfernt. Sie reicht bis zu einer Höhe von 4,5 m. Wie lang ist die Leiter?
– Finde, skizziere und beschrifte das passende rechtwinklige Dreieck.
– Markiere die beiden Katheten und die Hypotenuse in verschiedenen Farben.
– Stelle die Gleichung auf und setze die bekannten Größen ein.
– Löse die Gleichung.

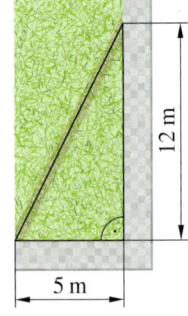

14 Wie weit steht eine 4 m lange Leiter von einer senkrechten Wand ab, wenn das obere Ende der Leiter 3,90 m hoch liegen soll?
Gehe vor wie in Aufgabe 13.

15 „Rasenlatscher" sind Fußgänger, die gerne Wege abkürzen.
a) Wie viel Meter „spart" der Rasenlatscher hier?
b) Ein Schritt von Herrn Kovac misst etwa 70 cm. Wie viele Schritte benötigt er für jeden der beiden Wege?
c) Bestimme die Anzahl der Schritte, die du für die beiden Wege benötigen würdest. Beschreibe dein Vorgehen.

16 Autos parken am Straßenrand hintereinander. Das mittlere Auto hat eine Länge von 4,20 m und eine Breite von 1,60 m. Zwischen dem vorderen und dem hinteren Auto wurden jeweils 25 cm Platz gelassen. Kann das mittlere Auto ausparken? Beginne mit einer Skizze der Situation.

Weiterführende Aufgaben

17 Es soll die Hypotenuse von drei rechtwinkligen Dreiecken verglichen werden.

	①	②	③
1. Kathete	1 cm	25 cm	50 cm
2. Kathete	99 cm	75 cm	50 cm

a) Schätze, bevor du rechnest, welches Dreieck die längste Hypotenuse hat. Beschreibe auch die Gemeinsamkeit der Dreiecke.
b) Berechne die Länge der Hypotenusen. Runde dabei auf Hundertstel.
c) Bestimme für drei rechtwinklige Dreiecke die Länge der Hypotenuse. Dabei sollen die Katheten zusammen 75 cm lang sein.

18 Betrachte ein rechtwinkliges Dreieck, das auch noch gleichschenklig ist. Das heißt die beiden Katheten sind gleichlang.
a) Zeichne ein solches Dreieck.
b) Bestimme für das gleichschenklige, rechtwinklige Dreieck die dritte Seite. Es gilt $a = b$.

	①	②	③	④
a	5 cm	3,2 m	1,8 cm	11,2 m

19 Finde jeweils drei Zahlen, die in cm die Seitenlängen eines rechtwinkligen Dreiecks sein können.

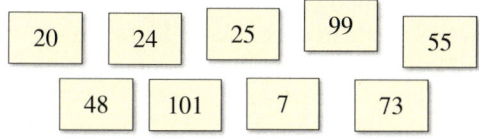

20 Ein rechtwinkliges Dreieck hat die Seitenlängen 20 cm, 21 cm und 29 cm. Es wird maßstäblich vergrößert, sodass die Katheten danach 1,5-mal so lang sind.
a) Wie lang ist dann die Hypotenuse?
b) Stelle die Gleichungen nach dem Satz des Pythagoras für beide Dreiecke auf.
c) Begründe, warum die Gleichungen $(1,5\,a)^2 + (1,5\,b)^2 = (1,5\,c)^2$ und $1,5^2\,(a^2 + b^2) = 1,5^2\,c^2$ äquivalent sind. Vergleiche mit b).

21 Die als Pylon bezeichneten rot-weißen Kegel haben in der Standardgröße eine 51 cm lange Seitenlinie s und am Fuß einen Durchmesser von 19 cm.
Berechne ihre Höhe.

 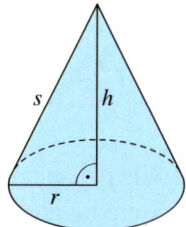

22 Die Fluggesellschaft Martin Air hat einen besonderen Kaffeelöffel herstellen lassen. Er ragt genau bis zum Tassenrand. Die Tasse hat einen Durchmesser von 7,3 cm und eine Höhe von 4,3 cm. Wie lang ist der Löffel?

Gehe bei der Lösung wie folgt vor:
– Skizziere die Tasse mit dem Löffel von der Seite.
– Markiere das rechtwinklige Dreieck, das bei der Berechnung helfen kann. *Tipp:* Der Löffel ist die Hypotenuse.
– Entnimm die weiteren Seitenlängen aus dem Text.
– Berechne die Größe des Löffels mit dem Satz des Pythagoras.

23 Ein rechteckiger Sportplatz ist 100 m lang und 50 m breit. Steffen läuft diagonal zur gegenüberliegenden Ecke. Robin läuft entlang der Außenlinie.
a) Wie viel Prozent des Weges spart Steffen durch sein Abkürzen?
b) Angenommen, beide laufen gleich schnell. Wie viel Meter muss Robin noch bis zum Ziel laufen, wenn Steffen ankommt?
c) Wievielmal schneller als Steffen müsste Robin laufen, um gleichzeitig anzukommen?

BEACHTE
Gehe bei Textaufgaben folgendermaßen vor:
▷ Finde, skizziere und beschrifte das passende rechtwinklige Dreieck.
▷ Markiere die beiden Katheten und die Hypotenuse in verschiedenen Farben.
▷ Stelle die Gleichung auf und setze die bekannten Größen ein.
▷ Löse die Gleichung.

24 Bei einem Herbststurm wurde ein Baum abgeknickt.
Die Höhe des noch stehenden Stamms beträgt 4,8 m.
Die Baumkrone liegt in 5,5 m Entfernung zum Fuß des Baumes. Wie hoch war der Baum?

25 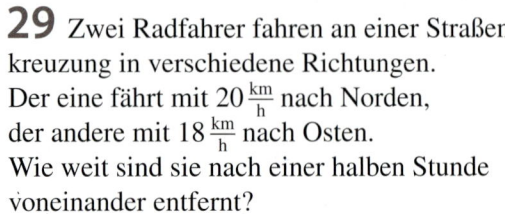 Nils möchte mit seinem Mountainbike den Berg hinunterfahren. Zur Bergstation gelangt er mit der Gondel.

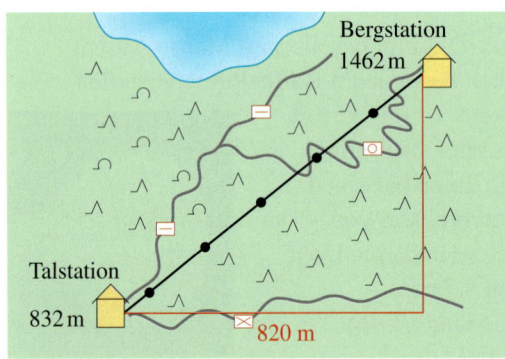

a) Welche Strecke legt die Gondel in Wirklichkeit zurück?
b) Welche Steigung hat die Gondel durchschnittlich?
c) Welche Strecke legt Nils ungefähr mit dem Mountainbike zurück? Schätze ab.

26 Ein HDTV-Bildschirm hat das Seitenverhältnis 16 : 9, die Bilddiagonale misst 110 cm. Welche Abmessungen hat dieser Schirm?

27 Aus einem Baumstamm mit kreisrundem Querschnitt soll ein Balken mit einem Querschnitt von 14 cm × 22,5 cm gesägt werden. Welchen Durchmesser muss der Baumstamm dafür mindestens haben?
Fertige eine Skizze an.

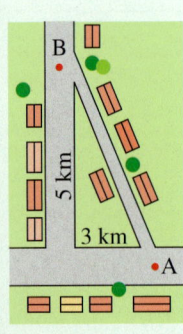

28 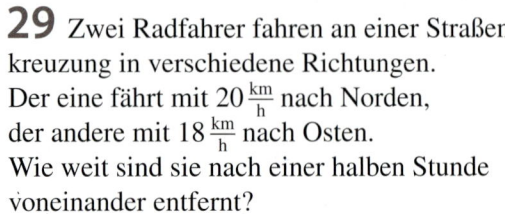 Ein Autofahrer möchte von A nach B fahren. Spart er über die Abkürzung Zeit, wenn er dort durchschnittlich 30 $\frac{km}{h}$, auf den Hauptstraßen aber 50 $\frac{km}{h}$ fahren darf?

29 Zwei Radfahrer fahren an einer Straßenkreuzung in verschiedene Richtungen.
Der eine fährt mit 20 $\frac{km}{h}$ nach Norden, der andere mit 18 $\frac{km}{h}$ nach Osten.
Wie weit sind sie nach einer halben Stunde voneinander entfernt?

30 Passt der 23 cm lange Stift in die Verpackung mit den Kantenlängen $a = 18$ cm, $b = 14$ cm und $c = 6$ cm?
Tipp: Gesucht ist d. Zur Berechnung von d fehlt die Länge von e.

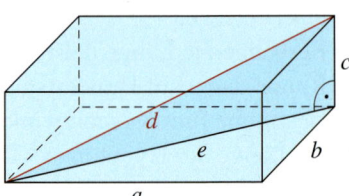

31 Passt ein 1,20 m langer Stab in einen Quader mit den Maßen 1 m; 80 cm; 60 cm? Fertige zunächst eine Skizze an.

32 Anna schaut vom Strand aufs Meer.
Wie weit könnte sie bis zum Horizont sehen? Ihre Augenhöhe beträgt 1,60 m.
Die Erde hat einen mittleren Erdradius von 6371 km.

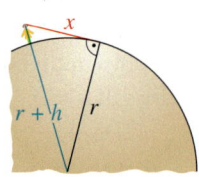

x Sichtweite
r Erdradius
h Augenhöhe

33 Reiseflugzeuge haben eine durchschnittliche Flughöhe von 10 km.
Wie weit könnte man bei klarer Sicht aus dieser Höhe bis zum Horizont schauen?

34 Ein Schilfrohr ragt 5 m vom Ufer eines Sees entfernt 1 m über die Wasseroberfläche. Zieht man die Spitze ans Ufer, berührt sie gerade den Wasserspiegel. Wie tief ist der Teich? Fertige eine Skizze an.

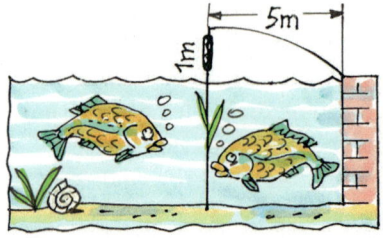

■ Höhen- und Kathetensatz

Erforschen und Entdecken

1 Von einem rechtwinkligen Dreieck ABC sind nur die Länge der Hypotenuse $c = 10\,\text{cm}$ und die Länge des Hypotenusenabschnitts $q = 6{,}4\,\text{cm}$ bekannt. Wie lang sind a und b?

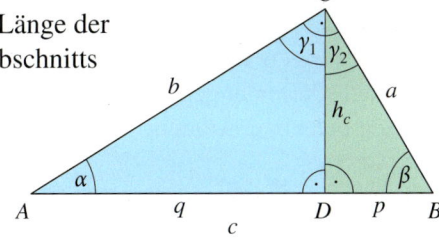

a) Begründe mit Hilfe der Winkelgrößen, dass die zwei Dreiecke ABC und ADC zueinander ähnlich sind. Begründe dann, dass auch die Dreiecke ABC und DBC zueinander ähnlich sind.

b) Welche Seiten entsprechen in den Dreiecken ABC, ADC und DBC einander? Übertrage die beiden Tabellen in dein Heft und fülle sie aus.

	Δ ABC	Δ ADC
Hypotenuse		
längere Kathete		
kürzere Kathete		

	Δ ABC	Δ DBC
Hypotenuse		
längere Kathete		
kürzere Kathete		

c) Die Seite b kommt im Dreieck ABC und im Dreieck ADC vor. Stelle eine Gleichung für die entsprechenden Seitenverhältnisse auf, in der b zweimal vorkommt, und stelle nach b um. Du erhältst eine Gleichung für b^2. Berechne die Länge von b.

d) Gehe genauso für die Seite a vor, die im Dreieck ABD und im Dreieck DBC vorkommt. Berechne die Länge von p und nutze deine Gleichung, um die Länge von a zu berechnen.

e) Überprüfe deine Lösungen mit dem Satz des Pythagoras.

f) Nutze die Seitenverhältnisse aus den Dreiecken ADC und DBC, um die Höhe h_c zu berechnen.

2 Die Figur rechts zeigt Teile der Pythagorasfigur.

a) Zeichne die Figur auf ein Blatt Papier. Schneide die drei blauen Teile aus und versuche, damit das untere braune Rechteck auszufüllen.

b) Notiere die Erkenntnisse über die Zusammenhänge zwischen den verschiedenen Längen im rechtwinkligen Dreieck. Vergleicht eure Ergebnisse untereinander.

c) Was gilt für den anderen Teil der Pythagorasfigur?

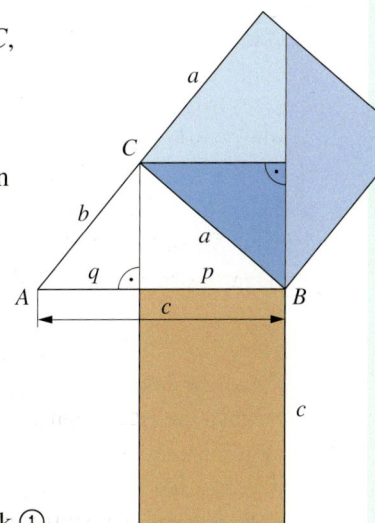

3 Betrachte die drei Figuren unten.

a) Beschreibe, wie sie zusammengesetzt sind.

b) Skizziere die Figuren und beschrifte alle Seiten wie bei Dreieck ①.

c) Begründe, dass Dreieck ② und ③ den gleichen Flächeninhalt haben.

d) Was gilt für den Flächeninhalt vom weißen Quadrat und vom weißen Rechteck? Stelle eine Formel auf. Dies ist der Höhensatz.

e) Formuliere den Höhensatz für rechtwinklige Dreiecke in eigenen Worten.

①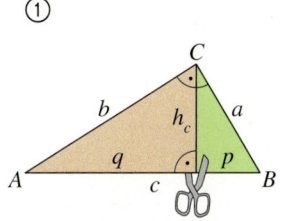

②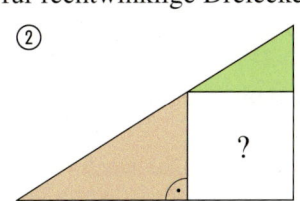

③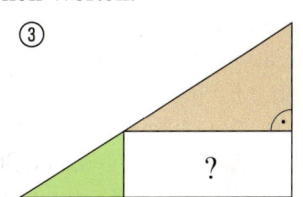

Lesen und Verstehen

In der Schulgarten-AG wird ein Gewächshaus mit einem Pultdach gebaut. Eine Skizze wurde angefertigt. Die Breite des Gewächshauses beträgt 6,4 m, die Strecke $\overline{HB}$ 4,65 m. Die Dachsparrenlängen und die Dachhöhe müssen berechnet werden.

In jedem rechtwinkligen Dreieck ($\gamma = 90°$) teilt die Höhe h_c die Hypotenuse c in zwei Hypotenusenabschnitte q und p.

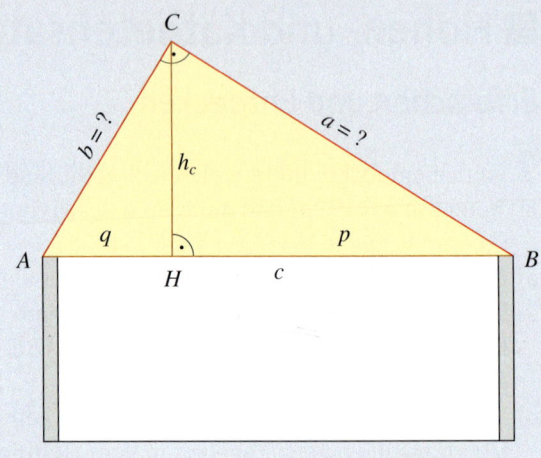

Kathetensatz des Euklid

Im rechtwinkligen Dreieck hat das Quadrat über einer Kathete denselben Flächeninhalt wie das Rechteck, dessen Seiten aus der Hypotenuse und dem anliegenden Hypotenusenabschnitt gebildet werden.
Es gilt: $a^2 = c \cdot p$ und $b^2 = c \cdot q$

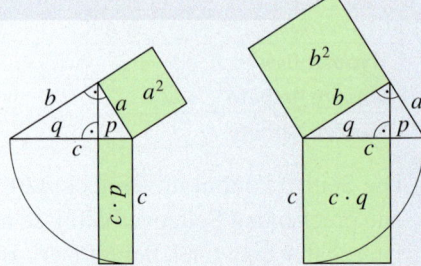

BEISPIEL 1

Berechnung der Dachsparrenlänge a:
gegeben: $p = 4{,}65$ m, $c = 6{,}4$ m
gesucht: a
Lösung:
$a^2 = c \cdot p$ $a^2 = 6{,}4$ m $\cdot 4{,}65$ m
 $a^2 = 29{,}76$ m^2
 $a \approx 5{,}46$ m
Der Dachsparren a muss 5,46 m lang sein.

Berechnung der Dachsparrenlänge b:
gegeben: $c = 6{,}4$ m
gesucht: q und b
Lösung: $q = c - p = 6{,}4$ m $- 4{,}65$ m $= 1{,}75$ m
$b^2 = c \cdot q$ $b^2 = 6{,}4$ m $\cdot 1{,}75$ m
 $b^2 = 11{,}2$ m^2
 $b \approx 3{,}35$ m
Der Dachsparren b muss 3,35 m lang sein.

Höhensatz des Euklid

Im rechtwinkligen Dreieck ist das Quadrat über der Hypotenusenhöhe flächengleich zum Rechteck, dessen Seiten aus den Hypotenusenabschnitten gebildet werden.
Es gilt: $h_c^2 = p \cdot q$

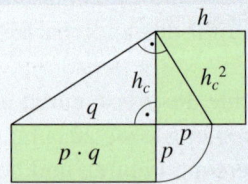

BEISPIEL 2

Berechnung der Höhe h_c des Daches:
gegeben: $p = 4{,}65$ m, $q = 1{,}75$ m
gesucht: h_c
Lösung: $h_c^2 = p \cdot q$ $h_c^2 = 4{,}65$ m $\cdot 1{,}75$ m
 $h_c^2 \approx 8{,}14$ m^2 $| \sqrt{}$

 $h_c \approx 2{,}85$ m   Das Dach ist 2,85 m hoch.

Basisaufgaben

1 Berechne die Höhe des Dreiecks ABC.
a) $p = 2,5\,cm$; $q = 3,6\,cm$; $\gamma = 90°$
b) $p = 6,6\,cm$; $q = 2,3\,cm$; $\gamma = 90°$
c) $p = 0,8\,cm$; $q = 0,47\,dm$; $\gamma = 90°$

2 Notiere alle möglichen Beziehungen zwischen den beschrifteten Strecken.

a)
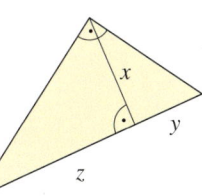

b)
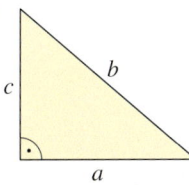

c)
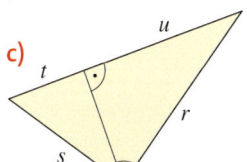

d)
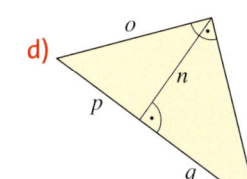

3 Berechne im Dreieck ABC ($\gamma = 90°$) die fehlenden Größen mit dem Höhensatz oder Kathetensatz.

	a)	b)	c)	d)	e)
a		4,12 m			
b			16 cm		
c		6,30 m		75 cm	
p	7,3 m				17 m
q	5,9 m		8 cm	34 cm	
h_c					13 m

4 Berechne die fehlenden Längen von a, b, c, h_c, p und q des Dreiecks ABC ($\gamma = 90°$).
a) $a = 5\,cm$; $p = 2,5\,cm$
b) $b = 4\,cm$; $q = 3,5\,cm$
c) $c = 17,2\,cm$; $q = 6,5\,cm$
d) $c = 9\,cm$; $p = 4,5\,cm$
e) $a = 5\,cm$; $h_c = 3,7\,cm$

ZUM WEITERARBEITEN Wie kannst du aus den beiden Kathetensätzen die Gleichung herleiten, die sich nach dem Satz des Pythagoras ergibt?

Weiterführende Aufgaben

5 ➡ In einem rechtwinkligen Dreieck ist die Höhe 6 cm lang. Wie lang könnten die Hypotenusenabschnitte sein? Wie lang sind sie, wenn ihr Verhältnis 1 : 4 beträgt?

6 ➡ In einem rechtwinkligen Dreieck ist die Hypotenusenhöhe $h_c = 3,5\,cm$. Wie lang muss die Hypotenuse mindestens sein?

7 Kilian schätzt, dass der Brückenbogen direkt über dem Gemüsewagen etwa 6 m hoch ist. Links zwischen Bogen und Wagen sind 2,5 m Platz und links 5 m. Der Wagen ist 1 m breit. Wie gut ist seine Schätzung? Berechne.

8 Landvermesser haben zwei Längen gemessen. Wie lang ist der Wald von Ost nach West?

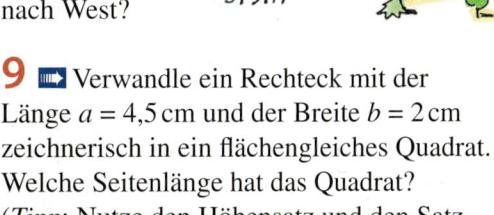

9 ➡ Verwandle ein Rechteck mit der Länge $a = 4,5\,cm$ und der Breite $b = 2\,cm$ zeichnerisch in ein flächengleiches Quadrat. Welche Seitenlänge hat das Quadrat? (*Tipp*: Nutze den Höhensatz und den Satz des Thales.)

10 ➡ Aus einem quadratischen Papier (Seitenlänge 9 cm) wurde mit drei Knicken (und einmal wieder öffnen) ein Drachen gefaltet. Arbeitet zu zweit:
a) Berechnet den Flächeninhalt des Drachens. *Tipp*: Faltet den Drachen. Nutzt bekannte Winkelgrößen und Seitenlängen.
b) Stellt eure Vorgehensweise mit euren Berechnungen in der Klasse vor.

Mathematik auf dem Schulhof – rechte Winkel konstruieren

Rechte Winkel konstruieren zu können war früher schon für die Babylonier und die alten Ägypter vor 4000 Jahren wichtig, da sie nach der jährlichen Nilüberschwemmung ihre Felder neu ausmessen mussten.

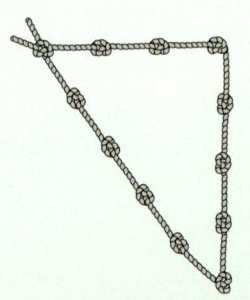

Sie benutzten **Knotenschnüre**, um rechte Winkel zu konstruieren. Darauf sind viele Knoten im gleichen Abstand angebracht. Man legt ein Dreieck, dessen Seiten 3, 4 und 5 Knotenabstände lang sind. Dieses Dreieck ist rechtwinklig.

1 Arbeitet in Gruppen. Stellt eine Knotenschnur mit 12 Längeneinheiten her (z. B. 1 LE = 6 cm). Spannt damit auf dem Schulhof verschiedene Dreiecke auf. Notiert jeweils die Seitenlängen und die Art des entstandenen Dreiecks.

Bei einer anderen Möglichkeit, rechte Winkel zu konstruieren, nutzt man einen Halbkreis. Sie geht zurück auf den Satz des Thales:

Thales von Milet
(624 bis 547 v. Chr.)

> **Satz des Thales:**
> Konstruiert man ein Dreieck aus den beiden Endpunkten des Durchmessers eines Halbkreises (dem Thaleskreis) und einem weiteren Punkt dieses Halbkreises, so erhält man immer ein rechtwinkliges Dreieck.

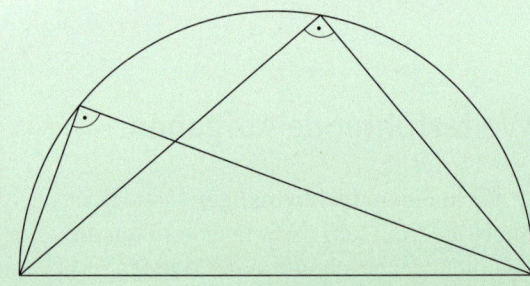

2 Zeichnet auf dem Schulhof einen Halbkreis mit Hilfe einer Schnur und Kreide. Tragt dort zwei bis drei Dreiecke ein und messt die Seitenlängen. Überprüft später mit dem Satz des Pythagoras, ob es sich um rechtwinklige Dreiecke handelt.

3 Warum sind die Zuschauerplätze bei Bühnen und Stadien in Kreisbögen angeordnet? Erkläre anhand einer Skizze. Skizziere dazu eine Bühne und eine Reihe Zuschauerplätze im Kreisbogen aus der Vogelperspektive. Trage für verschiedene Plätze den Blickwinkel auf die Bühne ein.

Seitenhöhen von Pyramiden

Die Glaspyramide im Hof des Louvre in Paris dient als Eingang zum Museum, das so berühmte Werke wie die Mona Lisa und die Venus von Milo beherbergt.
Die Pyramide ist 22 m hoch, die Seitenlänge der quadratischen Grundfläche beträgt 35 m.
Wie viel Glas das wohl ist?

Vorbereitende Fragen

1 Im Text steht: „Die Pyramide ist 22 m hoch."
Beschreibe, wie du den Satz verstehst, also was die Höhe einer Pyramide ist.

2 Aus dem Text erfährt man: „Die Pyramide hat eine quadratische Grundfläche."
Welche Beschreibung ist richtig? Begründe. Die Pyramide hat einen Mantel, der aus …
① drei verglasten Vierecken besteht.   ② drei verglasten Dreiecken besteht.
③ vier verglasten Vierecken besteht.   ④ vier verglasten Dreiecken besteht.

Bestimmung der Glasfläche

Die Grundfläche hat eine Seitenlänge von 35 m.
Eine Seitenfläche ist daher ein Dreieck in der die untere Seite 35 m lang ist.
Um den Flächeninhalt des Dreiecks zu bestimmen, muss man die Höhe h_a berechnen.

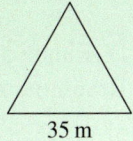
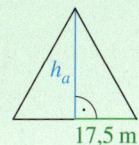

3 Mit welcher Formel kann man den Inhalt einer Seitenfläche bestimmen, wenn man h_a gegeben hat?

> In einer Pyramide ist die **Höhe h** die Strecke von der Spitze bis zum Mittelpunkt der **Grundfläche**. Beim Louvre ist $h = 22$ m.
>
> Die **Seitenhöhe h_a** ist die Strecke von der Spitze zum Mittelpunkt der **Grundseite**. Man muss sie kennen, um den Flächeninhalt der Seitenflächen zu bestimmen.

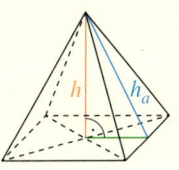

4 Arbeitet zu zweit. Betrachtet dazu das Dreieck.
a) Beschreibt in drei Sätzen. „Die Kathete/zweite Kathete/Hypotenuse des Dreiecks ist … der Pyramide."
b) Erklärt, wie die 17,5 m als Seitenlänge entstehen.
c) Berechnet die Seitenhöhe h_a für den Louvre.

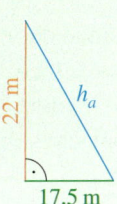

5 Verwendet eure Formel aus Aufgabe 3.
a) Bestimmt den Flächeninhalt einer Seitenfläche.
b) Aus wie viel Glas besteht die gesamte Pyramide?

6 Erklärt, warum man den Satz des Pythagoras braucht, um die Seitenfläche einer Pyramide zu bestimmen.

Vermischte Übungen

1 Berechne im Kopf.
a) 7^2; 12^2; 16^2; 14^2 **b)** $0,3^2$; $1,2^2$; $0,05^2$
c) 10^2; 10^3; 100^2; 100^3 **d)** 6^3; 9^3; 8^3

2 Berechne ohne Taschenrechner.
a) $\sqrt{64}$; $\sqrt{-144}$; $\sqrt{225}$; $\sqrt{625}$; $\sqrt{-64}$
b) $\sqrt{1,44}$; $\sqrt{2,25}$; $\sqrt{289}$; $\sqrt{1}$; $-\sqrt{1,69}$

3 Setze eines der Zeichen <, > oder = so, dass die Aussage stimmt.
a) $14^2 - 13^2$ ▧ 1^2 **b)** $0,03$ ▧ $0,3^2$
c) $\sqrt{9}$ ▧ 9 **d)** $\frac{12}{3}$ ▧ $0,9$
e) $\sqrt{0,04}$ ▧ $0,04$ **f)** $\sqrt{100}$ ▧ 10

4 Verwende den Taschenrechner.
Runde das Ergebnis auf Hundertstel.
a) $\sqrt{3}$ **b)** $\sqrt{66}$ **c)** $\sqrt{12,1}$ **d)** $\sqrt{5,07}$
e) $\sqrt[3]{11}$ **f)** $\sqrt[3]{187}$ **g)** $\sqrt[3]{3,47}$ **h)** $\sqrt[3]{99,3}$

5 Runde das Ergebnis auf Hundertstel.
Bestimme zuerst den Wert in der Klammer.
a) $\sqrt{(13,2 + 9,4)}$ **b)** $\sqrt[3]{(7,6 - 3,9)}$
c) $\sqrt{(4^2 + 15^2)}$ **d)** $\sqrt{(44^2 - 29^2)}$
e) $\sqrt[3]{(8^3 + 11^3)}$ **f)** $\sqrt[3]{(4,3^3 - 0,8^3)}$

6 Ein Rechteck hat die Seitenlängen $a = 4\,\text{cm}$ und $b = 3,5\,\text{cm}$.
a) Welche Seitenlänge hat ein flächengleiches Quadrat?
b) Wie verändert sich die Seitenlänge des Quadrats, wenn die Längen der Seiten a und b jeweils verdreifacht werden?

7 Berechne die Länge der mit x oder y bezeichneten Strecke.
a)   **b)**

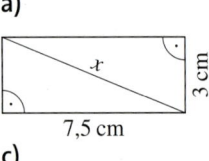

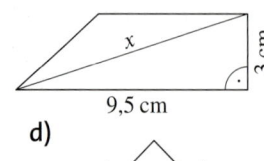

c)   **d)**

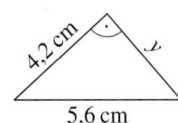

8 Ein Rechteck hat die Seitenlängen $a = 7\,\text{cm}$ und $b = 4\,\text{cm}$.
Wie lang ist die Diagonale?

9 Berechne im Kegel die Länge von s bzw. von h.
a) 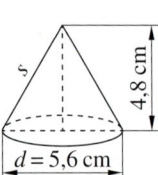   **b)**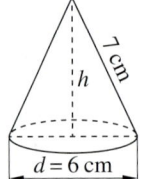

10 Ist das Dreieck rechtwinklig? Berechne.
a) $a = 4\,\text{cm}$; $b = 7,5\,\text{cm}$; $c = 8,5\,\text{cm}$
b) $a = 3,6\,\text{cm}$; $b = 4,8\,\text{cm}$; $c = 6\,\text{cm}$
c) $a = 9,4\,\text{cm}$; $b = 4,6\,\text{cm}$; $c = 8,1\,\text{cm}$

11 Bestimme für diesen „Pythagorasbaum" die Maßzahlen für die Flächeninhalte der grünen Quadrate und die Maßzahlen der Längen der roten Strecken.

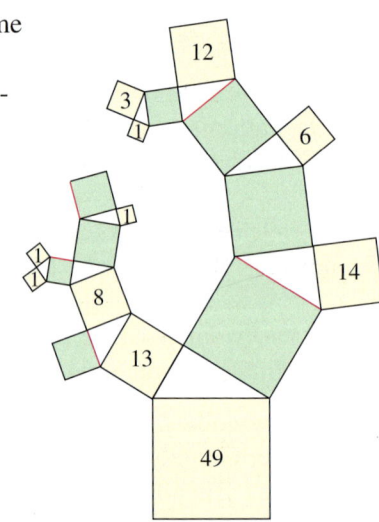

12 Eine 4,5 Meter hohe Eiche steht von einer Hauswand 1,8 Meter entfernt. Bei Sturm kippt die Eiche gegen die Wand. In welcher Höhe berührt sie die Hauswand?

13 In einem Hotel brennt es im Dachgeschoss, das sich 14 m über dem Boden befindet.
Die Feuerwehrleiter wird in 4 m Entfernung aufgestellt und ausgefahren.
Wie lang muss die Leiter ausgefahren werden?

14 Bestimme mit Hilfe der Zeichnung die Tiefe des Grabens.

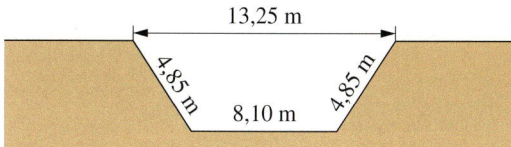

15 Bei einem Segelboot bricht der Mast so, dass die Mastspitze in 2,20 m Entfernung vom Mastfuß auf dem Deck auftrifft. In welcher Höhe ist die Bruchstelle?

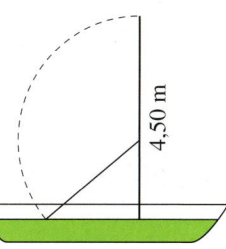

16 Berechne die Seitenlängen und den Flächeninhalt.
a) Ein Quadrat hat eine Diagonale mit der Länge $\sqrt{98}$.
b) Ein Rechteck hat eine Diagonale mit der Länge $\sqrt{208}$.

17 Die Tür eines Zimmers ist 78 cm breit und 2 m hoch. Die Deckenhöhe beträgt 2,5 m. Welche Maße kann ein Schrank für dieses Zimmer maximal haben?
Die zerlegten Schrankteile sollen durch die Tür passen und man muss den Schrank nach dem Zusammenbauen aufstellen können.

18 ⬛➡ Das rechtwinklige Dreieck ABC hat die Seitenlängen $a = 5{,}6$ cm, $b = 3{,}3$ cm und $c = 6{,}5$ cm. An allen drei Seiten wurden Rechtecke angetragen, deren eine Seite halb so lang ist wie die andere.

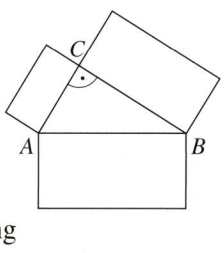

a) Berechne die Flächeninhalte der Rechtecke und vergleiche sie miteinander. Was fällt auf? Stelle eine Vermutung auf.
b) Kontrolliere deine Vermutung an einem anderen rechtwinkligen Dreieck.
c) Zeichne gleichseitige Dreiecke an ein rechtwinkliges Dreieck. Berechne und vergleiche ihre Flächeninhalte.

19 Die Füße einer Klappleiter stehen 1,20 m auseinander. Wie lang ist eine Leiterseite, wenn die Leiter 3 m hoch reicht?

20 Das Dreieck ABC ist gleichseitig. Ergänze die Tabelle im Heft.

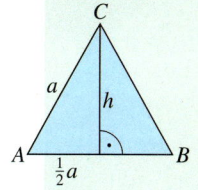

	a	h	A
a)	10 cm		
b)		6 cm	
c)			32 cm²
d)			43 cm²

21 Wie weit kann man von einem 40 m hohen Leuchtturm sehen? Stelle dir die Erde als Kugel vor. Verwende den Radius 6371 km.

22 Berechne mit Hilfe des Höhensatzes die rot markierten Längen (Maße in cm).

a)

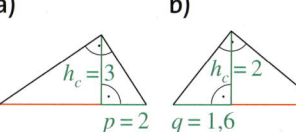

b)

c)

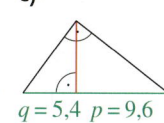

d)

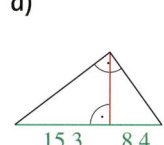

e)

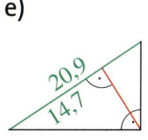

f)

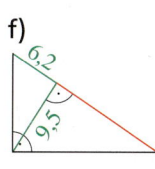

23 In einem rechtwinkligen Dreieck ist die Hypotenuse 6 cm lang. Berechne drei mögliche Längen für die Hypotenusenhöhe, wenn die Längen der Hypotenusenabschnitte ganzzahlig sind.
Fertige zunächst eine Zeichnung an.

24 Im Fach Technik wird eine Hundehütte mit einem Pultdach gebaut. Für den Kauf der Dachsparren muss ihre Länge berechnet werden.

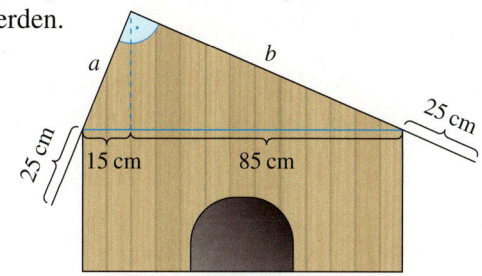

Auf dem Baseballfeld

Das Spielfeld beim Baseball ist wie ein Tortenviertel geformt. Es wird begrenzt von den beiden Foul-Lines, die sich im Winkel von 90 Grad von der *Home Plate* aus in Richtung *Fair Territory* erstrecken. Die meisten Aktionen finden im *Infield* statt (in der Zeichnung unten olivfarben), einer Fläche in der Spitze des Viertelkreises mit 8100 ft². Die Amerikaner nennen das Spielfeld wegen der Form des *Infields* auch *Diamond*.
Die vier Ecken des *Infields* sind durch die drei *Bases* und die *Home Plate* markiert. Von der *Home Plate* aus wird immer nach rechts gelaufen. Dort befindet sich die erste *Base*.

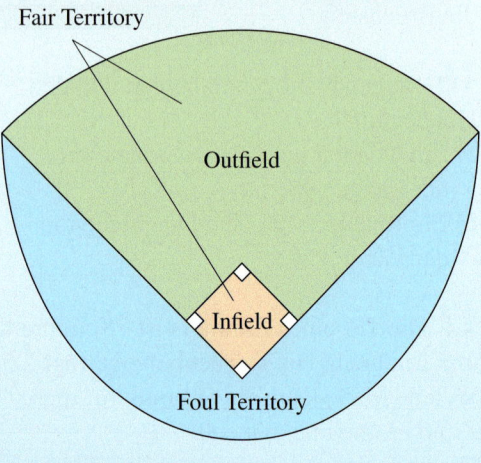

a) Welche geometrische Form hat das *Infield*?

b) Gib die Seitenlänge der *Infield*-Fläche in feet an. Rechne um in Meter.

c) Bei einem *Home Run* schlägt ein *Batter* den Ball weit und schafft es, über alle *Bases* bis zur *Home Plate* zu laufen. Wie weit muss der *Batter* bei einem *Home Run* laufen?

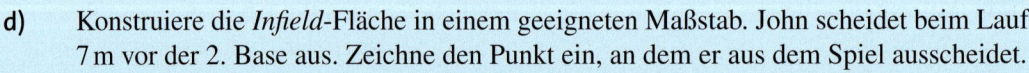

d) Konstruiere die *Infield*-Fläche in einem geeigneten Maßstab. John scheidet beim Lauf 7 m vor der 2. Base aus. Zeichne den Punkt ein, an dem er aus dem Spiel ausscheidet.

e) Der Feldspieler an der 3. Base wirft den Ball zum Feldspieler an der 1. Base. Berechne, wie weit der Ball fliegt.

f) Ermittle den Abstand zwischen *Pitcher* und *Home Plate*.

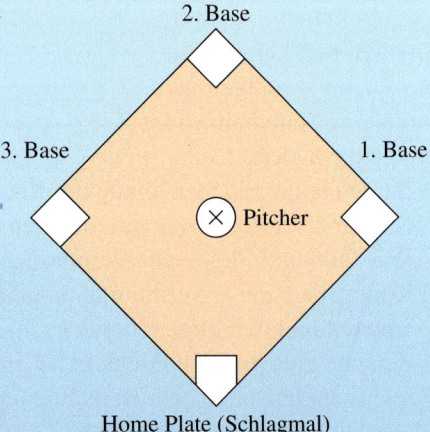

g) Den schnellsten offiziell gemessenen Baseball-Pitch warf Aroldis Chapman in einem Profispiel am 24. September 2010. Er flog die knapp 18,4 m zur *Home Plate* mit einer Geschwindigkeit von 169,1 $\frac{km}{h}$. Wie viel Zeit blieb dem *Batter* für seinen Schlag?

Alles klar?

Entscheide, ob die Aussagen richtig oder falsch sind.
Begründe deine Entscheidung im Heft und korrigiere gegebenenfalls.

1 Einfache Potenzen und Wurzeln

a) Die Quadratzahl einer Zahl erhält man, wenn man die Zahl mit 2 multipliziert.

b) $0,3^2 = 0,09$ und $0,4^2 = 0,8$

c) $5 - 2 \cdot 4^3 = -123$

d) 14 ist die Kubikwurzel aus 196.

e) -7 ist die Wurzel aus 49.

f) Jede Wurzel ist eine natürliche Zahl.

g) $\sqrt{16} + \sqrt{9} = 5$ und $\sqrt{16} \cdot \sqrt{9} = 12$

h) $\sqrt[3]{6 + 2} = 2$ und $\sqrt[3]{3 \cdot 72} = 6$

i) Die Wurzel aus 15 ist auf Zehntel gerundet gleich 3,8.

BEACHTE
Die Lösungen zu den Aufgaben auf dieser Seite sowie dazu passende Trainingsaufgaben findest du ab Seite 194.

2 Satz des Pythagoras

a) Der Satz des Pythagoras gilt für alle Dreiecke.

b) In einem rechtwinkligen Dreieck sind die Katheten zusammen so groß wie die Hypotenuse.

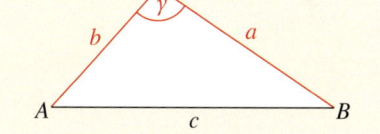

c) Ein rechtwinkliges Dreieck ABC mit dem Winkel $\gamma = 90°$ hat die beiden Katheten $a = 8\,\text{cm}$ und $b = 15\,\text{cm}$. Dann ist die Hypotenuse $c = 17\,\text{cm}$ lang.

d) Im rechtwinkligen Dreieck ist eine Kathete 6 cm und die Hypotenuse 12,5 cm lang. Die zweite Kathete muss also 9,5 cm lang sein.

e) In einem Rechteck mit den Seitenlängen $a = 7\,\text{cm}$ und $b = 4\,\text{cm}$ misst die Diagonale d etwa 8,1 cm.

f) Die Länge der Strecke x im Quadrat rechts beträgt 8 cm.

g) Ein Dreieck mit den Seitenlängen 12 cm, 5 cm und 13 cm ist rechtwinklig.

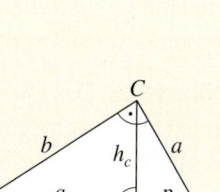

4 cm

3 Höhen- und Kathetensatz

a) Der Kathetensatz hilft einem dabei, den Umfang des Quadrates über der Kathete zu bestimmen.

b) Der Höhensatz gilt nur für rechtwinklige Dreiecke.

c) Von den angegebenen Werten für ein rechtwinkliges ABC mit $\gamma = 90°$ ist einer falsch: $a = 23,29\,\text{cm}$; $b = 21,9\,\text{cm}$; $c = 31,97\,\text{cm}$; $p = 16,97\,\text{cm}$; $q = 15\,\text{cm}$; $h_c = 15,95\,\text{cm}$.

Zusammenfassung

→ Seite 90

Enfache Potenzen und Wurzeln

Multipliziert man eine Zahl a mit sich selbst, erhält man das Produkt $a \cdot a = a^2$ (a^2 ist die **Quadratzahl** von a).

$8 \cdot 8 = 8^2 = 64$

$(-12) \cdot (-12) = (-12)^2 = 144$

Zerlegt man eine positive Zahl a in zwei gleiche positive Faktoren x, so erhält man die **Quadratwurzel** von a.

$\sqrt{a} = x$ ← Wert der Quadratwurzel
↑ Radikand (darf nicht negativ sein)

$\sqrt{156{,}25} = 12{,}5$;
denn $12{,}5 \cdot 12{,}5 = 156{,}25$

$\sqrt{-9}$ ist nicht lösbar.

Multipliziert man eine Zahl a zweimal mit sich selbst, erhält man das Produkt $a \cdot a \cdot a = a^3$ (a^3 ist die **Kubikzahl** von a).

$6 \cdot 6 \cdot 6 = 6^3 = 216$

$(-4) \cdot (-4) \cdot (-4) = (-4)^3 = -64$

Zerlegt man eine positive Zahl a in drei gleiche positive Faktoren x, so erhält man die **Kubikwurzel** von a.

Kubikwurzel
↓
$\sqrt[3]{a} = x$ ← Wert der Kubikwurzel
↑ Radikand (darf nicht negativ sein)

$\sqrt[3]{729} = 9$;
denn $9 \cdot 9 \cdot 9 = 729$

$\sqrt[3]{-27}$ ist nicht lösbar.

→ Seiten 94, 100

Sätze am rechtwinkligen Dreieck

In einem rechtwinkligen Dreieck liegt die **Hypotenuse** dem rechten Winkel gegenüber. Sie ist die längste Seite. Die **Katheten** schließen den rechten Winkel ein.

Satz des Pythagoras:
Die Summe der Flächeninhalte der Kathetenquadrate ist gleich dem Flächeninhalt des Hypotenusenquadrats. Es gilt: $a^2 + b^2 = c^2$ (wenn $\gamma = 90°$)

Umgekehrt: Gilt $a^2 + b^2 = c^2$, dann ist $\gamma = 90°$.

Die Höhe h_c teilt die Hypotenuse in die beiden Hypotenusenabschnitte q und p.

Höhensatz: Das Quadrat über der Höhe ist flächengleich zum Rechteck aus den Hypotenusenabschnitten. Es gilt: $h_c^2 = p \cdot q$ (wenn $\gamma = 90°$)

Kathetensatz: Das Quadrat über einer Kathete ist flächengleich zum Rechteck aus der Hypotenuse und dem anliegenden Hypotenusenabschnitt. Es gilt: $a^2 = c \cdot p$ und $b^2 = c \cdot q$ (wenn $\gamma = 90°$)

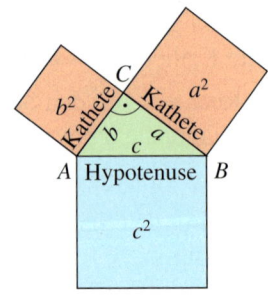

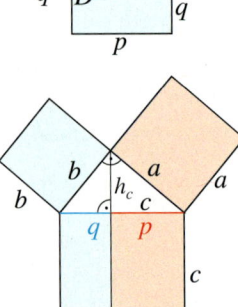

Angewandte Zinsrechnung

Zum Bau eines neuen Hauses benötigt man meistens einen Kredit von einer Bank. Dazu vereinbart man mit der Bank eine bestimmte Leihgebühr – die Zinsen – für das Geld, dass die Bank einem zur Verfügung stellt. Das geliehene Geld und die Zinsen zahlt man dann über viele Jahre an die Bank zurück.

In diesem Kapitel lernst du, wie du auf unterschiedliche Weise Zinsen, Kapital und den Zinssatz berechnen kannst und welche Rolle die Zeit dabei spielt. Dabei kann der Umgang mit einer Tabellenkalkulation nützlich sein.

Noch fit?

1 Zeichne für jede Teilaufgabe ein Quadrat mit der Seitenlänge $a = 5\,\text{cm}$ auf Karopapier. Färbe jeden Flächenanteil mit einer anderen Farbe.

a) $\frac{1}{100}, \frac{1}{10}, \frac{1}{5}, \frac{1}{4}$ b) ein Zwanzigstel, die Hälfte   c) 75 %, 100 %

2 Ergänze die Tabelle.

	a)	b)	c)	d)	e)	f)
Dezimalbruch	0,25		0,60			0,05
Bruch	$\frac{25}{100} = \frac{1}{4}$	$\frac{1}{10}$				
Anteil	25 von 100			12,5 von 100		
Prozent	25 %				100 %	

3 Schreibe als Bruch mit dem Nenner 100.

a) $\frac{4}{50}$ b) $\frac{7}{10}$ c) $\frac{18}{36}$ d) $\frac{20}{80}$ e) $\frac{55}{250}$ f) $\frac{6}{15}$

4 Berechne im Kopf.

a) $\frac{3}{10}$ von 400 m   b) $\frac{7}{20}$ von 60 kg   c) $\frac{120}{100}$ von 5 €

d) 6 % von 500 t   e) 12 % von 80 km   f) 150 % von 30 min

5 Ergänze die Texte im Heft.

a) Wenn ein Fünftel eines Geldbetrags 10 € ist, dann ist der Geldbetrag …

b) Wenn ein Sechstel einer Masse 1,8 kg ist, dann ist die Masse …

c) Wenn zwei Drittel einer Fahrzeit 40 Minuten sind, dann ist die Fahrzeit …

6 Bestimme die Zeitspanne. Die Tage sollen im selben Jahr liegen.

a) vom 1. März bis zum 30. April   b) vom 13. August bis zum 9. Oktober

c) vom 28. Mai bis zum 4. September   d) vom 29. Juni bis zum 24. Dezember

7 Bestimme den Zeitpunkt.

a) 3 Monate und 12 Tage nach dem 1. August   b) 25 Tage nach dem 14. April

c) 5 Monate und 6 Tage nach dem 18. Juli   d) 29 Tage nach dem 31. Januar

8 Setze jeweils die Zahlen für die Variablen a und b ein und bestimme den Wert des Terms.

Term	$a = 2; b = 6$	$a = 1,5; b = 18$	$a = 5; b = 7,5$	$a = 0,5; b = 10,5$
$a \cdot \frac{b}{3}$	$2 \cdot \frac{6}{3} = 4$			
$\frac{a}{2} + b$	$\frac{2}{2} + 6 = 7$			
$7 \cdot \frac{b}{a}$	$7 \cdot \frac{6}{2} = 21$			

BUNT GEMISCHT

1. Ida hat 16 Geldmünzen. Darunter sind genau 8 Münzen zu je 1 € und nur 2 Münzen zu je 1 ct. Welche Geldsumme ergibt das höchstens (mindestens)?

2. Gib den vierten Teil eines Kubikmeters in Kubikdezimeter (dm³) an.

3. Sind $\frac{16}{48}$ von 24 dasselbe wie $\frac{24}{48}$ von 16? Begründe.

4. Ein Kreis mit dem Radius 5 cm hat welchen Flächeninhalt?

Prozentrechnung (Wiederholung)

Erforschen und Entdecken

1 Damit eine Firma ihr Produkt „Eiscreme" nennen darf muss der Milchfettanteil 10 % betragen. Amir, Justina und Rico haben die Inhaltsangaben verschiedener Anbieter untersucht. Die Packung „Mambo Eiscreme" enthält insgesamt 750 g und davon 60 g Milchfett.

Amir:
10 % sind $\frac{10}{100} = \frac{1}{10}$

$\frac{1}{10}$ von 750 g sind 75 g.

60 g Milchfett sind also zu wenig.

Justina:
$\frac{60}{750} = \frac{6}{75} = \frac{2}{25} = \frac{8}{100} = 8\%$

60 g von 750 g sind 8 %.
Das ist zu wenig.

Rico:
100 % sind 750 g.
Dann ist 1 % gleich 7,5 g.
Damit sind 10 % gleich 75 g.
60 g sind also zu wenig.

a) Darf der Name „Mambo Eiscreme" auf der Packung stehen? Begründe.

b) Lies die drei verschiedenen Herangehensweisen. Wie wurde jeweils vorgegangen?
Beschreibe auch, was die drei jeweils verglichen haben, um zu ihrer Antwort zu kommen.

c) Entscheide jeweils, ob der Name auf der Packung stehen darf.

Eiscreme Sommertraum
600 g-Packung, 72 g Milchfett

Walnuss-Eiscreme
500 g-Packung, 40 g Milchfett

Eiscreme-Nougat
2200 g-Box, 242 g Milchfett

d) Bestimme (wie Justina) jeweils den Anteil an Milchfett im Eis für die Eissorten aus c) in Prozent.

2 In einer Stadt gibt es drei Theater. Diese haben abgesprochen, dass immer 5 % ihrer Karten kostenlos angeboten werden.

a) Ergänze die Tabelle im Heft.

b) Bestimmte die Anzahl der Sitzplätze und der kostenlosen Karten aller Theater insgesamt. Was fällt dir auf?

Theater	A	B	C
Sitzplätze	400	600	500
kostenlos			

c) Demnächst eröffnet ein weiteres Theater mit 250 Plätzen in der Stadt und will sich auch an der 5%-Absprache beteiligen. Welches Problem entsteht dabei?
Beschreibe, wie du dieses Problem lösen würdest.

3 Arda, Luka und Sina waren auf einer Veranstaltung bei der sich Fans einer Kinofilmreihe getroffen haben. Sie hatten alle drei ein Kostüm dabei an und ihre Karten im Internet gekauft. Das offizielle T-Shirt zur Veranstaltung haben die drei aber alle nicht gekauft.
Die drei zusammen waren…

2 % von den Besuchern, die ein Kostüm trugen.

0,5 % von den Besuchern, die ihre Karte im Internet gekauft haben.

2,5 % von den Besuchern, die kein offizielles T-Shirt gekauft haben.

a) Wie viele Besucher hatten ein Kostüm an?

b) Wie viele Besucher haben die Karten im Internet gekauft?

c) Wie viele Zuschauer haben ein offizielles T-Shirt gekauft?
Beschreibe, wie du vorgehst oder warum du die Zahl nicht bestimmen kannst.

d) 20 % der Besucher hatten ein Kostüm an. Bestimme damit die Anzahl der Besucher.
Beschreibe dabei dein Vorgehen.

Lesen und Verstehen

In der Klasse 8 b sind 25 Schülerinnen und Schüler. 12 von ihnen tragen Jeans.
Blonde Haare haben 32 % der Jugendlichen in der 8 b.
Auf die Schule gehen 21 Linkshänder. Das ist ein Anteil von 5 %.

12 von den 25 Mädchen und Jungen tragen Jeans. Das sind 48 %.
Prozentwert *W*   Grundwert *G*   Prozentsatz *p*%

> Der **Grundwert (*G*)** ist die Bezugsgröße, das Ganze. Er entspricht 100 %.
> **Der Prozentwert (*W*)** ist ein Teil der Gesamtmenge, also ein Teil des Grundwertes.
> Der **Prozentsatz (*p* %)** gibt den Anteil am Grundwert in Prozentschreibweise an.
> Er ist dem Prozentwert zugeordnet.

Hat man zwei der drei Größen gegeben, dann kann man die dritte bestimmen. Dazu verwendet
man den Dreisatz, die Formel oder eine Verhältnisgleichung.

Wie viele Jugendliche in der 8 b haben blonde Haare?

Berechnung des Prozentwertes

Sind Grundwert und Prozentsatz bekannt,
kann man den Prozentwert bestimmen.

$W = \dfrac{G \cdot p}{100}$ oder $\dfrac{W}{G} = \dfrac{p}{100}$

BEISPIEL 1

	Anteil	Anzahl	
: 100	100 %	25	: 100
	1 %	0,25	
· 32	32 %	8	· 32

8 Jugendliche haben blonde Haare.

Wie viele Schülerinnen und Schüler gehen auf die Schule?

Berechnung des Grundwertes

Sind Prozentsatz und Prozentwert bekannt,
kann man den Grundwert bestimmen.

$G = \dfrac{W \cdot 100}{p}$ oder $\dfrac{G}{W} = \dfrac{100}{p}$

BEISPIEL 2

	Anteil	Anzahl	
: 5	5 %	21	: 5
	1 %	4,2	
· 100	100 %	420	· 100

420 Jugendliche gehen auf die Schule.

Wie viel Prozent der Jugendlichen in der 8 b tragen Jeans?

Berechnung des Prozentsatzes

Sind Grundwert und Prozentwert bekannt,
kann man den Prozentsatz bestimmen.

$p = \dfrac{W \cdot 100}{G}$ oder $\dfrac{p}{100} = \dfrac{W}{G}$

BEISPIEL 3

	Anzahl	Anteil	
: 25	25	100 %	: 25
	1	4 %	
· 12	12	48 %	· 12

48 % der Jugendlichen tragen Jeans.

BEACHTE
$p\% = \dfrac{p}{100}$

Basisaufgaben

1 Ordne die Begriffe Prozentsatz, Prozentwert und Grundwert zu.
a) 42 der 120 Mitarbeiter sind Pendler. Das sind 35 %.
b) In den 2 Litern Mangonektar sind 25 % Mangosaft enthalten. Das sind 500 ml.
c) Bei zwanzig Rennen gab es viermal einen Fehlstart.
d) 5 % der 120 Fische sind Rotfedern.
e) Heute sind 350 m², also 10 % der Lagerfläche, frei.

2 Gib den jeweiligen Prozentsatz an.
a) 23 von 100
b) 9 von 25
c) 7,2 von 50
d) 1,1 von 10
e) 1,3 von 6,5
f) 3,3 von 75

3 Wie viel Prozent sind …?
a) 14 m von 70 m
b) 553 ℓ von 7900 ℓ
c) 4,8 m² von 6 m²
d) 5,4 g von 18 g
e) 0,53 t von 10 t
f) 1,6 cm von 2,5 cm

4 ▣➡ Marek soll einen Streifen zeichnen und 10 % grün, 20 % gelb, 40 % blau und 30 % rot markieren.
a) Sollte er den Streifen 5 cm, 8 cm, 10 cm oder 15 cm lang zeichnen? Begründe.
b) Zeichne den Streifen.

5 Berechne den Prozentwert.
a) 4 % von 25
b) 2 % von 150
c) 60 % von 8
d) 7 % von 1300
e) 55 % von 20
f) 99 % von 400

6 Wähle Paare aus und berechne den Prozentwert.

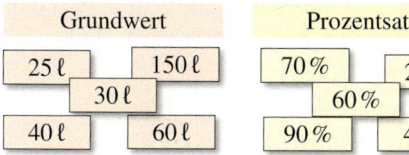

Grundwert	Prozentsatz
25 ℓ 150 ℓ	70 % 20 %
30 ℓ	60 %
40 ℓ 60 ℓ	90 % 4 %

7 In den 250 ml eines Getränks sind 25 % Fruchtsaft enthalten. 20 % des Gewichts macht Zucker aus. 1 ℓ wiegt genau 1 kg.
a) Wie viel ml Fruchtsaft ist enthalten?
b) Wie viel g Zucker ist enthalten?

8 Der Grundwert ist jeweils 240 kg.
a) Ergänze die Tabelle im Heft.

Prozentsatz	5 %		80 %	
Prozentwert		48 kg		216 kg

b) Erkläre, wie man in der Tabelle erkennt, dass die Zuordnung *Prozentsatz → Prozentwert* proportional ist.

9 Beschreibe jeweils, wie 100 % aussehen.
a) 50 % =   b) 25 % =   c) 40 % =

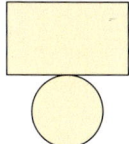 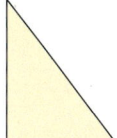 

10 Berechne den Grundwert.
a) 1 % sind 18 kg
b) 4 % sind 11 t
c) 10 % sind 1,34 cm
d) 60 % sind 72 s
e) 55 % sind 110 €
f) 48 % sind 9,6 g
g) 7 % sind 14,7 m
h) 19 % sind 5,7 ℓ

11 Berechne den Grundwert.

	a)	b)	c)	d)
Prozentsatz	20 %	62 %	30 %	77 %
Prozentwert (in kg)	1,6	186	18	154

12 Ergänze die Sätze im Heft.
Der Grundwert entspricht …%.
Ist der Prozentsatz kleiner als 100 %, dann ist der Prozentwert … als der Grundwert.
Ist der Prozentwert größer als der Grundwert, dann ist der Prozentsatz …

13 Ergänze die Sätze im Heft.
Beschreibe auch, was gegeben ist und was gesucht wird.
a) Sind 16 % gleich 64 Flaschen, dann ist 1 % gleich ▨ Flaschen. 100 % sind also ▨ Flaschen.
b) Entsprechen 5 m gleich 100 %, dann entsprechen ▨ cm gleich 1 %. Somit entsprechen ▨ cm gleich 14 %.

Weiterführende Aufgaben

14 Ordne passend zu.

Prozentwert			Prozentsatz		
37 €	273 €	96 €	5 %	42 %	85 %
187 €	36 €	147 €	70 %	8 %	15 %
Grundwert					
220 €	350 €	450 €	740 €	640 €	390 €

15 Im Jahr 2014 gab es folgende Altersstruktur in Berlin und Brandenburg.

Alter	Brandenburg	Berlin
bis 25 Jahre	474 200	779 600
25 bis 45 Jahre	596 400	1 051 500
45 bis 65 Jahre	838 000	951 100
älter als 65 Jahre	567 300	660 800

Bestimme jeweils den prozentualen Anteil der Altersgruppen und vergleiche ihn. Runde dabei sinnvoll.

16 Eine 1 Hektar (100 m × 100 m) große Fläche ist zu 77 % mit Kiefern bedeckt.
a) Wie groß ist die bedeckte Fläche?
b) Stelle deine Lösung grafisch dar.

17 In einem Haus sind bereits 56 m² fertig mit Laminat ausgelegt. Das sind 35 % der gesamten Fläche.
Auf 72 m² sind schon Dämmplatten ausgelegt, aber noch kein Laminat. 20 % der Fläche ist noch ohne Dämmplatten.
Bestimme jeweils den Anteil und den Flächeninhalt.

18 Ein Reiseanbieter wirbt für dieselbe Reise mit zwei Werbungen.

Jetzt um 7,5 % reduziert!
Sie sparen 30 €.

Sonderangebot!
Jetzt nur 370 €!

Können beide Aussagen stimmen?
Begründe deine Antwort mit einer Rechnung.

19 Was führt zu einem höheren Endpreis?
① Ein Preis wird erst um 5 % reduziert und dann um 10 % erhöht.
② Ein Preis wird erst um 10 % erhöht und dann um 5 % reduziert.
a) Betrachte die Ausgangspreise 240 €, 530 € und 1300 €. Berechne jeweils, um wieviel in ① und ② reduziert und erhöht wird und welcher Endpreis entsteht.
b) Betrachte nun den Ausgangspreis als Variable. Stelle einen Term für ① und ② auf und vergleiche.

20 Bei einer Umfrage in der Schule ging es darum, wer schon einmal im Berliner Zoo und Tierpark war.
Es gab folgende Ergebnisse:

- 160 Jugendliche waren im Zoo und Tierpark.

- 200 Jugendliche, also 31,25 % waren an keinem der Orte.

- 37,5 % waren im Zoo.

Bestimme die Anzahl der Jugendliche, die an beiden Orten, an keinem Ort oder nur an einem Ort waren.
Beachte, dass „im Zoo" auch bedeuten kann „Ich war im Zoo und im Tierpark".

21 Ein Falafelbällchen enthält 2,5 g Fett, das sind 12,5 % der Masse.
Wie viel Prozent der Masse entsprechen die 1,7 g Eiweiß im Bällchen?

22 Auf einer Wiese stehen Schafe und Ziegen. Von den 200 Tieren sind 75 % Schafe. Nun rennen einige Schafe weg, sodass nur noch 50 % der Tiere Schafe sind.
Wie viele Schafe sind weggerannt?
Gehe bei der Beantwortung so vor:
① Wie viele Ziegen gibt es?
② Da nur Schafe wegrennen, bleibt die Zahl der Ziegen gleich.
③ Wie viele Tiere gibt es, wenn jetzt 50 % Ziegen sind?
④ Wie viele Schafe sind weggerannt?

Begriffe der Zinsrechnung

Erforschen und Entdecken

1 Lies den folgenden Satz:

Tom legt 2500 Euro auf einem Sparbuch zu 0,5 % an.
Er erhält nach einem Jahr 12,50 Euro dazu.

a) Gib den Prozentwert, den Grundwert und den Prozentsatz an.
b) Im Finanzwesen verwendet man statt Prozentwert, Grundwert und Prozentsatz die Begriffe

| **Zinsen** | **Kapital** | **Zinssatz** |

Ordne die Begriffe zu.

2 Informiert euch bei Banken über verschiedene Zinssätze
und wofür sie gelten.
Diskutiert dann untereinander:
Warum bekommt man Zinsen?
Wann und warum muss man Zinsen zahlen?
Warum sind Zinsen unterschiedlich hoch?
Womit verdienen Banken ihr Geld?

3 Um Kunden zu werben, locken Banken und Kreditgeber oft mit Anzeigen in der Zeitung.

Anzeige
Attraktive Zinsen bei der **Sparbank** Legen Sie Ihr Gespartes nicht unter die Federn Ihres Kissens! Legen Sie es lieber ganz leicht, aber fest, für ein Jahr an. Nur bei uns, exklusiv für SIE bieten wir 3 % Zinsen. Rufen Sie an: 0123/43443

Anzeige
Sie brauchen GELD – und das sofort? **WIR** sind für Sie da – einfach anrufen, Kredithöhe angeben → Sofortkredite bis **50 000 €** (Aktueller Zinssatz bei uns nur 18 %) ELSTER & HAI Tel.: 0123/9876

a) Klärt untereinander die Begriffe und Angaben, die unverständlich sind.
b) Vergleicht die Angebote, findet also Gemeinsamkeiten und Unterschiede.

4 Finja und Felix berechnen 3 % von 50 000 €.

Finja rechnet:

	Anteil	Betrag (in €)
: 100	100 %	50 000
· 3	1 %	500
	3 %	1500

: 100 · 3

Felix rechnet:
Zinsen (Z) = Kapital (K) · Zinssatz (p %)
$$Z = K \cdot \frac{p}{100}$$
$$Z = 50\,000\,€ \cdot \frac{3}{100}$$
$$Z = 1500\,€$$

a) Erkläre ihre Vorgehensweisen. Wo liegen die Unterschiede?
b) Überlege dir einen passenden Sachzusammenhang.

NACHGEDACHT
Recherchiert die
Bedeutung der
Begriffe Disposi-
tionskredit, Über-
ziehungszinsen,
Kredit, Sollzinsen,
Habenzinsen,
Hypothek, Raten-
kredit, Ratenspa-
ren und erstellt
eine Übersicht.

BEACHTE
Der Zinssatz wird
grundsätzlich pro
Jahr angegeben.
Manchmal steht
zusätzlich p. a.
hinter dem Zins-
satz, das bedeutet
per anno und ist
lateinisch für
jährlich.

BEACHTE
$p\,\% = \frac{p}{100}$

Lesen und Verstehen

Efren hat vor einem Jahr 420 € zu 2 % angelegt. Wie viel Zinsen erhält er?
Die Zinsrechnung ist eine Anwendung der Prozentrechnung bezogen auf den Geldverkehr und unterscheidet sich nur durch die Einführung der Zeit als neuen Wert.
Die bekannten Begriffe bekommen einen neuen Namen.

Begriffe der Prozentrechnung	Prozentsatz p %	Grundwert G	Prozentwert W	
Begriffe der Zinsrechnung	Zinssatz p %	Kapital K (Guthaben, Kredit)	Zinsen Z	Zeit t (Laufzeit, Ausleihzeit)
BEISPIEL	2 % von	420 €	sind 8,40 €	Laufzeit: ein Jahr

Zur Berechnung von Zinsen, Kapital und Zinssatz für ein Jahr geht man genauso vor wie in der Prozentrechnung zur Berechnung von Prozentwert, Grundwert und Prozentsatz.

BEACHTE
Die Formel $Z = K \cdot \dfrac{p}{100}$ leitet sich aus dem Dreisatz ab. Ersetzt man im Beispiel die einzelnen Zahlenwerte durch Variablen, so kann man erkennen, wie die Werte mit Hilfe einer Formel berechnet werden können.

Anteil	Anzahl
100 %	K
↓ : 100	↓ : 100
1 %	$\dfrac{K}{100}$
↓ · p	↓ · p
p %	$\dfrac{K}{100} \cdot p = Z$

Sind das Kapital und der Zinssatz bekannt, kann man die **Jahreszinsen** mit dem Dreisatz oder mit der Zinsformel berechnen.

$$Z = \frac{K \cdot p}{100} \quad \text{oder} \quad \frac{Z}{K} = \frac{p}{100}$$

BEISPIEL 1
Berechnung der Zinsen von Efren (s. oben)

	Anteil	Betrag (in €)	
: 100	100 %	420	: 100
· 2	1 %	4,20	· 2
	2 %	8,40	

$Z = 420 € \cdot \dfrac{2}{100}$

$Z = 8,40 €$ Die Zinsen betragen 8,40 €.

Sind die Jahreszinsen und der Zinssatz bekannt, kann das **Kapital** mit dem Dreisatz oder mit Hilfe der umgestellten Zinsformel berechnet werden.

$$K = \frac{Z \cdot 100}{p} \quad \text{oder} \quad \frac{K}{Z} = \frac{100}{p}$$

BEISPIEL 2
Der Zinssatz beträgt 8,5 %, das entspricht 340 € Zinsen. Wie hoch ist das Kapital?

	Anteil	Betrag (in €)	
: 8,5	8,5 %	340	: 8,5
· 100	1 %	40	· 100
	100 %	4000	

$K = \dfrac{340 €}{8,5} \cdot 100$

$K = 4000 €$ Das Kapital beträgt 4000 €.

Sind Kapital und Jahreszinsen bekannt, kann der **Zinssatz** mit dem Dreisatz oder mit Hilfe der umgestellten Zinsformel berechnet werden.

$$p \% = \frac{Z}{K} \quad \text{oder} \quad p = \frac{Z \cdot 100}{K} \quad \text{oder} \quad \frac{p}{100} = \frac{Z}{K}$$

Der Zinssatz wird für ein Jahr angegeben.

BEISPIEL 3
800 € erbringen nach einem Jahr 20 € Zinsen. Wie hoch ist der Zinssatz?

	Betrag (in €)	Anteil	
: 80	800	100 %	: 80
· 2	10	1,25 %	· 2
	20	2,5 %	

$p \% = \dfrac{20 €}{800 €}$

$p \% = 0,025 = 2,5 \%$ Der Zinssatz beträgt 2,5 %.

Basisaufgaben

1 Ordne jeweils die Begriffe Zinssatz, Zinsen und Kapital zu.
a) 50 € von 2000 € sind 2,5 %.
b) 4 % sind 112 € von 2800 €.
c) 2 % von 600 € sind 12 €.

2 Berechne im Kopf die Jahreszinsen für das Kapital bei einem Zinssatz von 5 %.
a) 1000 €   b) 2500 €   c) 4200 €
d) 6500 €   e) 8420 €   f) 3860 €

3 Berechne die Jahreszinsen im Kopf.
a) 10 % von 600 €   b) 5 % von 600 €
c) 2 % von 600 €   d) 7 % von 1500 €
e) 1 % von 535 €   f) 1,5 % von 7000 €

4 Berechne die Jahreszinsen. ✘

	a)	b)	c)	d)
Zinssatz	4,5 %	3,5 %	8,5 %	12,5 %
Kapital	3000 €	5400 €	9000 €	12 000 €

5 Berechne den Zinssatz. ✘

	a)	b)	c)	d)
Kapital	250 €	1000 €	1500 €	12 000 €
Zinsen	5 €	10 €	75 €	1320 €

6 Berechne das Kapital bei 1000 € Zinsen zu folgendem Zinssatz.
a) 0,5 %   b) 2 %   c) 5 %   d) 0,05 %

7 Ordne die entsprechenden Angaben zu.
a) Jahreszinsen: ① 900 €   ② 1200 €
   ③ 600 €
   8 % von 7500 €   2 % von 60 000 €
   4 % von 22 500 €   6 % von 15 000 €
   3 % von 40 000 €   4 % von 15 000 €
b) Zinssatz: ① 4 % ② 2 % ③ 8 %
   80 € von 2000 €   160 € von 2000 €
   4 € von 100 €   2 € von 100 €
   40 € von 2000 €   80 € von 1000 €
c) Kapital: ① 2000 € ② 100 000 €
   ③ 10 000 €
   4 % sind 80 €   4 % sind 400 €
   2 % sind 40 €   2 % sind 2000 €
   4 % sind 4000 €   5 % sind 5000 €

8 Berechne den Zinssatz.

	Kapital K	Jahreszinsen Z	Zinssatz p %
a)	750 €	60 €	
b)	1250 €	75 €	
c)	3000 €	150 €	
d)	7450 €	1341 €	
e)	21 000 €	2079 €	
f)	35 600 €	2848 €	
g)	200 000 €	18 000 €	

9 Lea erhält auf ihrem Sparbuch 0,75 % Zinsen im Jahr. Sie hat 1230 € Guthaben auf ihrem Sparbuch.
Berechne die Jahreszinsen und das neue Kapital.

10 Für ein Kapital von 1250 € erhält Max nach einem Jahr 37,50 € Zinsen.
Wie hoch ist der Zinssatz?

11 Wie hoch ist das Kapital?
a) Philipp erhält bei einem Zinssatz von 2 % 80 € Zinsen.
b) Aylin werden bei einem Zinssatz von 0,4 % Zinsen in Höhe von 12 € gutgeschrieben.
c) Thanh bekommt 15 € Zinsen im Jahr. Ihr Geld ist zu einem Zinssatz von 1,5 % angelegt.

12 ▶ Der höchste Einzelgewinn im Lotto ging am 7. Oktober 2006 mit 37 688 291,80 € an einen Spieler aus Nordrhein-Westfalen. Er legte 90 % seines Lottogewinns bei seiner Bank mit einer Verzinsung von 3 % an. Formuliere Fragen zur Aufgabe, die du dann in Partnerarbeit berechnest und löse sie.

BEACHTE
Guthabenzinsen zahlt eine Bank, wenn Kapital bei ihr angelegt wird. Sie liegen zurzeit zwischen 0,5 % und 2,6 % p.a. Kreditzinsen zahlt man an die Bank, wenn man sich dort Geld leiht. Sie sind in der Regel deutlich höher als Guthabenzinsen. Die Banken machen also mit dem Verleihen von Geld Gewinn.

BEACHTE
zu Aufgabe 12:
Eine Eigentumswohnung kostet etwa ab 100 000 €, ein Haus ungefähr 300 000 €.
Ein Auto kostet von 10 000 € (Kleinwagen) bis 220 000 € (Sportwagen).
Eine Kreuzfahrt (8 Tage) kostet etwa 2000 € pro Person, für eine Weltreise (6 Monate) zahlt man ungefähr 50 000 €.

Methode: Prozent- und Zinsrechnung mit dem Taschenrechner

Nicht alle Taschenrechner arbeiten gleich. Die Bedienungsanleitung jedes Taschenrechners gibt genauere Hinweise für das jeweilige Modell.

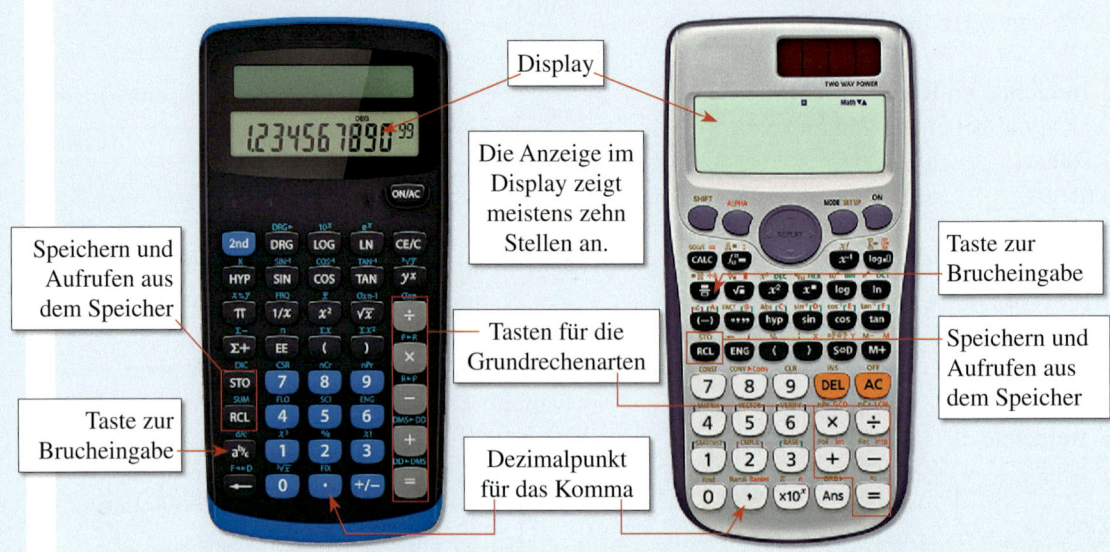

Speichern und
Aufrufen aus
dem Speicher

Taste zur
Brucheingabe

Display

Die Anzeige im
Display zeigt
meistens zehn
Stellen an.

Tasten für die
Grundrechenarten

Dezimalpunkt
für das Komma

Taste zur
Brucheingabe

Speichern und
Aufrufen aus
dem Speicher

Aufgaben wie „2 % von 800 €" können mit dem Dreisatz leicht im Kopf berechnet werden: 800 : 100 · 2 = 16, also gilt: 2 % von 800 € sind 16 €.

Da bei Bankgeschäften eher Zinssätze wie 0,05 %, 0,15 %, …, 1,35 % vorkommen, hilft ein Taschenrechner beim schnelleren Berechnen.

Taschenrechner haben eine Taste zur **Prozentrechnung**. Bei vielen Modellen bewirkt die Prozenttaste **%** das gleiche wie „: 100", denn Prozent bedeutet Hundertstel.

BEISPIEL
Berechnung des Prozentwertes:
2 % von 98   98 · 2 **2nd** **%** → 1,96
Berechnung des Grundwertes:
45 sind 15 %   45 : 15 **2nd** **%** → 300
Berechnung des Prozentsatzes:
35 von 200   35 : 200 **2nd** **%** → 17,5 %

13 Berechne den Prozentwert mit dem Taschenrechner.
a) 0,4 % von 2750 €   b) 11,5 % von 3200 €   c) 1,25 % von 470 €

14 Berechne den Grundwert mit dem Taschenrechner.
a) 0,25 % sind 4,80 €.   b) 11,5 % sind 2585 €.   c) 2,1 % sind 350 €.

15 Berechne den Prozentsatz mit dem Taschenrechner.
a) 45 € von 750 €   b) 572,50 € von 4580 €   c) 10 860 € von 244 000 €

16 Überprüfe deinen Taschenrechner.

a) Gib ein: 3 %
Wenn dein Taschenrechner 0,03 angibt, rechnet er bei Druck auf die Prozenttaste % „: 100".

b) Berechne den Prozentwert:
15,4 % von 400. Gib ein: 400 · 15,4 %.
Im Display müsste 61,6 stehen.

c) Berechne den Prozentwert: 5 % von 60.
Notiere deine Eingaben.

d) Berechne den Grundwert:
16,2 sind 20 %. Gib ein: 16,2 : 20 %.
Im Display müsste 81 stehen.

e) Berechne den Grundwert: 2,3 sind 4 %.

17 Berechne mit Hilfe des Speichers.

BEISPIEL 8 % von 32 (44, 92)

Eingabe in den Taschenrechner:

0	.	0	8	STO	1	x	3	2	=	2,56
RCL	1	x	4	4	=	3,52
RCL	1	x	9	2	=	7,36

a) Erkläre die einzelnen Schritte im Beispiel.

b) Berechne 8 % von 60; 95; 108; 121; 220

c) 19 % von 45; 76; 83; 91; 144; 213

d) 32 % von 70; 99; 312; 424; 724; 1030

e) 59 % von 18; 27; 29; 148; 193; 293; 500

f) 72 % von 37; 283; 382; 391; 401; 862

18 Berechne die Prozentwerte.

BEISPIEL 25 · 5 % = 1,25

a) 5 % von 25; 35; 80; 120; 330; 400

b) 7,5 % von 789; 564; 352; 3 215

c) 16 % von 63; 180; 246; 333; 1851

d) 29 % von 17; 261; 378; 3492; 6209

e) 32,5 % von 603; 970; 10 540; 23 344

f) 42 % von 5 778; 13 359; 24 943; 59 872

19 Berechne die Grundwerte.

BEISPIEL 13 % sind 65 €.
65 : 13 % = 500

a) 0,4 % sind 36; 48,80; 120; 180; 5000

b) 0,9 % sind 63; 76,68; 81; 108; 1305

c) 1,25 % sind 10; 21,25; 56,63; 97,5; 125

d) 4,50 % sind 27; 40,5; 54; 162; 405

e) 16,5 % sind 49,5; 82,5; 165; 198; 742,5

f) 7,8 % sind 17; 47,5; 139,9; 583,09; 1000,1

g) 24,07 % sind 32,7; 240,7; 500,3; 1010,24

h) 5,55 % sind 0,0501; 0,49; 7,999; 10,032

20 Berechne den Prozentsatz mit dem Taschenrechner. Achte auf die Einheiten. Runde auf eine Stelle nach dem Komma.

a) 400 m von 42 km   b) 325 cm von 7 m

c) 425 mm von 3 m   d) 450 g von 8 kg

e) 720 kg von 38 t   f) 375 mg von 6 g

21 Ergänze die Tabelle. Runde entsprechend der vorgegebenen Werte sinnvoll.

	Grundwert	Prozentsatz	Prozentwert
a)	38 €	20 %	
b)		8 %	2,44 m
c)	15,6 g		3,9 g
d)		17 %	8 cm

22 Berechne mit dem Taschenrechner.

a) Ein Fahrrad kostet 868 €. Dazu kommen noch 19 % Mehrwertsteuer.
Wie hoch ist der Betrag für die Mehrwertsteuer? Wie hoch ist der Endpreis?

b) Beim Kauf eines Heimtrainers wird der Verkaufspreis von 218 € um 3,5 % verringert. Um wie viel Euro ist dadurch der Preis gesenkt worden?

23 ▶ Schätze die Lösungen und begründe deinen Lösungsweg.

a) Wie viele Taschenrechner besitzen die Familien der Schülerinnen und Schüler deiner Schule insgesamt?

b) Wie groß wäre die Fläche, die damit ausgelegt werden könnte? Reicht dein Klassenraum?

c) Wie viele Taschenrechner besitzen alle Haushalte in Deutschland zusammen?

24 Berechne die Jahreszinsen mit dem Dreisatz und trage das neue Kapital ein.

	Zinssatz $p\%$	Kapital K (alt)	Jahreszinsen Z	Kapital (neu)
a)	0,5 %	5000 €	25 €	
b)	1,25 %	4200 €		
c)	5,7 %	1830 €		
d)	4,5 %	3950 €		
e)	8,1 %	4200 €		
f)	7 %	4350 €		

BEACHTE

Die Lösungen zum neuen Kapital in Aufgabe 24 ergeben in der richtigen Reihenfolge den Namen eines Landes. Auf welchem Kontinent liegt dieses Land?
1934,31 € (G);
4127,75 € (O);
4252,50 € (N);
4540,20 € (L);
4654,50 € (A);
5025 € (A)

25 Berechne jeweils das Kapital.

	Jahreszinsen Z	Zinssatz $p\%$	Kapital K
a)	360 €	12 %	
b)	40,50 €	9 %	
c)	3,32 €	4 %	
d)	9,75 €	7,5 %	
e)	106,95 €	23 %	

BEACHTE
zu Aufgabe 30:
Alfred Nobel
(1833–1896) war
ein schwedischer
Chemiker und
Erfinder. Unter
anderem erfand
er das Dynamit
und wurde da-
durch sehr reich.
Im Testament
verfügte er, dass
mit seinem
Vermögen eine
Stiftung gegrün-
det werden sollte.
Die Zinsen aus
seinem Vermögen
sollten als Preise
(Nobelpreise)
vergeben werden.

26 Frau Güres nimmt einen Kredit über 25 000 € auf. Nach einem Jahr muss sie 2875 € Zinsen zahlen.
Wie hoch war der Zinssatz?

27 Nach einem heftigen Sturm muss Familie Berns das Dach reparieren lassen. Sie nehmen für ein Jahr einen Kredit über 6000 € auf und zahlen nach einem Jahr 6420 € zurück. Zu welchem Zinssatz hatte Familie Berns den Kredit erhalten?

28 Frau Garcia möchte nach Ablauf eines Jahres 2150 € Zinsen erhalten.
Die Bank bietet einen Zinssatz von 4,3 %.
Wie viel muss Frau Garcia einzahlen?

29 Zum Bau eines Hauses ist ein Kredit von 180 000 € nötig. Die Sparkasse gewährt einen Zinssatz von 1,8 %.
Wie hoch ist die Zinsbelastung im ersten Jahr? Rechne um auf einen Monat.

30 Seit 1901 erfolgt jährlich am 10. Dezember in Schweden die Nobelpreisverleihung. Alfred Nobel hat ein Vermögen hinterlassen, aus dessen Zinsen fünf Nobelpreise finanziert werden.
Seit 2012 beträgt das Preisgeld ca. 4,2 Mio. € für die fünf Preise. Dazu kommen weitere jährliche Kosten von 9,8 Mio. €.
Von welchem Vermögen kann man ausgehen, wenn der Zinssatz 4 % beträgt?

31 Ein Lottogewinn von 1 000 000 € soll für 2 Jahre angelegt werden.
Es liegen drei Angebote vor:
① im 1. Jahr Zinssatz 2 %, im 2. Jahr 4 %
② im 1. Jahr 1 %, im 2. Jahr 5 %
③ im 1. Jahr 3 %, im 2. Jahr 3 %
Wie hoch ist der Betrag, der maximal erzielt werden kann?

Weiterführende Aufgaben

32 ➡ Anlageformen einer Bank:

> Zinssätze für Guthabenzinsen bei…
> **Start-Girokonto** (bis 17 Jahre): 0,2 %
> **Geldmarktkonto** (max. 6000 €): 0,1 %
> **Festzinssparen für 1 Jahr:** 0,3 %;
> (Mindestanlage 5000 €)

a) Berechne für ein Kapital von 7000 € (1200 €; 5500 €) die Zinsen, die man jeweils nach einem Jahr erhält.
b) Welche Vor- und Nachteile haben die einzelnen Anlageformen?

33 ➡ Familie Cunsolo will für einen Garagenbau einen Kredit aufnehmen. Die jährlichen Zinsen sollen höchstens 550 € betragen. Berechne mit dem Taschenrechner mindestens drei mögliche Kombinationen aus Kredithöhe und Zinssatz.

34 Ergänze die Tabelle.

	Zinssatz $p\%$	Kapital K (alt)	Jahreszinsen Z	Kapital (neu)
a)	2,5 %	2150 €		
b)		3300 €	198 €	
c)	4 %		296,40 €	
d)		1850 €		1887 €
e)		2340 €		2562,30 €

35 Wie verändert sich der Zinssatz mit der Höhe des Kredits? Finde Gründe dafür.

e nicht
ndungen
farbigen
echnisch
Lage, zu
n eine
anweist.
f dem
stellen.
egel der

■ **KLEINKREDITE-
besonders günstig**

Sofortige Auszahlung, Rückzahlung
nach einem Jahr mit kleinem Aufpreis

für 500 €	62,50 €	Jahreszinsen
für 1000 €	150,00 €	Jahreszinsen
für 1500 €	850,00 €	Jahreszinsen

zeige
imme
wie g
oder
geseh
glätt
Anwe
darzu
der F
auf v

■ Tageszinsen und Zinseszinsen berechnen

Erforschen und Entdecken

1 Alicia hat zu Jahresbeginn 600 € auf ihrem Sparbuch.
Der Zinssatz beträgt 0,75 %.

a) Wie viel Zinsen gibt die Bank, wenn sich
Alicia ihr Geld nach $\frac{1}{2}$ Jahr auszahlen lässt?

b) Wie viel Zinsen bekommt Alicia, wenn sie
sich das Geld am 1. März auszahlen lässt?

c) Wie viel Zinsen ergeben sich, wenn das
Geld nach 82 Tagen ausgezahlt wird?

Überlege zuerst allein. Besprecht euch
untereinander. Diskutiert anschließend
in der Klasse über eure Lösungswege und
Ergebnisse.

2 Sergej sagt zu Gizen:
„Ob du nun 7 % oder 7,5 % zahlen musst – 0,5 % machen bei einem Kredit fast nichts aus."
Was meinst du dazu? Begründe mit Hilfe einer Rechnung.

3 Robin und Lars legen 10 Jahre lang 10 000 € zu einem Zinssatz von 1,60 % an.

> Lars holt die Zinsen jedes Jahr vom Konto
> ab und kauft sich etwas Schönes.

> Robin lässt die Zinsen über die gesamte
> Zeit auf dem Konto.

a) Lege jeweils eine Tabelle an für den Guthabenstand (in €) nach 1, 2, …, 10 Jahren.

b) Stelle ausgehend von der Tabelle den Zusammenhang zwischen den Jahren und dem
Guthabenstand in einem Punktdiagramm dar (siehe unten).

c) Wie hoch sind die Gesamtzinsen, wenn sie erst nach 10 Jahren bzw. wenn sie jedes Jahr
abgehoben werden? Vergleiche.

4 Felia möchte sparen und möglichst viele Zinsen erhalten.
Sie informiert sich bei einer Bank und erhält eine Werbe-
broschüre, die das Anwachsen des Kapitals zeigt.
Wie steigen die Zinsen von Jahr zu Jahr?
Liegen die Kreuze auf einer Geraden? Begründe.

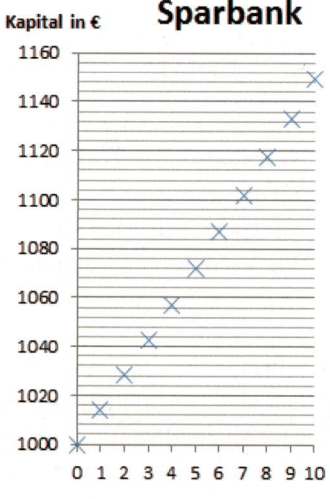

Lesen und Verstehen

Herr Müller hat sein Girokonto vom 06.05. bis zum 29.11. mit 1500 € überzogen.
Die Bank verlangt für den **Dispositionskredit** einen Zinssatz von 13 %.
Wie viele Zinsen muss er zahlen?

Volljährige können ein Girokonto überziehen, also mehr abheben, als Guthaben vorhanden ist.
Dafür bieten die Banken den sogenannten Dispositionskredit an. Es werden hohe Zinsen fällig,
die taggenau berechnet werden.

Beim Berechnen der Zinstage zählt der Auszahlungstag mit, der Einzahlungstag jedoch nicht.

BEISPIEL 1

Herr Müller überzog sein Konto am 06.05. (Tag wird nicht mitgezählt) und glich es am 29.11. (Tag wird mitgezählt) wieder aus.

Mai	06.05. bis 30.05.	30 Tage – 6 Tage	24 Tage
fünf Monate	01.06. bis 30.10.	5 · 30 Tage	150 Tage
November	01.11. bis 29.11.	29 Tage	29 Tage
		Insgesamt:	$t = 203$ Tage

Werden Zinsen nicht genau für ein Jahr berechnet, so muss man die Zeitdauer berücksichtigen.
Die Jahreszinsen werden mit dem Zeitfaktor t multipliziert.

Als Vereinfachung gilt: 1 Monat = 30 Tage, 1 Jahr = 12 Monate = 360 Tage.
Ein Tag entspricht dann dem Zeitfaktor $t = \frac{1}{360}$ und d Tage entsprechen $t = \frac{d}{360}$.
Ein Monat entspricht $t = \frac{1}{12}$ und m Monate entsprechen $t = \frac{m}{12}$.

> Die Zinsen für Teile eines Jahres kann man berechnen, indem man das Kapital mit dem Zinssatz multipliziert und mit dem Bruchteil eines Jahres multipliziert.
> $Z = K \cdot p\% \cdot t$

BEISPIEL 2

Zinsen (Z) = Kapital (K) · Zinssatz $(p\%)$ · Zeitfaktor (t)

$$Z = 1500\,€ \quad\cdot\quad 13\,\% \quad\cdot\quad \frac{203}{360}$$

$$Z = 1500\,€ \quad\cdot\quad \frac{13}{100} \quad\cdot\quad \frac{203}{360}$$

$$Z \approx 109{,}96\,€$$

Herr Müller muss 109,96 € Zinsen zahlen.

Herr Müller hat zu Beginn des Jahres sein altes Auto verkauft und dafür 1500 € erhalten.
Das Geld legt er für 4 Jahre in einem Sparbrief an. Er berechnet das Guthaben für die
ersten 2 Jahre.

> Werden Zinsen am Jahresende zum jeweiligen Kapital hinzugefügt und im folgenden Jahr mit verzinst, so spricht man von **Zinseszinsen**.

BEISPIEL 3

Herr Müller möchte 1500 € für 2 Jahre in einem Sparbrief zu 0,4 % anlegen.

1. Jahr: $Z = 1500\,€ \cdot \frac{0{,}4}{100} = 6\,€$
Kapital nach einem Jahr: $1500\,€ + 6\,€ = 1506\,€$

2. Jahr: $Z = 1506\,€ \cdot \frac{0{,}4}{100} \approx 6{,}02\,€$
Kapital nach 2. Jahr: $1506\,€ + 6{,}02\,€ = 1512{,}02\,€$

Basisaufgaben

1 Schreibe als Bruchteil eines „Zinsjahres".
BEISPIEL 10 Tage sind $\frac{10}{360} = \frac{1}{36}$
a) 30 Tage   b) 60 Tage   c) 90 Tage
d) 180 Tage   e) 16 Tage   f) 45 Tage
g) 54 Tage   h) 5 Monate   i) 7 Monate

2 Bestimme die Anzahl der Zinstage.
a) 2 Monate   b) 7 Monate   c) 5 Monate
d) 6 Monate 12 Tage   e) $3\frac{1}{2}$ Monate

3 Berechne die Zinstage für folgende Zeiträume. Der erste Tag zählt nicht mit.
BEISPIEL Vom 17.07. bis zum 23.11. sind es $(30 - 17) + 3 \cdot 30 + 23 = 126$ Zinstage.
a) 31.05. – 30.09.   b) 31.01. – 18.05.
c) 04.02. – 13.08.   d) 10.07. – 24.10.

4 Berechne die Zinsen im Kopf.
a) 5 % auf 4000 € für $\frac{1}{2}$ Jahr
b) 2 % auf 3000 € für $\frac{1}{3}$ Jahr
c) 4 % auf 8000 € für 3 Monate
d) bei 2 % auf 60 000 € pro Monat

5 Luna überzieht ihr Girokonto für 37 Tage um 239 €. Die Bank gibt ihr einen Dispositionskredit zu einem Zinssatz von 12,5 %. Wie viel Zinsen muss Luna zahlen?

6 Berechne die Zinsen für einen Kredit.
a) 4723 € zu 10,25 % für 40 Tage
b) 8500 € zu 11,1 % für 120 Tage
c) 3780 € zu 12,25 % für 50 Tage
d) 8200 € zu 11,0 % für 200 Tage

7 Berechne die Zinsen für die Kredite.
a) 4500 € zu 9,3 % vom 20.12. bis 07.02.
b) 8300 € zu 11,5 % vom 24.03. bis 03.07.
c) 7000 € zu 9,73 % vom 05.07. bis 25.12.

8 Eric leiht sich von seinem Freund 10 €, die er einen Monat später mit 0,50 € Zinsen zurückzahlt. Seine Mutter ist entsetzt, aber Eric meint: „Das sind doch nur 5 %."

9 Ein Profisportler will von den Zinsen seines Vermögens leben. Wie viel muss er bei 4 % anlegen, damit er monatlich 3500 € hat?

10 „Ich stifte die Zinsen meines Vermögens, das zu einem Zinssatz von 2,5 % angelegt ist, dem Tierheim am Ort.
Das Kapital bleibt unangetastet. Es werden nur die Zinsen ausbezahlt. Das Tierheim erhält somit pro Tag einen Zuschuss von 50 €."

11 ➡ Zahlt man bei einer Bank Geld für eine fest vereinbarte Zeit ein, so spricht man von Festgeld.

Laufzeit	5000 € bis unter 15 000 €	15 000 € bis unter 50 000 €
30 – 89 Tage	0,0 %	0,5 %
90 – 179 Tage	0,0 %	0,5 %
180 – 269 Tage	1,0 %	1,0 %
270 – 360 Tage	2,0 %	2,0 %

a) Berechne die Zinsen für 6 Monate, wenn 25 000 € angelegt wurden.
b) Formuliert zu zweit eigene Aufgaben zur obigen Tabelle und löst diese.
c) Warum wird in der Regel für Festgeld ein höherer Zinssatz gewährt als für normale Sparkonten?

12 Ordne zu. Ergänze die fehlenden Einheiten.

① Berechne die Zinsen von 2400 € zu $6\frac{1}{4}$ % für 120 Tage.

② Welches Kapital bringt in $\frac{1}{4}$ Jahr bei 6,4 % 120 € Zinsen?

③ Berechne den Zinssatz, wenn 25 000 € in 10 Tagen 100 € Zinsen bringen.

④ In wie vielen Tagen ergeben 100 € bei 3 % 1 € Zinsen?

14,4

120

50

7500

BEACHTE
Die Lösungen zu Aufgabe 3 ergeben in der richtigen Reihenfolge den Namen eines Landes. Auf welchem Kontinent liegt dieses Land?
104 (S); 108 (A); 120 (L); 189 (0)

Weiterführende Aufgaben

13 Bestimme die Zeit in Tagen.

	a)	b)	c)	d)
Kapital in €	8526	12 320	16 540	10 020
Zinsen in €	28,42	45,43	405,23	521,04
Zinssatz	3,75 %	2,95 %	12,25 %	7,8 %

14 Ein Kredit in Höhe von 7000 € läuft bei einem Zinssatz von 9,5 % über 10 Monate. Die Bearbeitungsgebühr beträgt 30 €. Wie hoch sind die Kosten für den Kredit?

15 ⟹ Erkläre in eigenen Worten, wie Zinseszinsen entstehen. Schreibe die Erklärung in dein Lerntagebuch oder in dein Heft.

16 Berechne im Heft jeweils das Kapital nach zwei Jahren. Runde auf ganze Cent.

	a)	b)	c)	d)
Kapital K	190 €	320 €	570 €	60 €
Zinssatz p %	1,5 %	2,2 %	3,1 %	
Zinsen für das 1. Jahr				1,50 €
Kapital zu Beginn des 2. Jahres	192,85 €			
Zinsen für das 2. Jahr				
Kapital nach 2 Jahren				

BEACHTE
Willst du das neue Kapital (also altes Kapitel plus Zinsen) in einem Schritt berechnen, so musst du das alte Kapital mit $(1 + p)$ multiplizieren.

17 Wie viel Geld wurde nach der angegebenen Laufzeit angespart?

BEISPIEL 2000 € bei 11 %, t = 3 J.

    1. Jahr: 2000 € · 1,11 = 2220 €
    2. Jahr: 2220 € · 1,11 = 2464,20 €
    3. Jahr: 2464,20 € · 1,11 ≈ 2735,26 €

a) K = 3500 €, p % = 10 %, t = 4 Jahre
b) K = 10 000 €, p % = 9,5 %, t = 2 Jahre
c) K = 1100 €, p % = 12 %, t = 3 Jahre

18 Petra legt 2500 € fest an bei einem Zinssatz von 3,7 %. Die anfallenden Jahreszinsen werden mitverzinst.
Auf welches Kapital ist ihr Vermögen nach vier Jahren angewachsen?

19 Frau Quasten hat Geld aus einer Lebensversicherung für 7 Monate bei einem Zinssatz von 3,4 % festgelegt.
Welchen Betrag hat sie angelegt, wenn sie am Ende 892,50 € Zinsen erhält?

20 Wie hoch ist der Zinssatz?

21 Berechne die Gesamtkosten für jeden Kredit bei einer Laufzeit von einem Jahr. Welches Angebot ist am günstigsten?

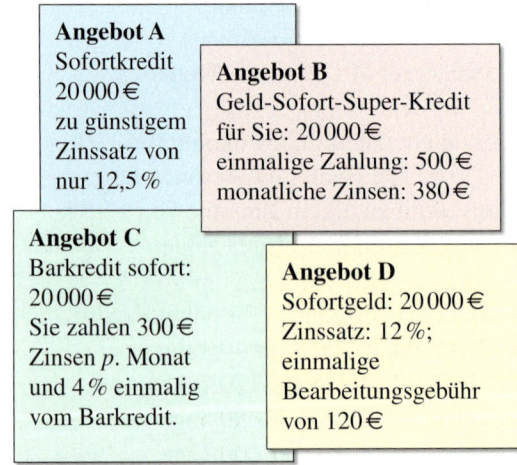

Angebot A
Sofortkredit 20 000 € zu günstigem Zinssatz von nur 12,5 %

Angebot B
Geld-Sofort-Super-Kredit für Sie: 20 000 €
einmalige Zahlung: 500 €
monatliche Zinsen: 380 €

Angebot C
Barkredit sofort: 20 000 €
Sie zahlen 300 € Zinsen p. Monat und 4 % einmalig vom Barkredit.

Angebot D
Sofortgeld: 20 000 €
Zinssatz: 12 %;
einmalige Bearbeitungsgebühr von 120 €

22 ⟹ Erstelle zu den Werten ein Diagramm, das den Kunden einen größeren Vermögensanstieg vortäuscht. Lasse dazu die y-Achse (Kapital in €) nicht bei Null beginnen.

Jahr	0	2	4	6	8
Kapital	100,00	121,00	146,00	177,15	214,35
Jahr	10	12	14	16	
Kapital	259,35	313,85	379,75	459,50	

23 Wann hat sich ein Kapital von 20 000 € verdoppelt, das zu 9 % (zu 10,5 %) angelegt wurde?

Rund um das Girokonto

Zehnte Klasse und keine Ahnung

(…) Laut der Umfrage des Meinungsforschungsinstituts Forsa (…) glaubt beispielsweise jeder fünfte Zehntklässler, ein Girokonto richte man ein, „um angemessene Zinsen auf Ersparnisse zu erhalten". Weitere 19 Prozent glauben, es sei generell zum Ansparen geeignet. Jeder Zehnte hat überhaupt keine Ahnung, was ein Girokonto ist. (…)
(Daniela Kuhr, Süddt. Zeitung online, 9.11.2010)

Viele Banken und Sparkassen bieten schon für Jugendliche ein Girokonto an.
Oft ist dieses Konto kostenlos und du bekommst geringe Zinsen.

1 Erkundigt euch, zu welchen Bedingungen ihr ein Jugendgirokonto eröffnen könnt.
Findet Vorteile und Nachteile.

2 Anne will sich ein neues Notebook für ihre Ausbildung kaufen. Es kostet 1450 €.
Genau in einem Jahr wird sie Geld von Oma zum 21. Geburtstag bekommen.
Sie überlegt, wie sie diese Zeit am besten überbrückt.
Soll sie den Dispositionskredit (11,5 %) nehmen?
Was ist eigentlich ein Dispokredit?

3 Jonas hat sein Girokonto mit 1000 € überzogen. Der Zinssatz für den Dispositionskredit beträgt 12 %. Wie entwickeln sich seine Schulden über mehrere Jahre, wenn kein Geld mehr auf das Konto eingezahlt wird und Jonas sich nicht mehr darum kümmert?
a) Berechne und schreibe deine Ergebnisse übersichtlich auf. Zeichne ein Diagramm.
  Legt in der Klasse fest, ob ihr dazu ein Tabellenkalkulationsprogramm verwendet.
b) Wann haben sich die Schulden verdoppelt?

4 Herr Massoudy hat seinen Dispositionskredit für den Kauf eines Fernsehers in Anspruch genommen und sein Konto 10 Tage lang um 290 € überzogen.
a) Berechne die Höhe der anfallenden Kosten, wenn der Soll-Zinssatz bei 14,5 %
  bei einem Dispositionsrahmen von 2000 € liegt.
b) Wenn Herr Massoudy sein Konto 100 Tage lang überzieht, wie viel müsste er dann
  insgesamt für den Fernseher von 290 € zahlen?
c) Welche Alternativen zum Dispokredit fallen dir ein?
  Findest du noch andere Lösungen?
d) Wie findest du es, etwas auf Dispositionskredit zu kaufen?
  Was spricht für und was spricht gegen eine solche Finanzierung?

5 Wie viel muss ein Kunde bezahlen, wenn er sein Konto 15 Tage mit 3500 € überzieht und die Bank 13,5 % Überziehungszinsen verlangt?

Methode: Raten berechnen mit einer Tabellenkalkulation

Ida bekommt von Verwandten zu Feiertagen und zum Geburtstag oft Geld geschenkt. Sie zahlt 10 Jahre lang jeweils zu Beginn eines Jahres 240 € auf eine besonderes Konto ein. Das Geld wird mit einem Zinssatz von 3 % verzinst. Die Zinsgutschrift erfolgt immer am 1. Januar des Folgejahres. Die Zinsen werden jeweils addiert und mit angelegt. Das nennt man **Ratensparen**, der jährlich eingezahlte Betrag heißt **Rate**.

Der Kundenberater der Bank zeigt Ida eine Tabelle:

`=B5*$C$2`

`=0+$B$2`

`=D5+$B$2`

`=B5+C5`

`=B6+C6`

	A	B	C	D
1	Ida spart	Kapital	Zinsatz	
2		240 €	3,00%	
3				
4	Jahr	Kapital am Jahresanfang	Jahreszinsen	Kapital am Jahresende
5	1	240,00	7,20	247,20
6	2	487,20	14,62	501,82
7	3	741,82	22,25	764,07
8	4	1004,07	30,12	1034,19
9	5	1274,19	38,23	1312,42
10	6	1552,42	46,57	1598,99
11				

BEACHTE
Durch Betätigen der F4-Taste erzeugst du die Dollarzeichen zum Fixieren einer Zelle.

Der absolute Zellbezug

Möchte man bei einer Kopie die Adresse „festhalten", muss man absolut adressieren. Dazu muss in der Adresse vor der Spalten- und der Zeilenangabe das Zeichen $ (Dollarzeichen) schreiben.
Es ist möglich, die Spalte (z.B. $B2), die Zeile (z.B. B$2) oder die gesamte Zelle zu fixieren (z.B. $B$2).

Der relative Zellbezug

In Zelle **D5** verwendet das Programm die Formel =B5+C5, in Zelle **D6** die Formel =B6+C6 und so weiter. Das Programm „merkt" sich nicht die tatsächliche Position der Zelle, sondern nur den Weg zu der Zelle, die adressiert wird und addiert weiterhin die beiden benachbarten Zellen. Dies nennt man relativen Zellbezug.

1 Betrachte die Tabelle zu Idas Ratensparplan.
a) Beschreibe, was in der Tabelle dargestellt ist.
b) Welche Zelleninhalte verändern sich, wenn man die Eingabe in Zelle B2 ändert? Warum?
c) In welchem Feld steht die Formel **=B6*$C$2**? Erkläre diese Formel.
d) Beschreibe, wie man die Werte in der Tabelle errechnet hat. Überprüfe deine Vermutung, zum Beispiel durch Nachrechnen der Zeilen 5 bis 7.
e) Wie kann man das Kapital nach 10 Jahren berechnen? Erkläre mögliche Lösungswege bei der Berechnung im Heft und bei der Berechnung mit einer Tabellenkalkulation.

2 Idas Bruder spart mit einem Ratensparplan über 10 Jahre für eine Wohnung. Würdest du ihm bei einer monatlichen Einzahlung von 400 € Plan A oder Plan B empfehlen? Begründe.

A: gleichbleibender Zinssatz von 2,5 %

B: jährlich steigender Zinssatz um 0,2 %, beginnend ab 1,9 %

3 Hier siehst du einen Ratensparplan:

⊿	A	B	C	D
1		Kapital (jährlich)	Zinssatz	
2		500 €	3,00%	
3				
4	Jahr	Kapital am Jahresanfang	Jahreszinsen	Kapital am Jahresende
5	1	500,00	15,00	515,00
6	2	1015,00	30,45	1045,45
7	3	1545,45	46,36	1591,81
8	4	2091,81	62,75	2154,57
9	5	2654,57	79,64	2734,20
10	6	3234,20	97,03	3331,23

a) In der Zelle **D5** steht die Formel **=B5+C5**. Was bedeutet das?

b) Warum ist es sinnvoll, in Zelle **B5** einen Bezug zu Zelle **B2** zu schaffen?

c) In der Zelle **C5** steht die Formel **B5*$C$2**. Erkläre, was das **$**-Zeichen bewirkt.

d) Welche Formeln sollten in den Zellen **D6**, **C6** und **B6** stehen?

4 Berechne das Kapital der Ratensparpläne. Nutze ein Tabellenblatt.

	jährliche Einzahlung	Zinssatz	Laufzeit
a)	200 €	2,3 %	5 Jahre
b)	500 €	1,8 %	3 Jahre
c)	1000 €	3,25 %	10 Jahre
d)	1200 €	4,5 %	18 Jahre

5 Bernds Mutter hört Silvester mit dem Rauchen auf und spart das Geld für die Zigaretten (5 € am Tag). Am Ende des Jahres legt sie das Geld mit 2,75 % an.
Wie viel Geld hat sie nach 10 Jahren gespart?

6 Was ist hier dargestellt? Finde in Zeitungen oder im Internet ähnliche Angebote.

⊿	A	B	C	D	E
1		**Wachsender Zinssatz**			
2					
3	Kapital	25.000,00 €			
4					
5					
6	Jahr	Zinssatz	Kontostand (Saldo)	Zinsen	
7	1	3,50%	25.000,00 €	875,00 €	
8	2	4,00%	25.875,00 €	1.035,00 €	
9	3	4,50%	26.910,00 €	1.210,95 €	
10	4	5,00%	28.120,95 €	1.406,05 €	
11	5	5,50%	29.527,00 €	1.623,98 €	
12	6	6,00%	31.150,98 €	1.869,06 €	
13	7	6,50%	33.020,04 €	2.146,30 €	
14	8	Abschluss	35.166,34 €		
15					
16			Zinssumme	10.166,34 €	

a) Erkläre, wie man die Zahlen in den Zellen der Tabelle errechnet hat.

b) Erstelle das Tabellenblatt selbst.

c) ➡ Entwirf ein passendes Werbeinserat für eine Zeitung. Erstelle dafür Diagramme.

7 Frau A hat mit 18 Jahren begonnen, jährlich 2000 € einzuzahlen. Das hat sie sieben Jahre lang getan. Herr B hat erst mit 25 Jahren angefangen, jährlich 2000 € einzuzahlen. Er hat 15 Jahre lang eingezahlt. Trotzdem hat Frau A an ihrem 40. Geburtstag mehr Kapital als Herr B.

a) Beschreibe, was auf dem Tabellenblatt unten dargestellt ist.

b) Erstelle selbst diese Tabelle bis zu einem Alter von 65 Jahren.

c) Wie viel Geld haben beide Anleger eingezahlt? Wie hoch ist jeweils der Nettogewinn?

d) In welchem Verhältnis stehen Nettogewinn und investierter Betrag?

BEACHTE
Der **Nettogewinn** ist die Summe, die mit dem eingesetzten Kapital erwirtschaftet wird. Um den Nettogewinn zu ermitteln, wird also vom Kapital am Ende der Laufzeit das Anfangskapital abgezogen.

⊿	A	B	C	D	E	F	G	H
1								
2		Kapital (jährlich)	Zinssatz					
3		2 000 €	10%					
4								
5	Alter	Frau A			Herr B			
6		Kapital (Jahresanfang)	Zinsen	Kapital (Jahresende)	Kapital (Jahresanfang)	Zinsen	Kapital (Jahresende)	
7	16							
8	17							
9	18	2.000,00 €	200,00 €	2.200,00 €				
10	19	4.200,00 €	420,00 €	4.620,00 €				
11	20	6.620,00 €	662,00 €	7.282,00 €				
12	21	9.282,00 €	928,20 €	10.210,20 €				
13	22	12.210,20 €	1.221,02 €	13.431,22 €				
14	23	15.431,22 €	1.543,12 €	16.974,34 €				
15	24	18.974,34 €	1.897,43 €	20.871,78 €				
16	25			22.958,95 €	2.000,00 €	200,00 €	2.200,00 €	
17	26			25.254,85 €	4.200,00 €	420,00 €	4.620,00 €	

Vermischte Übungen

1 Berechne die Jahreszinsen im Kopf.
a) Kapital 100 €, Zinssatz 5 %
b) Kapital 200 €, Zinssatz 5 %
c) Kapital 500 €, Zinssatz 3 %
d) Kapital 200 €, Zinssatz 2 %
e) Kapital 200 €, Zinssatz 4 %
f) Kapital 250 €, Zinssatz 5 %
g) Kapital 110 €, Zinssatz 2 %
h) Kapital 321 €, Zinssatz 10 %

2 Herr Fest legt für ein Jahr 2500 €
zu einem Zinssatz von 3,5 % an.
Wie hoch ist sein Guthaben am Ende
des Jahres?

3 Berechne jeweils die Zinsen für ein Jahr.

	Kapital	Zinssatz
a)	110 €	3 %
b)	1000 €	4,25 %
c)	174 €	1,9 %
d)	37,50 €	2 %
e)	620 €	2,5 %
f)	2500 €	4,5 %
g)	3250 €	5,2 %
h)	4316 €	1,7 %

BEACHTE
Die Lösungen
zu Aufgabe 3
ergeben in der
richtigen Reihen-
folge den Namen
eines Landes.
Auf welchem
Kontinent liegt
dieses Land?
0,75 € (I);
3,30 € (S);
3,31 € (R);
15,50 € (N);
42,50 € (U);
73,37 € (E);
112,50 € (A);
169 € (M)

4 Was fällt dir auf? Formuliere je eine Regel.
a)

p %	2 %	4 %	6 %	8 %	10 %
K	5000 €	5000 €	5000 €	5000 €	5000 €
Z					

b)

p %	3 %	3 %	3 %	3 %	3 %
K	100 €	500 €	1000 €	2000 €	5000 €
Z					

5 Vervollständige.
a) Bleibt der Zinssatz gleich, so sind bei
doppeltem Kapital die Zinsen ▓ so hoch
und bei zehnfachem Kapital die Zinsen
▓ so hoch.
b) Bleibt das Kapital gleich, so sind bei
doppeltem Zinssatz die Zinsen ▓ so hoch
und bei fünffachem Zinssatz die Zinsen
▓ so hoch.

6 Berechne das Kapital im Kopf.
a) 2 % sind 40 €   b) 25 % sind 8 €
c) 10 % sind 120 €   d) 80 % sind 48 €
e) 3 % sind 9 €   f) 45 % sind 270 €

7 Mister Wucher leiht Hänschen 3 € für
10 Tage. Dafür verlangt er 20 Cent Zinsen.

a) Hänschen kann seine Schulden erst nach
5 Monaten (nach einem Jahr) zurückzahlen.
Welchen Betrag müsste er zahlen?
b) Eine Bank bietet für Kredite einen Zinssatz
von 13 % an. Sollte Hänschen lieber dieses
Angebot annehmen?

8 Avides zahlt 10 € auf ein Sparbuch ein,
das mit 2 % verzinst wird.
Wie viel Zinsen bekommt er
a) für ein Jahr,
b) für ein halbes Jahr,
c) für einen Monat,
d) für 8 Monate und 13 Tage,
e) für 10 Monate und 20 Tage?

9 Berechne die Zinsen für den Zeitraum.

	Kapital	Tage	Zinssatz
a)	785 €	37	2,2 %
b)	619 €	84	1,9 %
c)	926 €	244	4,3 %
d)	1035 €	315	4,5 %

10 Ein Gewinn von 18 500 € wird
4 Monate lang auf einem Konto angelegt,
das mit 3,9 % verzinst wird.
Welchen Geldbetrag bekommt man nach
dieser Zeit ausgezahlt?

11 Berechne die Anzahl der Tage für diesen Zeitabschnitt.
a) 01.02. bis 01.05. **b)** 10.02. bis 09.05.
c) 16.05. bis 14.08. **d)** 02.11. bis 16.12.
e) 07.02. bis 24.03. **f)** 28.09. bis 20.12.

12 Berechne die Zinsen für den Zeitraum.
a) 837 € zu 1,85 % vom 01.10. bis 03.12.
b) 1328 € zu 3,9 % vom 28.09. bis 30.10.
c) 1450 € zu 5,5 % vom 18.05. bis 03.10.
d) 613 € zu 3,75 % vom 05.07. bis 05.08.

13 Die Tabelle zeigt verschiedene Konto-stände während eines Jahres.
Vervollständige im Heft bei einem Zinssatz von 1,85 %.

Datum	Tage	Guthaben	Zinsen
01.01.	90	256 €	
01.04.		631 €	
20.06.		791 €	
01.12.	30	41 €	
31.12.	Zinsen für das Jahr gesamt		

14 Berechne die fehlenden Angaben.
Die Anlagedauer beträgt jeweils ein Jahr.

	Kapital	Zinssatz	Zinsen
a)	412 €	4,5 %	
b)	840 €		29,40 €
c)	5500 €	12,5 %	
d)		3,4 %	30,60 €
e)	3000 €		399 €
f)	712 €	4,25 %	
g)		11 %	385 €

15 Ein Darlehen von 15 000 € soll nach einem Jahr einschließlich Zinsen zurück-gezahlt werden. Die Bank fordert 16 650 €.
a) Wie viel Euro Zinsen müssen für das Darlehen gezahlt werden?
b) Welchen Jahreszins berechnete die Bank?

16 Wie hoch ist der Zinssatz?
a) Für ein Guthaben von 1890 € werden 94,50 € Jahreszinsen ausgezahlt.
b) Für ein Guthaben von 1258 € werden nach einem Jahr 81,77 € gutgeschrieben.

17 Frau Taskin kauft ein Haus für 295 000 €. Aus dem Mieteinnahmen verbleiben nach Abzug der Nebenkosten 11 800 €. Das sind ihre Zinsen für das eingesetzte Kapital. Wie hoch ist ihr Zinssatz?

18 Berechne die fehlenden Angaben.

	Kapital	Zinssatz	Laufzeit	Zinsen	Jahreszinsen
a)	3000 €	11,5 %	4 Monate		
b)	500 €	2,5 %	180 Tage		
c)	1000 €			25 €	75 €
d)	400 €	2,5 %		3,50 €	
e)	13 000 €	3,5 %	144 Tage		

19 Frau Ohnesorg hat als Kapitalanlage Wertpapiere im Wert von 4250 € gekauft. Am Jahresende erhält sie 318,75 € Zinsen. Wie viel Geld erhält sie, wenn sie das Kapital mit Zinsen für ein weiteres Jahr zu den gleichen Bedingungen anlegen könnte?

20 Herr Bahr muss eine Rechnung über 650 € innerhalb von 30 Tagen zahlen. Bei Zahlung innerhalb von 8 Tagen erhält er 2 % Skonto.
a) Welcher Betrag wird gespart, wenn Herr Bahr am 8. Tag die Rechnung begleicht?
b) Lohnt es sich für Herrn Bahr, wenn er am 8. Tag die Rechnung begleicht, dabei aber sein Konto um diesen Betrag überzieht? Der Zinssatz beträgt 12,5 %. Begründe.

21 Alexa leiht Lars 800 € für einen Computer. Nach drei Jahren möchte Alexa das Geld zurück haben. Sie einigen sich auf einen Zinssatz von 7 % im Jahr. Wie viel Geld erhält Alexa insgesamt von Lars?

22 ➡ Frau Nguyen muss 380 € für einen Monat leihen. Sie kann entweder einen Kredit aufnehmen oder ihr Konto überziehen. Bei dem Kredit muss sie 10 € Bearbeitungs-gebühr und 410 € zurückzahlen. Für das Überziehen wird ein Zinssatz von 12,5 % im Monat erhoben. Wofür sollte sie sich entscheiden? Begründe.

ERINNERE DICH
Der oder das **Skonto** ist ein Preisnachlass auf den Rechnungs-betrag, der bei Zahlung inner-halb einer be-stimmten Zeit gewährt wird.

23 ➡ „Die deutschen Sparer verschenken Jahr für Jahr Milliarden Euro an Zinserträgen." Darauf weist Klaus Müller, Vorstand der Verbraucherzentrale Nordrhein-Westfalen, aus Anlass des Weltspartags (30. 10.) hin. Was meint Herr Müller? Recherchiere und äußere dich zu dieser Aussage.

24 Marvin verleiht 10 €. Er verlangt täglich 1 ct Zinsen. Berechne den jährlichen Zinssatz.

25 Von Wucherzinsen spricht man, wenn Zinsen mehr als doppelt so hoch sind wie die sonst üblichen Zinsen.
Die Grafik verdeutlicht, wie sich unterschiedlich hohe Zinssätze auf den Schuldenaufbau auswirken. Es wird von Schulden in Höhe von 1 € ausgegangen.

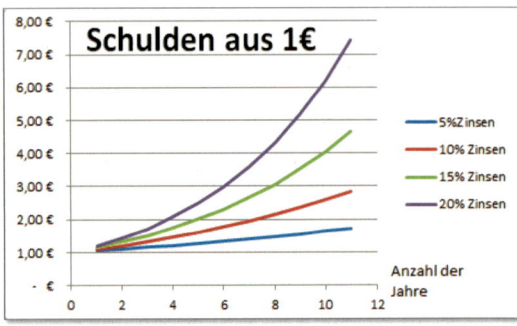

a) Vergleiche, was aus 1 € Schulden nach 10 Jahren geworden ist, wenn man 5 %, 10 %, 15 % oder 20 % Zinsen zugrunde legt.
b) Vergleiche anhand der Grafik die Schuldenentwicklung bei unterschiedlichen Zinssätzen im Laufe der Zeit. Formuliere Sätze.

26 Berechne den Wucherzinssatz.

> Thailand – Am Mittwoch, den 3. September klickten für Chatchan A. (35) und sechs weiteren Komplizen in der Provinz Chiang Mai die Handschellen. Chatchan (…) gewährte hauptsächlich an Markthändler Kredite, worauf er Wucherzinsen verlangte. (…) Wer sich Bares im Wert von 5000 bis 10 000 Baht von ihm und seinen Komplizen auslieh, bezahlte täglich einen Verzugszins von 200 Baht, was auf den Monat gerechnet ca. 6000 Baht ergeben.
>
> *(aus: Wochenblitz)*

27 Paula kauft sich einen PC. Zwei Drittel des Kaufpreises von 1989 € hat sie gespart. Den Rest möchte sie für ein Jahr leihen. Ein Freund bietet ihr eine vierteljährliche Rückzahlung von 180 € an.
Ihr Chef will am Ende des Jahres den geliehenen Betrag plus 55 € zurückhaben. Wie hoch ist der Zinssatz des günstigeren Angebots?

28 Ein Handwerksbetrieb braucht für ein Jahr einen Kredit über 18 000 €. Es liegen drei Angebote vor:

> **A** 15 000 € zu 4,5 %;
> weitere 3000 € zu 6,35 %

> **B** 12 000 € zu 4,5 %; 6000 € zu 6,5 %

> **C** 8500 € zu 4,9 %; 9500 € zu 5,1 %

Wie viel kostet das günstigste Angebot?

29 Nur kein Geld verschenken!!!
Laut Statistik der Deutschen Bundesbank haben die deutschen Privatpersonen rund 836 Milliarden € als täglich verfügbares Geld angelegt – und das zu einem Zins von durchschnittlich 0,6 %.
Wie viel Geld „verschenken" die deutschen Sparer Jahr für Jahr? Nutze zur Berechnung die folgenden Werbetexte:

> **Gold-Girokonto – Mehr als ein Konto**
> - kostenlose Kontoführung
> - **1,1** % Guthabenverzinsung
> - No-Risk-Garantie

> **Ihr Geld liegt ungenutzt auf Ihrem zinslosen Girokonto?**
> Das muss nicht sein!
> Bei der Bank *Viersterne* warten die Extra Konten, die Ihnen satte 2,5 % Zinsen im Jahr einbringen.
> Und Ihr Geld bleibt trotzdem täglich verfügbar!

Tabellenkalkulationsaufgaben

30 Erstelle mit einem Tabellenkalkulationsprogramm einen Tilgungsplan für einen Kredit über 17 000 € zu einem Zinssatz von 5,9 %. Die jährlichen Raten betragen 3000 €.
a) Nach wie vielen Jahren ist der Kredit abbezahlt?
b) Nach wie vielen Jahren ist der Kredit bei jährlichen Raten von 2500 € abbezahlt?
c) Erstelle ein Säulendiagramm, in dem man die Kredithöhe für jedes Jahr ablesen kann.

31 Jérôme legt 975 € für 8 Jahre an. Im ersten Jahr bekommt er 1,5 % Zinsen, im zweiten Jahr 2,0 %, im dritten Jahr 2,5 % usw.
Wie hoch ist sein Endkapital? Um wie viel Prozent ist sein Anfangskapital angewachsen?

32 Anne hat ihr Girokonto mit 1000 € überzogen. Der Zinssatz für den Dispositionskredit beträgt 12 %. Wie entwickeln sich über mehrere Jahre ihre Schulden, wenn kein Geld mehr auf das Konto eingezahlt wird und sie sich nicht mehr darum kümmert?
a) Berechne und schreibe deine Ergebnisse übersichtlich auf. Zeichne ein Diagramm. Nutze dazu ein Tabellenkalkulationsprogramm.
b) Wann haben sich die Schulden verdoppelt?

33 Erstelle mit einem Tabellenkalkulationsprogramm ein Tabellenblatt zur Berechnung der Tageszinsen in einem angegebenen Zeitraum (hier: 7.2. – 28.6.). Nutze die Starthilfe.

a) Wie heißt die Formel zur Berechnung der Tageszinsen, wenn Laufzeit, Kapital und Zinssatz gegeben sind?
b) Gib je ein Beispiel für eine relative und eine absolute Adressierung an.
c) Gib die Formeln in den Zellen **B10**, **B12** und **B13** an.
d) Erkläre den Eintrag in **B11**: =(G7−D7−1)*30
e) Entwickle eine Formel zur Kontrolle der Zinsen für die Zelle **D14**.

	D13	▾	*fx*	=SUMME(D10:D12)		
	A	**B**	**C**	**D**	**E**	**F**	**G**
1		Berechnung von Tageszinsen					
2							
3		-	**Kapital**	**Zinssatz**			
4			**2.500 €**	**2,75%**			
5							
6			**Tag**	**Monat**		**Tag**	**Monat**
7		für die Zeit von	7	2	bis	28	6
8							
9		**Anzahl der Tage**					
10	1. Monat	23		4,39 €			
11	volle Monate	90		17,19 €			
12	letzter Monat	28		5,35 €			
13	insgesamt:	141	Gesamtzinsen:	26,93 €			
14			Gesamtzinsen Kontrolle:	26,93 €			
15							

34 Markos Eltern sind beide 40 Jahre alt und verfügen über ein gemeinsames Netto-Jahreseinkommen von 89 000 €. Sie benötigen für einen Hauskauf einen Kredit über 146 000 € und wollen ihn bei 4,5 % Zinssatz mit jährlichen Raten von 12 000 € tilgen.
a) Erstelle mit Hilfe eines Tabellenkalkulationsprogramms einen Tilgungsplan.
Wie lange läuft der Kredit, bis er abbezahlt ist?
b) Was wird passieren, wenn das Jahreseinkommen nach 10 Jahren sinkt und als maximale Tilgungsrate nur noch 9000 € in Frage kommen? Ermittle die Restschuld nach Ablauf des 10. Jahres. Erstelle mit dieser Restschuld einen neuen Finanzierungsplan (Tilgungsrate 9000 €).

Sparen für den Führerschein

Die Kosten für den Erwerb des Autoführerscheins sind von Ort zu Ort sehr verschieden. Jan, Mara und Emma rechnen mit etwa 2000 €. Sie überlegen, wie sie diese Summe am besten ansparen können.

a) Jan findet das Angebot, das im Tabellenblatt dargestellt ist.

Er staunt, dass die angelegten 500 € nach 10 Jahren um mehr als 20 % angewachsen sind. Um wie viel Prozent sind die 500 € nach 2 Jahren und nach 5 Jahren gewachsen?

	A	B	C	D
1			Zinseszinsen	
2				
3	Kapital	500,00 €	Zinssatz in %	2,00
4				
5	Jahr	Kapital am 01.Januar	Zinsen	Kapital am 31.Dezember
6	1	500,00 €	10,00 €	510,00 €
7	2	510,00 €	10,20 €	520,20 €
8	3	520,20 €	10,40 €	530,60 €
9	4	530,60 €	10,61 €	541,22 €
10	5	541,22 €	10,82 €	552,04 €
11	6	552,04 €	11,04 €	563,08 €
12	7	563,08 €	11,26 €	574,34 €
13	8	574,34 €	11,49 €	585,83 €
14	9	585,83 €	11,72 €	597,55 €
15	10	597,55 €	11,95 €	609,50 €
16				

b) Jan meint, seine Eltern sollten für ihn 1000 € zu den Bedingungen wie auf dem Tabellenblatt anlegen. Dann hätte er nach 10 Jahren das Geld für den Führerschein zusammen. Was meinst du? Begründe.

c) Jans Eltern wollen für ihn ein Führerschein-Sparkonto zu diesen Bedingungen einrichten: *Ansparen bis 3000 € möglich, Einzahlung 120 € im Jahr, Zinssatz 2 % p. a.* Im ersten Jahr wollen sie 1000 € als Startkapital einzahlen. Ab dem zweiten Jahr soll Jan die jährlichen Zahlungen übernehmen. Wie groß wäre der Sparbetrag nach 1, 2, …, 10 Jahren? Wann müsste Jan mit dem Ansparen beginnen?

d) Mara hat einen größeren Geldbetrag geschenkt bekommen. Sie möchte davon 1000 € bei einer Bank anlegen, damit sie in 5 Jahren ihren Führerschein finanzieren kann. Sie findet drei Angebote für junge Sparer:

Brief-Bank
Wachsender Zins!
1 % Zinsen im 1. Jahr und jedes Jahr 0,5 % Zinsen mehr!
Laufzeit für Zinsen und Kapital: 5 Jahre

Acker-Bank
Hol dir deine Prämie!
1,5 % Zinsen p. a.
Laufzeit: 5 Jahre
Sparprämie nach 5 Jahren: 25 % von den Zinsen!

Spaß-Kasse
Dein Geld spart für dich!
Einzahlung: 1000 €
Du erhältst nach 5 Jahren 1100 € zurück!

Welches Angebot ist das günstigste?
Beschreibe die Rechnungen, die du durchgeführt hast.

e) Lege ein Tabellenblatt an, mit dem du die Zinsen von der Brief-Bank und der Acker-Bank für verschiedene Kapitalbeträge berechnen kannst. Wie viel Euro müsste Mara jeweils anlegen, damit sie nach 5 Jahren das Geld für den Führerschein zusammen hat?

f) Sayda hat ihre Ersparnisse für ein Jahr fest angelegt. Sie erhält am Jahresende 100 € Zinsen. Wie viel Zinsen hätte sie erhalten …
  – bei doppelt so hohen Ersparnissen und doppelt so hohem Zinssatz?
  – bei doppelt so hohen Ersparnissen und halb so hohem Zinssatz?
  – für die Hälfte der Ersparnisse und halb so hohem Zinssatz?

Alles klar?

Entscheide, ob die Aussagen richtig oder falsch sind.
Begründe deine Entscheidung im Heft und korrigiere gegebenenfalls.

1 Begriffe der Zinsrechnung

a) Der Grundwert G entspricht in der Zinsrechnung den Zinsen Z.

b) Bei einem Kapital von 120 € und dem Zinssatz 4,5 % betragen die Jahreszinsen 5,40 €.

c) Mehmet erhält 4,80 € Jahreszinsen für einen festen Betrag zu 3,5 %. Das sind 137,14 €.

d) Für 3000 € sind 320 € Jahreszinsen zu zahlen. Der Zinssatz beträgt 8 %.

2 Tageszinsen und Zinseszinsen berechnen

a) Die Summe der Zinstage vom 18.03. – 12.11. eines Jahres betragen 235 Tage.

b) Die Tageszinsformel lautet $Z = K \cdot p\% \cdot t$.

c) Aus den gegebenen Größen $K = 825$ €; $p\% = 3,75\%$ und einer Laufzeit vom 13.08. bis zum 28.12. ergeben sich die gesuchten Größen $t = 135$ Zinstage und $Z = 21,60$ €.

d) 15 000 € ergeben nach 48 Tagen 50 € Zinsen. Der Zinssatz war also 2,5 %.

e) Marie überzieht ihr Konto um 80 € vier Monate lang bei einem Zinssatz von 10,2 %. Sie muss dafür 10,20 € bezahlen.

f) Herr Gräfe zahlt 2000 € auf ein Konto ein, das mit 2,5 % verzinst wird.
Nach zwei Jahren hat er ein Kapitel von 2025 €, wenn die Zinsen mitverzinst werden.

g) Herr Nieto zahlt 2400 € in seinen Bausparvertrag ein. Er hat nach 3 Jahren bei einem gleich bleibenden Zinssatz von 3,5 % ein Kapital von 2660,92 €. Die Zinsen werden mit verzinst.

3 Tabellenkalkulation

Mit einem Tabellenkalkulationsprogramm wurde ein Tilgungsplan für einen Kredit über 32 000 € zu einem Zinssatz von 4,9 % erstellt.

	A	B	C	D	E	F
1	Tilgungsplan					
2						
3	Darlehen	32.000,00 €	Zinssatz	4,9%	Raten (jährlich)	5.500,00 €
4						
5						
6	Jahr	Restschuld	Zinsen	Restschuld+ Zinsen	Tilgungsrate	Restschuld nach Tilgung
7	1	32000	1568	33568	5500	28068
8	2	28068	1375	29443	5500	23943
9	3	23943	1173	25117	5500	19617
10	4	19617	961	20578	5500	15078
11	5	15078	739	15817	5500	10317
12	6	10317	506	10822	5500	5322
13	7	5322	261	5583	5500	83
14	8	83	4	87	5500	-5413
15						

a) Die jährliche Tilgungsrate beträgt 5500 €.

b) Die Restschuld nach sieben Jahren ist 0.

c) In Zelle **E7** kann die Formel =$F$3 stehen. Es wird immer der Wert aus der Zelle **F3** verwendet.

d) Mit der Formel =B7+$C$7 wird in **D7** die Restschuld plus Zinsen berechnet.

e) Mit der Formel =B10*$D$3 in **C10** berechnet man die Zinsen nach dem vierten Jahr.

BEACHTE
Die Lösungen zu den Aufgaben auf dieser Seite sowie dazu passende Trainingsaufgaben findest du ab Seite 196.

Zusammenfassung

→ Seite 116

Begriffe der Zinsrechnung

Begriffe der Prozentrechnung	Prozentsatz $p\,\%$	Grundwert G	Prozentwert W	
Begriffe der Zinsrechnung	Zinssatz $p\,\%$	Kapital K (Guthaben, Kredit)	Zinsen Z	Zeit t (Laufzeit, Ausleihzeit)
BEISPIEL	$2\,\%$ von	$420\,€$	sind $8{,}40\,€$	Laufzeit: ein Jahr

Um die **Jahreszinsen** zu berechnen, kann man den Dreisatz nutzen oder die Zinsformel.

$$Z = \frac{K \cdot p}{100} \quad \text{oder} \quad \frac{Z}{K} = \frac{p}{100}$$

$85\,€$ werden mit $12\,\%$ verzinst. Wie hoch sind die Zinsen?

Anteil	Betrag (in €)
$100\,\%$	85
$1\,\%$	$0{,}85$
$12\,\%$	$10{,}20$

$: 100$ $\cdot 12$ (links) $: 100$ $\cdot 12$ (rechts)

Die Zinsen betragen $10{,}20\,€$.

$$Z = 85 \cdot \frac{12}{100} = 10{,}2$$

Sind die Jahreszinsen und der Zinssatz bekannt, kann das **Kapital** mit dem Dreisatz oder mit Hilfe der umgestellten Zinsformel berechnet werden.

$$K = \frac{Z \cdot 100}{p} \quad \text{oder} \quad \frac{K}{Z} = \frac{100}{p}$$

$32\,\%$ Zinsen sind $80\,€$. Wie hoch ist das Kapital?

Anteil	Betrag (in €)
$32\,\%$	80
$1\,\%$	$2{,}50$
$100\,\%$	250

$: 32$ $\cdot 100$ (links) $: 32$ $\cdot 100$ (rechts)

Das Kapital beträgt $250\,€$.

$$K = 80 \cdot \frac{100}{32} = 250$$

Sind Kapital und Jahreszinsen bekannt, kann der **Zinssatz** mit dem Dreisatz oder mit Hilfe der umgestellten Zinsformel berechnet werden.

$$p = \frac{Z \cdot 100}{K} \quad \text{oder} \quad \frac{p}{100} = \frac{Z}{K}$$

$125\,€$ Kapital ergeben $6\,€$ Zinsen. Wie hoch ist der Zinssatz?

Betrag (in €)	Anteil
125	$100\,\%$
1	$0{,}8\,\%$
6	$4{,}8\,\%$

$: 125$ $\cdot 6$ (links) $: 125$ $\cdot 6$ (rechts)

Der Zinssatz beträgt $4{,}8\,\%$.

$$p\,\% = \frac{6}{125} = 0{,}048 = 4{,}8\,\%$$

→ Seite 122

Tageszinsen und Zinseszinsen berechnen

Die **Zinsen für Teile eines Jahres** kann man berechnen, indem man das Kapital mit dem Zinssatz multipliziert und mit dem Bruchteil eines Jahres multipliziert.

$$Z = K \cdot p\,\% \cdot t$$

$1400\,€$ werden für 3 Monate zu $2{,}2\,\%$ angelegt. Wie hoch sind die Zinsen?

$$Z = 1400\,€ \cdot 2{,}2\,\% \cdot \frac{90}{360}$$
$$= 1400\,€ \cdot 2{,}2\,\% \cdot \frac{1}{4}$$
$$= 7{,}70\,€$$

Zinseszinsen entstehen, wenn Zinsen angelegt werden und wieder Zinsen erbringen.

$1400\,€$ werden zu $2{,}2\,\%$ angelegt. Wie hoch sind die Zinsen nach 2 Jahren?

Nach 1 Jahr: $Z = 1400\,€ \cdot \frac{2{,}2}{100} = 30{,}80\,€$

Nach 2 Jahren: $Z = 1430{,}80\,€ \cdot \frac{2{,}2}{100} = 31{,}48\,€$

Prismen und Zylinder

Das Dockland ist ein Bürogebäude an der Elbe in Hamburg. Das Gebäude hat die Form eines Prismas mit einem Parallelogramm als Grundfläche.

In diesem Kapitel erfährst du, welche Eigenschaften Prismen und Zylinder haben und was beide verbindet. Außerdem lernst du, wie man den Oberflächeninhalt und das Volumen von beiden bestimmt. Damit kann man zum Beispiel berechnen, wie viel Material man für eine Dose benötigt.

Noch fit?

1 Gib in der in Klammern stehenden Einheit an.

a) 4 cm (mm)   **b)** 2500 m (km)   **c)** 5 cm (dm)   **d)** 67 mm (cm)

e) 4 cm² (mm²)   **f)** 300 m² (dm²)   **g)** 5 cm² (dm²)   **h)** 67 mm² (cm²)

i) 4 cm³ (mm³)   **j)** 9000 m³ (dm³)   **k)** 3 ℓ (cm³)   **l)** 67 mm³ (cm³)

2 Bestimme die Flächeninhalte. Miss die notwendigen Maße in der Zeichnung nach.

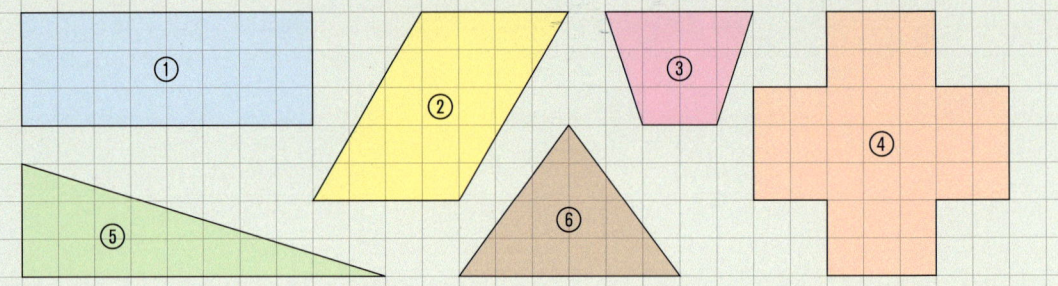

3 Übertrage ins Heft und vervollständige die angefangenen Zeichnungen zum Schrägbild eines Quaders. Gib die Kantenlängen des Quaders an.

a)   **b)**   **c)**   **d)**

ERINNERE DICH
- Vorderfläche zeichnen
- nach hinten verlaufende Kanten auf die Hälfte verkürzen und mit $\alpha = 45°$ antragen
- verdeckte Kanten stricheln

4 Zeichne das Schrägbild eines Würfels mit einer Kantenlänge von 4,2 cm.
Berechne sein Volumen und seinen Oberflächeninhalt.

5 Zeichne die Körpernetze auf Papier. Zeichne dabei zunächst die Grundfläche.
Beginne mit einer Planfigur, also einer Skizze mit Maßangaben, die nicht maßstäblich ist.

a) Quader mit $a = 3$ cm, $b = 2$ cm, $c = 1{,}5$ cm   **b)** Würfel mit $a = 3$ cm

6 Gib eine Formel für den Umfang und Flächeninhalt eines ... an.

a) Kreises   **b)** Parallelograms   **c)** Trapez

7 Überlege vorher genau! Zeichne ...

a) ein Quadrat mit einem Flächeninhalt von 12,25 cm².

b) zwei unterschiedliche Rechtecke mit einem Flächeninhalt von 14 cm².

c) zwei unterschiedliche Dreiecke mit einem Flächeninhalt von 6 cm².

d) ein Trapez mit einem Flächeninhalt von 10 cm².

BUNT GEMISCHT

1. Ist 0,24 : 0,6 = 24 : 6? Begründe.
2. Berechne 25 % von 800 € und 3 % von 700 €.
3. Ein Würfel hat einen Oberflächeninhalt von 24 cm². Bestimme seine Kantenlänge.
4. Wie viele Stunden hast du in deinem Leben bisher geschlafen? Eher 50 000 h oder eher 500 000 h?

Prismen erkennen und zeichnen

Erforschen und Entdecken

1 Betrachtet die Verpackungen.

a) Nennt Gemeinsamkeiten und Unterschiede der Verpackungen.

b) Saskia behauptet, dass die Verpackungen hauptsächlich aus Rechtecken bestehen. Kann das sein? Begründet und diskutiert darüber.

c) Nennt weitere Dinge aus eurer Umgebung (z. B. andere Verpackungen, Möbel oder Gebäude), die eine ähnliche Form besitzen.

ZUM WEITERARBEITEN
Überlege, warum die Hersteller solche Formen als Verpackungen verwendet haben.

2 Welcher Körper passt nicht in die Reihe? Begründet eure Auswahl.

a)

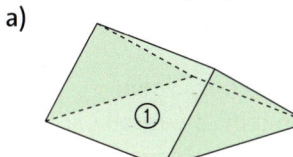 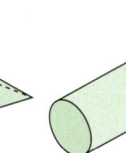 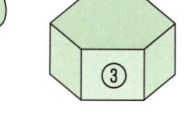 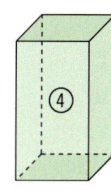

b)

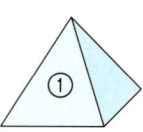 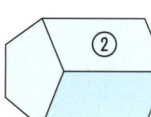 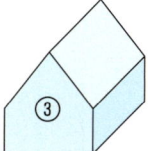 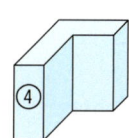

3 Mika soll ein 4 cm hohes Prisma mit einem gleichschenkligen Dreieck als Grundfläche zeichnen. Die Grundseite des Dreiecks ist 2,5 cm lang, die Höhe des Dreiecks beträgt 2 cm. Mika hat drei unterschiedliche Vorgehensweisen ausprobiert.

a) Erkläre jeweils, wie er vorgegangen sein könnte, und zeichne die Säulen nach.

b) Worin unterscheiden sich die Zeichnungen?

c) Welche Vorgehensweise findest du am einfachsten?

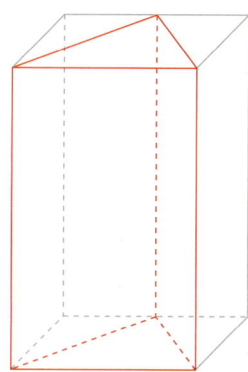 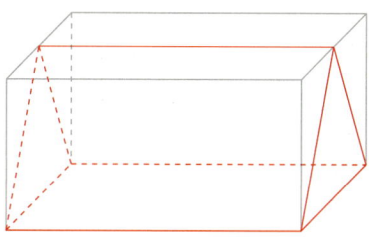 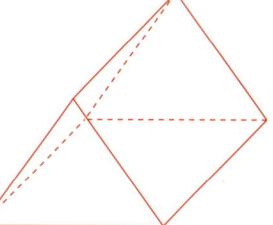

Lesen und Verstehen

Hersteller von Süßigkeiten nutzen als Verpackungen oft Prismen verschiedener Art. Ihre Verpackungen sollen ein besonderes Aussehen haben und vom Kunden schnell wiedererkannt werden.

Ein **Prisma** ist ein geometrischer Körper,
- bei dem die Grundfläche A_G und die Deckfläche A_D Vielecke sind, die
  - deckungsgleich und
  - parallel zueinander sind,
- bei dem die Seitenflächen Rechtecke sind, die senkrecht auf der Grundfläche und auf der Deckfläche stehen.

BEISPIEL

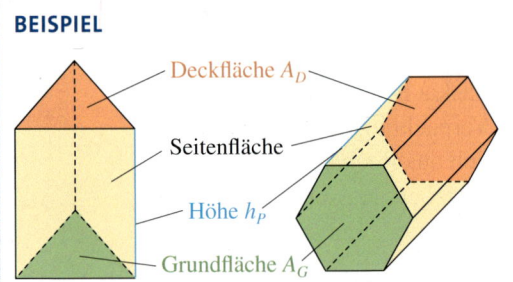

Deckfläche A_D

Seitenfläche

Höhe h_P

Grundfläche A_G

BEACHTE
Stehen die Seitenflächen nicht senkrecht auf der Grund- und Deckfläche, so spricht man von einem „schiefen Prisma".

Die Seitenflächen bilden die **Mantelfläche** A_M des Prismas.
Der Abstand zwischen Grundfläche und Deckfläche heißt **Höhe des Prismas** h_P.

Schrägbilder von Prismen kann man auf mehrere verschiedene Arten zeichnen.

BEACHTE
Bei Schrägbildern werden Strecken, die „nach hinten" verlaufen, um die Hälfte verkürzt und 90°-Winkel werden zu 45°-Winkeln.

Möglichkeit 1
auf A_G stehend
Jedes Prisma kann von einem Quader eingeschlossen werden. Den Quader zeichnet man als Schrägbild. Anschließend zeichnet man in den Quader das Prisma ein.

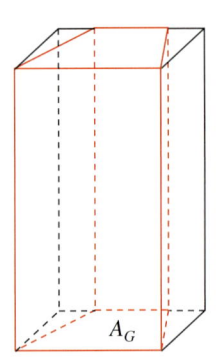

A_G

Möglichkeit 2
auf Seitenfläche liegend, A_G vorne
Man zeichnet die Grundfläche frontal als Vorderseite. Die Höhe wird dann von den Eckpunkten aus in einem Winkel von 45° und in halber Länge abgetragen.

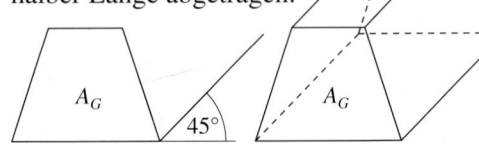

A_G 45° A_G

Basisaufgaben

1 Welche der Körper sind Prismen? Begründe. Benenne die Grundfläche und gib ihre Lage an.

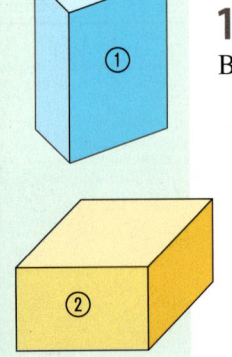

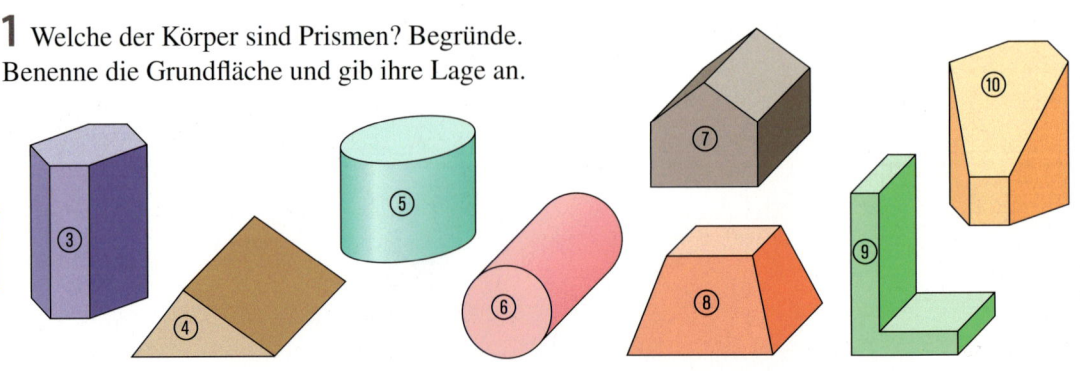

2 Dachdecker unterscheiden verschiedene Dachformen. Mit welchen Dachformen handelt es sich bei den Häusern um Prismen? Begründe.

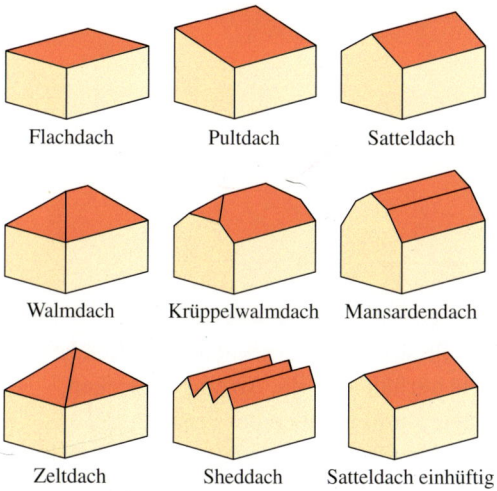

Flachdach   Pultdach   Satteldach

Walmdach   Krüppelwalmdach   Mansardendach

Zeltdach   Sheddach   Satteldach einhüftig

3 Handelt es sich bei den Objekten um Prismen? Begründe.

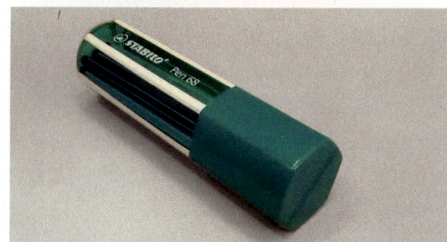

Nenne aus deiner Umgebung weitere Dinge, die die Form eines Prismas haben.

4 ▰▶ Malte behauptet, dass jeder Quader auch ein Prisma ist. Überprüfe, ob Maltes Aussage richtig ist. Begründe.

5 Übertrage die Figur auf Papier und ergänze sie zum Schrägbild eines 8 cm langen Prismas.

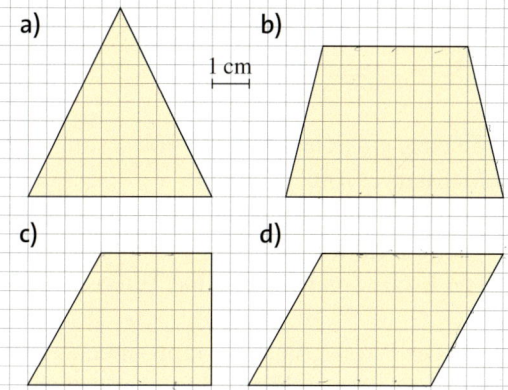

a)   b)   1 cm

c)   d)

6 Übertrage das Schrägbild eines Quaders dreimal in dein Heft.

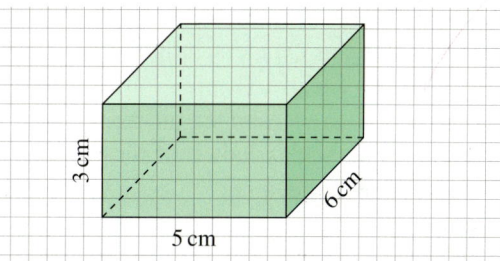

3 cm   6 cm   5 cm

a) Zeichne in den ersten Quader ein Prisma mit einem rechtwinkligen Dreieck als Grundfläche.
b) Zeichne in den zweiten Quader ein Prisma mit einem gleichschenkligen Dreieck als Grundfläche.
c) Zeichne in den dritten Quader ein Prisma mit einem Trapez als Grundfläche.

7 Zeichne das Schrägbild eines 10 cm hohen Prismas, dessen Grundfläche …
a) ein gleichseitiges Dreieck mit $a = 3\,cm$,
b) ein gleichschenkliges Dreieck mit $c = 4\,cm$ und $a = b = 3\,cm$,
c) ein rechtwinkliges Dreieck mit $a = 4\,cm$, $b = 6\,cm$ und $\gamma = 90°$,
d) eine Raute mit $a = 3\,cm$ und $\alpha = 60°$,
e) ein gleichschenkliges Trapez mit $a \parallel c$ und $a = 5\,cm$, $c = 3\,cm$ und $h_a = 2\,cm$ ist.

Weiterführende Aufgaben

8 Dieses Haus ist 11 m lang.

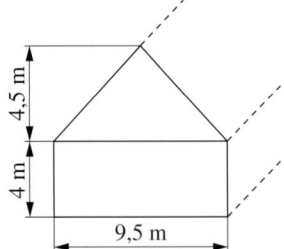

4,5 m

4 m

9,5 m

a) Zeichne ein Schrägbild des Hauses im Maßstab 1 : 100.

b) Ergänze in deiner Zeichnung Fenster und Türen. Denke an eine ausreichende Höhe und Breite von Fenstern und Türen.

9 ➡ Die Firma „Elektro-Trapp" möchte ihr Logo „ET" für eine Messe aus einem quaderförmigen Styroporblock mit den Abmessungen 90 cm × 120 cm × 60 cm ausschneiden.

a) Zeichne ein Schrägbild des Styroporblocks im Maßstab 1 : 10.

b) Zeichne in das Quaderschrägbild das Logo der Firma „Elektro-Trapp".
Vergleicht eure Lösungen untereinander. Welchen Vorschlag haltet ihr für besonders gut geeignet?

10 ➡ Sind die folgenden Aussagen wahr?

a) Jedes Prisma hat mindestens drei Rechtecke.

b) In einem Prisma sind Deck- und Seitenflächen parallel.

c) In einem Prisma steht die Grundfläche senkrecht auf allen Seitenflächen.

d) Es gibt kein Prisma mit 10 Ecken.

e) Ein Prisma besitzt immer mehr Ecken als Kanten.

f) Bei einem Quader kann man nicht genau sagen, ob er auf der Grund- oder Seitenfläche steht.

11 Der Mantel eines Prismas besteht aus drei Rechtecken, die 4 cm lang und 5 cm breit sind.

a) Welche Form hat die Grundfläche?

b) Zeichne ein Schrägbild des Prismas. Findest du mehrere Möglichkeiten?

12 ➡ In dieser Abbildung eines Prismas mit dreieckiger Grundfläche sind die Ecken rot und die Kanten grün gefärbt.

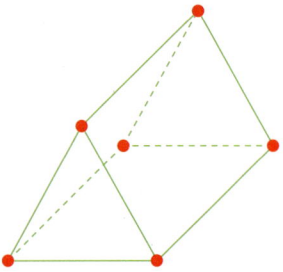

a) Wie viele Ecken, Kanten und Flächen hat das Prisma mit dreieckiger Grundfläche?

b) Wie verhält sich die Anzahl der Ecken, Kanten und Flächen bei Prismen mit anderen Grundflächen?
Vervollständige die Tabelle in deinem Heft.

Grundfläche des Prismas	Anzahl am Prisma		
	Ecken (E)	Kanten (K)	Flächen (F)
Dreieck	6		
Viereck		12	
Fünfeck			7
Sechseck			
Siebeneck			
Achteck			
Neuneck			
Zehneck			

c) Wie viele Ecken (Kanten; Flächen) besitzt ein Prisma mit einem 17-Eck als Grundfläche? Begründe.

d) Gib für die Anzahl der Ecken, Kanten und Flächen in einem Prisma mit einem n-Eck als Grundfläche eine Formel an.
Vergleicht eure Formeln untereinander.

e) Gibt es ein Prisma mit 237 Ecken (351 Kanten; 4 Flächen)?

f) Beweise, dass für alle Prismen gilt:
$E + F - K = 2$,
wobei E die Anzahl der Ecken, F die Anzahl der Flächen und K die Anzahl der Kanten bezeichnet.

g) Überprüfe, ob die Formel $E + F - K = 2$ auch für die Körper aus Aufgabe 1 (Seite 138) gilt, die keine Prismen sind.

■ Mantel- und Oberflächeninhalt von Prismen

Erforschen und Entdecken

1 Im Schrägbild eines 2 cm breiten, 3 cm tiefen und 6 cm hohen Quaders wurde ein Prisma mit einem rechtwinkligen Dreieck als Grundfläche eingezeichnet (siehe Randspalte). Sophia ist der Meinung, dass der Oberflächeninhalt des Quaders doppelt so groß ist wie der des Prismas. Tom ist anderer Ansicht. Was meinst du?

Um den Oberflächeninhalt zu vergleichen, haben Tom und Sophia Netze des Quaders und des Prismas gezeichnet.

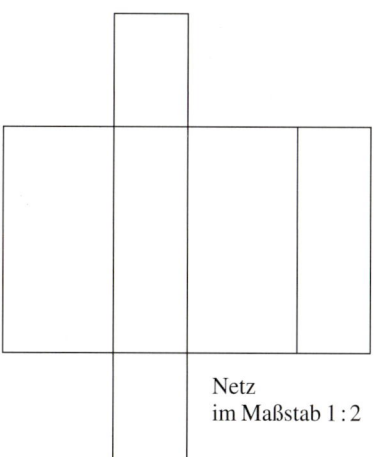

Netz
im Maßstab 1:2

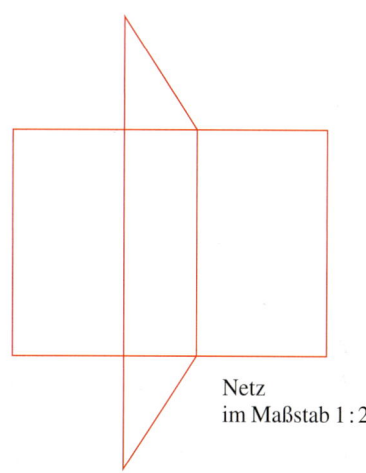

Netz
im Maßstab 1:2

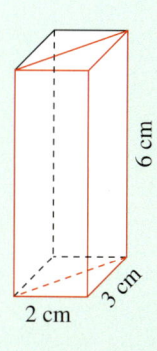

a) Welches Netz gehört zum Dreiecksprisma, welches zum Quader? Begründe.
b) Zeichne die Netze mit den gegebenen Längen in dein Heft.
c) Markiere gleich große Flächen im Netz des Quaders und des Dreiecksprismas in den gleichen Farben.
d) Begründe mit Hilfe des entstandenen Netzes, warum Sophias Meinung falsch ist.
e) Berechne die Flächeninhalte der Dreiecke und Rechtecke in den Netzen.
f) Bestimme den Oberflächeninhalt des Quaders und den des Dreiecksprismas.

2 Dies ist die aufgeschnittene Schachtel einer Süßigkeit aus der Randspalte.
a) Um welchen Körper handelt es sich? Begründe.
b) Bei welchen fünf Flächen handelt es sich um Klebelaschen? Welche Flächen sind gleich groß?
c) Die Verpackung ist im Original 20,8 cm hoch und hat eine Seitenlänge von 3,5 cm. Zeichne das Netz der Verpackung in einem geeigneten Maßstab in dein Heft. Klebelaschen müssen nicht mitgezeichnet werden.
d) Bestimme den Oberflächeninhalt der Verpackung (ohne Klebelaschen). Vergleicht die Lösungen in der Gruppe.

Lesen und Verstehen

Ein Designer soll eine originelle Verpackung für Schokolinsen entwerfen. Er hat sich für ein Prisma mit dreieckiger Grundfläche entschieden.

Der Süßwarenhersteller möchte aus Kostengründen wissen, wie viel Pappe für die Verpackung mindestens benötigt wird. Dazu zeichnet der Designer das Netz der Verpackung ohne Klebefalz.

Um den Mantelflächeninhalt A_M oder den Oberflächeninhalt A_O eines Prismas zu bestimmen, muss der Flächeninhalt der einzelnen Flächen berechnet und summiert werden.

Die Anzahl der Seitenflächen ist die Anzahl der Ecken der Grundfläche.

> Die **Mantelfläche** A_M eines Prismas besteht aus allen rechteckigen Seitenflächen.
> $$A_M = A_1 + A_2 + \ldots + A_n$$

Die Mantelfläche eines Prismas ist ein aus den Seitenflächen zusammengesetztes Rechteck. Seine eine Länge ist der Umfang der Grundfläche, die andere die Höhe des Prismas. Es gilt demnach auch:
$$A_M = u_G \cdot h_P$$

> Die **Oberfläche** A_O eines Prismas besteht aus der Mantelfläche sowie der Grund- und der Deckfläche.
> $$A_O = A_M + 2 \cdot A_G$$
> $$= A_1 + A_2 + \ldots + A_n + 2 \cdot A_G$$

BEACHTE
Sind nicht alle benötigten Maße der Grundfläche gegeben, dann zeichne die Fläche und entnimm die Maße deiner Zeichnung.

BEISPIEL

$h_P = 10\,\text{cm}$, A_3, $2\,\text{cm}$, $2\,\text{cm}$, A_G, $3\,\text{cm}$, $3{,}5\,\text{cm}$, A_2, A_G, $1{,}7\,\text{cm}$, $3\,\text{cm}$, A_1

Teilflächenberechnung:
$A_1 = 3\,\text{cm} \cdot 10\,\text{cm}$; $A_1 = 30\,\text{cm}^2$
$A_2 = 3{,}5\,\text{cm} \cdot 10\,\text{cm}$; $A_2 = 35\,\text{cm}^2$
$A_3 = 2\,\text{cm} \cdot 10\,\text{cm}$; $A_3 = 20\,\text{cm}^2$
$A_G = \frac{3{,}5 \cdot 1{,}7}{2}\,\text{cm}^2$; $A_G = 2{,}975\,\text{cm}^2$

Inhalt der Mantelfläche:

$A_M = A_1 + A_2 + A_3$	$A_M = u_G \cdot h_P$
$A_M = 30 + 35 + 20$	$A_M = (2 + 3 + 3{,}5) \cdot 10$
$A_M = 85\,\text{cm}^2$	$A_M = 85\,\text{cm}^2$

Oberflächeninhalt:
$A_O = A_M + 2 \cdot A_G$
$A_O = 85\,\text{cm}^2 + 2 \cdot 2{,}975\,\text{cm}^2 = 90{,}95\,\text{cm}^2$

Für die Verpackung werden mindestens 90,95 cm² Pappe benötigt.

Basisaufgaben

1 Kennzeichne im Heft die Mantelfläche blau und die Grund- und Deckfläche rot.

a)   b)

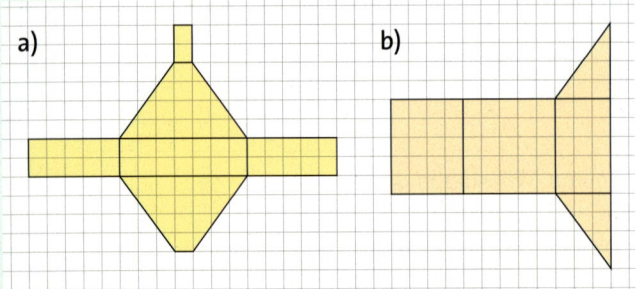

2 Lassen sich die Netze zu Prismen zusammensetzen? Begründe.

a)   b)

c)   d)

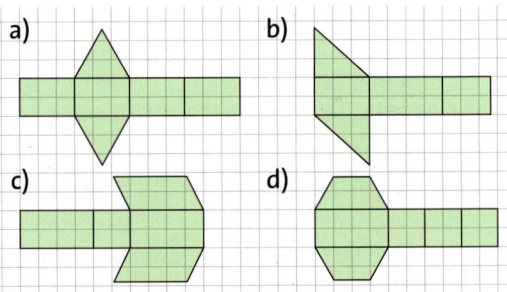

3 Übertrage auf Papier und ergänze zu Netzen von Prismen mit dreieckiger Grundfläche.

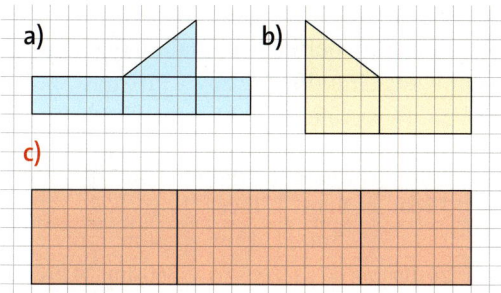

a)

b)

c)

4 Diese Vielecke sind die Grundflächen von 3 cm hohen Prismen.
Übertrage in dein Heft und ergänze das Netz des Prismas.

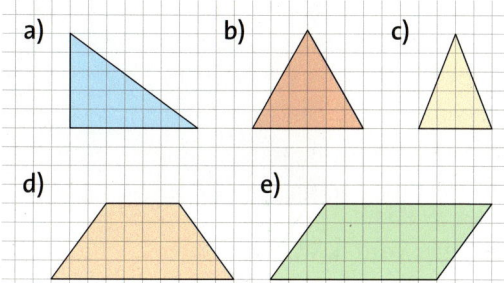

a)

b)

c)

d)

e)

5 ▥ Ben sagt: „Wenn die Grundfläche eines Prismas 50 cm² groß ist und die Mantelfläche 100 cm², dann hat das Prisma einen Oberflächeninhalt von 150 cm²."
Erkläre, welchen Fehler er gemacht hat.

6 Von einem Prisma sind zwei der drei Größen Inhalt der Grundfläche, Inhalt der Mantelfläche und Oberflächeninhalt gegeben. Berechne die fehlende Größe.

	Inhalt der Grundfläche A_G	Inhalt der Mantelfläche A_M	Oberflächeninhalt A_O
a)	15 cm²	40 cm²	70cm²
b)	20 m²	50cm²	90 m²
c)	3cm²	7 mm²	13 mm²
d)	9 dm²	24 dm	42 dm²
e)		20 dm²	1 m²
f)	150 cm²	2 dm²	
g)	800 cm²		0,66 m²
h)		0,0025 m²	7500 mm²

7 Die Abbildung zeigt das vollständige Netz eines Prismas mit dreieckiger Grundfläche.

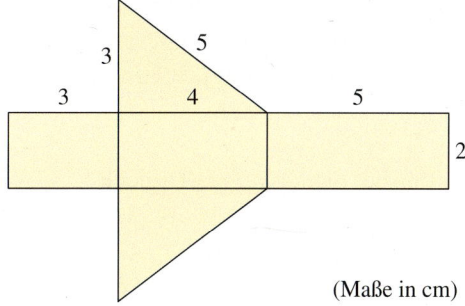

(Maße in cm)

a) Berechne den Inhalt der Grundfläche des Prismas.
b) Bestimme den Mantelflächeninhalt.
c) Berechne den Oberflächeninhalt.
d) Zeichne ein Schrägbild.

8 Berechne den Oberflächeninhalt der Prismen (Maße in cm).

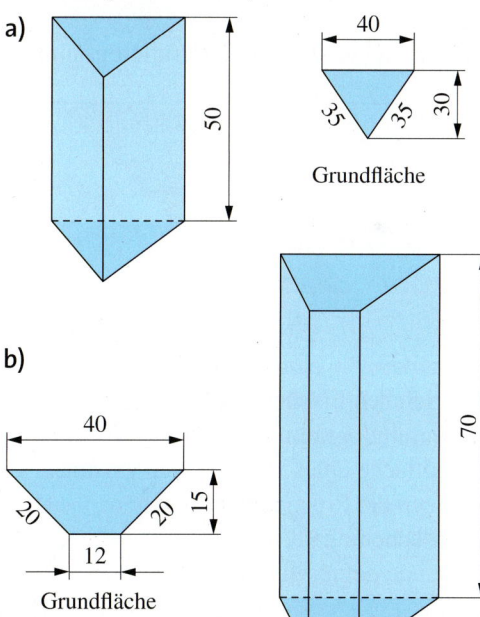

a)

Grundfläche

b)

Grundfläche

9 Berechne den Oberflächeninhalt eines 10 cm hohen Prismas mit folgender Grundfläche:
a) Raute mit $a = 4$ cm und $h = 3$ cm
b) Parallelogramm mit $a = 5$ cm, $b = 3$ cm und $h_a = 2,5$ cm
c) gleichseitiges Dreieck mit $a = 6$ cm und $h = 5,2$ cm

Weiterführende Aufgaben

BEACHTE
Die Lösungen zu Aufgabe 10 ergeben in der richtigen Reihenfolge den Namen eines Landes. Auf welchem Kontinent liegt dieses Land?
26,54 (P); 52,44 (E); 74,7 (N); 152 (L); 194 (A)

10 Zeichne das Netz und berechne den Oberflächeninhalt der Prismen. Entnimm fehlende Maße deiner Zeichnung.
a) Grundfläche: Dreieck mit $a = 2,8$ cm, $b = 3,5$ cm und $c = 4,5$ cm; Höhe: $h_P = 6$ cm
b) Grundfläche: gleichseitiges Dreieck mit $a = 3,8$ cm; Höhe: $h_P = 3,5$ cm
c) Grundfläche: gleichschenkliges Dreieck mit $a = b = 2,2$ dm; $c = 1,8$ dm; Höhe: $h_P = 37$ cm
d) Grundfläche: Drachenviereck mit $a = 5$ cm, $b = 35$ mm und $\alpha = 35°$; Höhe: $h_P = 1$ dm
e) Grundfläche: gleichschenkliges Trapez $(a \parallel c)$ mit $a = 7$ cm, $b = 4$ cm und $c = 3$ cm; Höhe: $h_P = 6,5$ cm

11 ➡ Betrachte die beiden Parallelogramme.

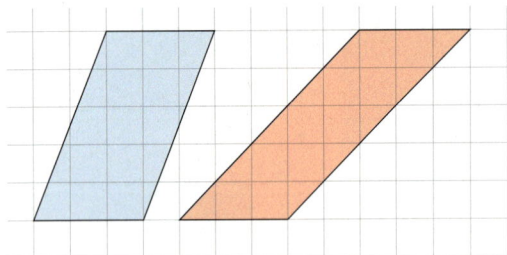

a) Zeige, dass die beiden Parallelogramme den gleichen Flächeninhalt besitzen.
b) Die Parallelogramme sind jeweils Grundfläche eines 10 cm hohen Prismas. Besitzen die Prismen den gleichen Oberflächeninhalt? Begründe deine Meinung.

12 Ein 10 cm hohes Prisma besitzt eine dreieckige Grundfläche mit einem Umfang von 15 cm.
a) Zeichne drei Dreiecke, die Grundflächen des Prismas sein könnten.
b) Begründe, warum die Mantelfläche der Prismen gleich groß sein muss.
c) Ist der Oberflächeninhalt der Prismen ebenfalls gleich groß? Begründe.

BEACHTE
zu 14 und 15: Verschnitt bedeutet, dass mehr Material benötigt wird, da man nicht immer exakt schneiden kann. Ist die Fläche 100 cm² und man hat 5 % Verschnitt, braucht man 105 cm² Material.

13 Von einem Prisma sind drei der fünf Größen Grundflächeninhalt, Mantelflächeninhalt, Oberflächeninhalt, Höhe und Umfang der Grundfläche eines Prismas gegeben. Berechne die fehlenden Größen.

	u_G	h_P	A_G	A_M	A_O
a)	15 cm	8 cm	10 cm²		
b)		5 m	12 m²	80 m²	
c)	24 dm			360 dm²	420 dm²
d)	10,5 m		5 m²	63 m²	
e)		5 mm	8 mm²		80 mm²

14 Berechne, wie viel Glas für den Bau des Gewächshauses bei 2 % Verschnitt benötigt wird. 1 m² Glas kostet 39,95 €. Wie teuer wird das Gewächshaus?

15 Diese Verpackung ist 610 mm lang. Die anderen Maße findest du in der Zeichnung.

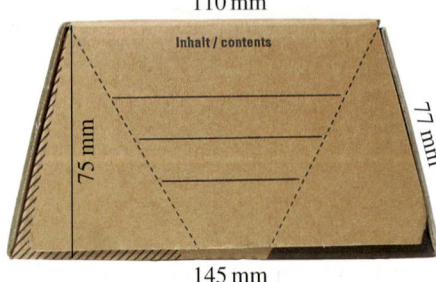

Berechne, wie viel Pappe für diese Verpackung mindestens benötigt wird. Rechne mit zusätzlich 40 % für Überlappungen und Verschnitt.

16 Zeichne das Netz eines Prismas mit einem Oberflächeninhalt von 80 cm², wenn …
a) der Mantel eine Größe von 50 cm² hat.
b) die Grundfläche des Prismas ein rechtwinkliges Dreieck ist.
c) die Grundfläche ein Parallelogramm ist.
d) die Grundfläche ein Trapez ist.

Volumen von Prismen berechnen

Erforschen und Entdecken

1 Die Kantenlänge der kleinen Würfel beträgt immer 1 cm.

a) Was für ein Körper ist der gelb (rot) gefärbte Teil des Quaders?

b) Aus wie vielen Würfeln besteht der gelb (rot) gefärbte Teil des Quaders?

c) Aus wie vielen Würfeln besteht der gelb (rot) gefärbte Teil des Quaders, wenn zwei Schichten hintereinander stehen?

d) Übertrage die Tabelle in dein Heft und vervollständige sie. Erkläre, wie du vorgegangen bist.

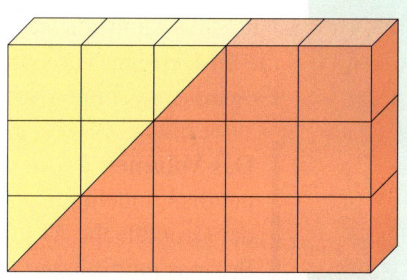

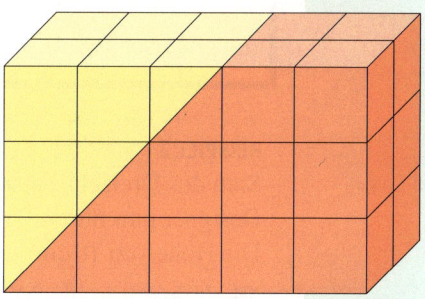

Anzahl Schichten	Anzahl gelbe Würfel	Anzahl rote Würfel
1	4,5	
2		
3		
4		
5		

2 Diese „Trapez-Plus-Verpackung" ist 430 mm lang. Die anderen Maße lassen sich der Zeichnung entnehmen.

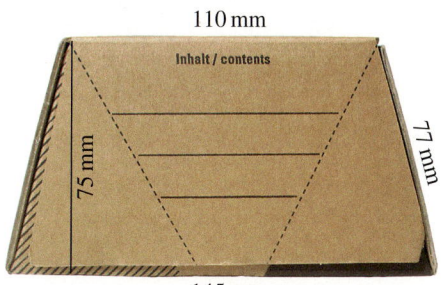

110 mm

Inhalt / contents

75 mm

77 mm

145 mm

a) Welcher der folgenden Quader besitzt das gleiche Volumen wie die „Trapez-Plus-Verpackung"? Begründe deine Meinung und bestimme den Rauminhalt des Quaders und der Trapezverpackung.

Quader 1: 110 mm × 75 mm × 430 mm   **Quader 2:** 145 mm × 110 mm × 75 mm

Quader 3: 145 mm × 75 mm × 430 mm   **Quader 4:** 127,5 mm × 75 mm × 430 mm

b) Die „Trapez-Plus-Verpackung" gibt es – bei gleichen Trapezabmessungen – auch in einer Länge von 860 mm. Was muss für das Volumen der 430 mm und 860 mm langen Verpackungen gelten? Vergleiche.

c) Für Poster gibt es auch die Tripac-Verpackungen. Die Grundfläche ist ein gleichseitiges Dreieck. Die Seitenlänge beträgt 139 mm, die Höhe 120 mm. Die Länge der Verpackung beträgt 610 mm. Gib einen Quader an, der das gleiche Volumen wie die Tripac-Verpackung besitzt. Erläutert in der Klasse, wie ihr dabei vorgegangen seid. Gibt es verschiedene Lösungswege?

Lesen und Verstehen

Die Süßwarenfirma ist nicht sicher: Passen die Schokolinsen wirklich in die Verpackung, die ihr Designer vorgeschlagen hat (vgl. Seite 142)?
Es wird ein Volumen von mindestens $80\,\text{cm}^3$ benötigt.

Das **Volumen V eines Prismas** berechnet man, indem man den Flächeninhalt der Grundfläche A_G mit der Höhe h_P des Prismas multipliziert.

Es gilt also: $V = A_G \cdot h_P$

BEISPIEL 1

Die Grundfläche des vorgeschlagenen Prismas ist ein Dreieck mit $A_G = 2{,}975\,\text{cm}^2$.
$V = A_G \cdot h_P$
$V = 2{,}975\,\text{cm}^2 \cdot 10\,\text{cm} = 29{,}75\,\text{cm}^3$
Die vorgeschlagene Verpackung ist zu klein.

BEACHTE
Kurz kann man sagen:
Volumen eines Prismas = Grundfläche mal Höhe

BEISPIEL 2

Statt des Dreiecks entscheidet sich der Designer nun für ein Trapez als Grundfläche. Die Höhe von $10\,\text{cm}$ behält er bei.

Inhalt der Grundfläche (Trapez):
$A_G = \frac{(a + c)}{2} \cdot h_a$
$A_G = \frac{3 + 1{,}5}{2} \cdot 4\,\text{cm}^2 = 9\,\text{cm}^2$

Für das Volumen des Prismas gilt:
$V = 9\,\text{cm}^2 \cdot 10\,\text{cm} = 90\,\text{cm}^3$
Die Verpackung ist mit $90\,\text{cm}^3$ nun groß genug.

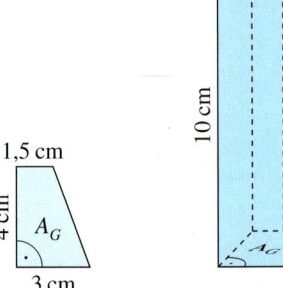

Basisaufgaben

BEACHTE
Die Lösungen zu Aufgabe 1 ergeben in der richtigen Reihenfolge den Namen eines Landes. Auf welchem Kontinent liegt dieses Land?
17 (T); 20 (M); 84 (A); 96 (A); 150 (L)

1 Berechne das Volumen des Prismas.
a) $A_G = 5\,\text{cm}^2$; $h_P = 4\,\text{cm}$
b) $A_G = 12\,\text{mm}^2$; $h_P = 8\,\text{mm}$
c) $A_G = 25\,\text{m}^2$; $h_P = 6\,\text{m}$
d) $A_G = 3{,}4\,\text{dm}^2$; $h_P = 5\,\text{dm}$
e) $A_G = 4{,}2\,\text{mm}^2$; $h_P = 2\,\text{cm}$

2 Von einem Prisma sind zwei der Größen Grundflächeninhalt, Höhe und Volumen gegeben. Berechne die fehlende Größe.

	Inhalt der Grundfläche	Körperhöhe	Volumen
a)	$18\,\text{cm}^2$	$3\,\text{cm}$	
b)		$5\,\text{m}$	$85\,\text{m}^3$
c)	$14\,\text{dm}^2$		$168\,\text{dm}^3$
d)		$2{,}6\,\text{cm}$	$9{,}1\,\text{cm}^3$
e)	$23\,\text{mm}^2$	$1\,\text{dm}$	

3 Gib mindestens drei Möglichkeiten an: Wie groß können Grundfläche und Körperhöhe des Prismas mit diesem Volumen sein?
BEISPIEL $V = 240\,\text{cm}^3$; $240 = 30 \cdot 8$
$A_G = 30\,\text{cm}^2$; $h_P = 8\,\text{cm}$
a) $V = 240\,\text{cm}^3$ b) $V = 320\,\text{m}^3$
c) $V = 400\,\text{mm}^3$ d) $V = 1\,\text{m}^3$

4 Gib das Volumen des Prismas mit dreieckiger Grundfläche an.

	Länge der Grundseite g	Dreieckshöhe h_g	Körperhöhe h_P
a)	$5\,\text{cm}$	$4\,\text{cm}$	$6\,\text{cm}$
b)	$8\,\text{m}$	$6\,\text{m}$	$10\,\text{m}$
c)	$13\,\text{mm}$	$4\,\text{mm}$	$20\,\text{mm}$
d)	$3{,}2\,\text{dm}$	$5\,\text{dm}$	$1{,}5\,\text{dm}$
e)	$27\,\text{dm}$	$3\,\text{m}$	$9\,\text{dm}$

5 Berechne das Volumen des Prismas. Die Grundfläche ist ein Trapez. Erste und zweite Grundseite sind die zwei zueinander parallelen Seiten des Trapezes.

	a)	b)	c)
1. Grundseite	6 m	20 dm	4,5 cm
2. Grundseite	2 m	30 dm	1,5 cm
Trapezhöhe	5 m	8 dm	9 cm
Körperhöhe	10 m	40 dm	11 cm

6 Berechne das Volumen der Prismen.
a) Grundfläche: Parallelogramm mit
$a = 7{,}8$ cm; $h_a = 2{,}5$ cm;
Höhe: $h_P = 25$ cm
b) Grundfläche: rechtwinkliges Dreieck
($\gamma = 90°$) mit $a = 4{,}2$ m; $b = 5{,}1$ m;
Höhe: $h_P = 20$ m
c) Grundfläche: gleichschenkliges Dreieck
mit Basis $c = 6{,}5$ dm; $h_c = 5{,}2$ dm;
Höhe: $h_P = 9{,}4$ dm
d) Grundfläche: Dreieck mit $b = 4{,}5$ cm;
$h_b = 3{,}6$ cm;
Höhe: $h_P = 15$ cm
e) Grundfläche: Trapez mit $a = 7{,}8$ dm;
$c = 2{,}5$ dm ($a \parallel c$); $h_a = 3$ dm;
Höhe: $h_P = 12$ dm

7 Zwei Prismen haben als Grundflächen ein Dreieck mit …
① $a = 3$ cm, $h_a = 4$ cm, $h_P = 14$ cm
② $a = 14$ cm, $h_a = 3$ cm, $h_P = 4$ cm
a) Beschreibe die Gemeinsamkeiten.
b) Vergleiche das Volumen der Prismen.
c) Begründe mit der Formel, warum dein Ergebnis aus b) so sein muss.

8 Ein Prisma hat als Grundfläche ein Trapez mit $a \parallel c$ und $h_a = 6$ cm. Wähle für a, c und h_P Zahlen aus und berechne das Volumen des Prismas.

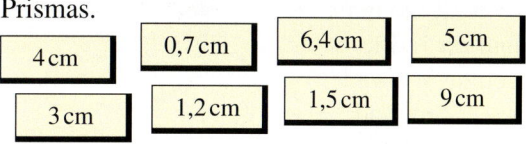

9 Bestimme das Volumen des Prismas.

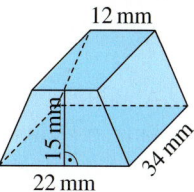

10 Familie Jansen will das Dachgeschoss ihres Hauses ausbauen und mit einem Kaminofen beheizen. Für das Heizen mit einem Kaminofen müssen bei einem Kilowatt Heizleistung mindestens 4 m³ Raum vorhanden sein.
Das Dachgeschoss ist am Giebel 8 m breit und hat 12 m Länge. Der Giebel ist 4 m hoch.
a) Welches Volumen hat das Dachgeschoss?
b) Welche Leistung darf der Ofen höchstens haben?

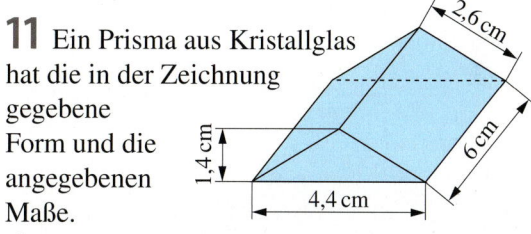

11 Ein Prisma aus Kristallglas hat die in der Zeichnung gegebene Form und die angegebenen Maße.
a) Berechne das Volumen.
b) Wie schwer ist das Prisma, wenn 1 cm³ Kristallglas 2,9 g wiegt?

Weiterführende Aufgaben

12 Berechne jeweils das Volumen des Prismas.

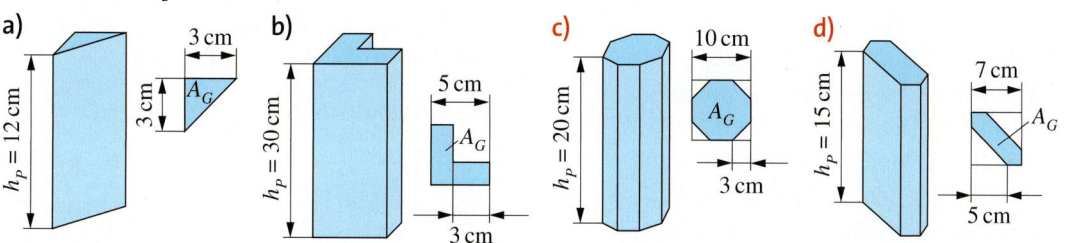

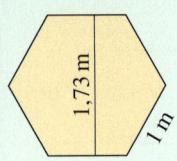

13 Ein Sandkasten hat die Form eines gleichseitigen sechseckigen Prismas (Randspalte).

Er ist 40 cm tief und zur Hälfte gefüllt. Wie viel wiegt der Sand darin, wenn 1 m³ 1300 kg wiegt?

14 Diese Abbildung zeigt den Querschnitt eines 5 km langen Deiches:

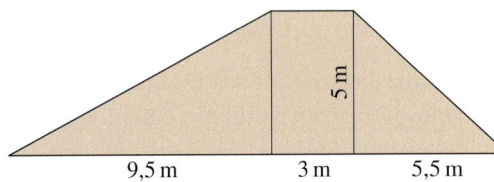

a) Wie viel Kubikmeter Erde müssen für den Deich aufgeschüttet werden?

b) Wie viel Tonnen Grassamen sind notwendig, um den Deich zu bepflanzen? Empfohlen wird eine Menge von 20–25 g pro Quadratmeter.

15 In einem Garten stehen Betonelemente, die man zum Sitzen oder zum Hinstellen von Blumenschalen nutzen kann.

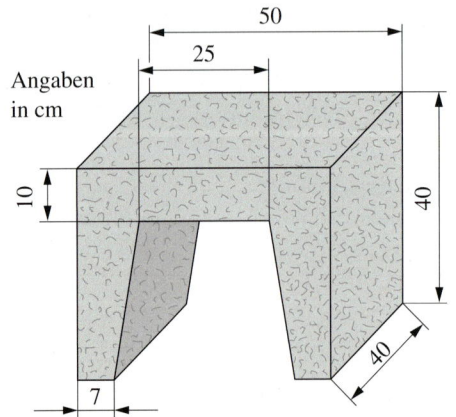

a) Wie viel m³ Beton wurden hier verarbeitet? Vergleicht eure Lösungswege.

b) Wie schwer ist das Betonelement, wenn 1 m³ Beton 1200 kg wiegt?

c) Das Betonelement soll von oben und von allen Seiten gestrichen werden. Berechne den Inhalt dieser Fläche.

16 Richtig oder falsch? Begründe.

a) Verdoppelt man die Höhe eines Prismas und lässt die Grundfläche unverändert, so verdoppelt sich das Volumen des Prismas.

b) Verdoppelt man die Größe der Grundfläche und die Höhe eines Prismas, so verdoppelt sich auch das Volumen.

c) Halbiert man die Höhe eines Prismas und halbiert die Größe der Grundfläche, dann bleibt das Volumen gleich.

17 ➡ Zeichne die Grundfläche eines 10 cm hohen Prismas mit einem Volumen von 50 cm³, wenn die Grundfläche

a) ein Dreieck,

b) ein Parallelogramm,

c) ein Trapez ist.

18 ➡ Das Bild zeigt einen 2 m breiten und 1,4 m hohen Container von der Seite.

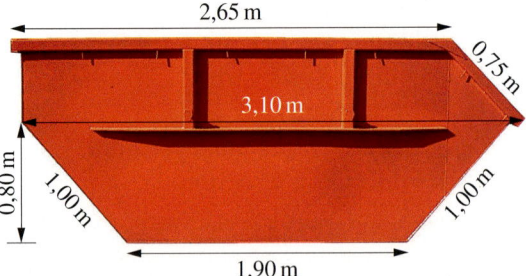

a) Zeichne ein Schrägbild des Containers in einem Maßstab deiner Wahl. Begründe, warum du diesen Maßstab gewählt hast.

b) Berechne das Fassungsvermögen des Containers.

c) Der Container ist bis zur halben Höhe mit Schutt gefüllt. Schätze ab, ob er jetzt auch „halb voll" ist.

d) Betrachte die Zuordnung *Schutthöhe → Volumen*. Ergänze die Wertetabelle und zeichne den Funktionsgraphen. Nutze dazu die Zeichnung aus a).

Schutthöhe (in cm)	0	15	30	45	60	75
Volumen (in m³)	0					

■ Netze und Oberflächen von Zylindern

Erforschen und Entdecken

1 Getränkedosen besitzen annähernd die Form eines Zylinders. Welche der folgenden Körper sind ebenfalls annähernd Zylinder? Begründe deine Auswahl, indem du die Eigenschaften von Zylindern nennst.

2 Julian will mit seiner kleinen Schwester eine Laterne basteln. Im Internet findet er folgende Bastelanleitung.

BEACHTE
Material für die
Laterne:
– Tonpapier
– Schere
– Kleber
– Transparent-
 papier
– Teelicht

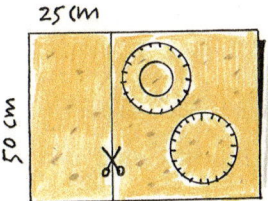  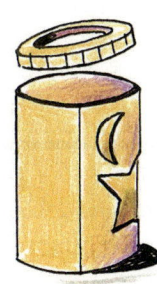

Schneide aus Tonpapier einen 50 cm mal 25 cm großen Streifen für die Wand und zwei Kreise mit einem Durchmesser von 19 cm für Deckel und Boden. Schneide die Kreise rundherum regelmäßig ca. 2 cm weit ein und klappe die Streifen nach oben.

Nun wird das Rechteck für die Wand gestaltet:
Schneide mit einer kleinen Schere Motive in das Rechteck. Hinterklebe die Aussparungen mit buntem Transparentpapier. Schneide in den Deckel einen kleineren Kreis, durch den später die Kerze angezündet werden kann.

Forme das Rechteck zu einer Röhre, klebe es zusammen und befestige es am Rand des Bodens. Setze ein Teelicht auf den Boden der Laterne und klebe zuletzt den Deckel fest.

a) Welcher geometrische Körper entsteht beim Bau der Laterne?
   Aus welchen Teilflächen besteht dieser Körper?
b) Julian hat Probleme, den Deckel in die fast fertige Laterne einzukleben.
   Nenne mögliche Ursachen. Wann passen Deckel und Wand genau zusammen?
c) Bestimme die Größe des Durchmessers der Laterne und berechne den
   Flächeninhalt der Bodenplatte. Berechne auch den Flächeninhalt des
   Rechtecks, das die Wand bildet (ohne Klebelasche).
d) Um sich die Bastelarbeiten zu erleichtern, besorgt Julian im Supermarkt
   eine runde Käseschachtel. Sie hat einen Durchmesser von 16 cm.
   Wie breit muss das Rechteck mindestens sein, damit es vollständig
   um die Käseschachtel geklebt werden kann?
   Denke an die 1 cm breite Klebefläche.

Lesen und Verstehen

Lilli legt das Geburtstagsgeschenk für ihre Freundin in eine gereinigte Konservendose. Dann beklebt sie Deckel, Boden und Wandfläche mit Geschenkpapier. Wie groß müssen die Geschenkpapierstücke sein?

> **Zylinder** sind Körper mit einem Kreis als Grund- und als Deckfläche. Grund- und Deckfläche sind zueinander deckungsgleich (kongruent) und parallel.
> Die Mantelfläche ist ein Rechteck.
> Die Länge des Rechtecks entspricht dem Umfang der Kreise, die Breite ist die Höhe h_Z.

Deckfläche r
$u = 2 \cdot \pi \cdot r$
Mantelfläche A_M h_Z
Grundfläche A_G

Der Flächeninhalt eines Rechtecks ist das Produkt der beiden Seitenlängen.
Bei der rechteckigen Mantelfläche des Zylinders entspricht die eine Seitenlänge dem Umfang des Kreises der Grundfläche $2 \cdot \pi \cdot r$ und die andere Seitenlänge der Körperhöhe h_Z.

> Für den **Flächeninhalt der Mantelfläche A_M** des Zylinders gilt:
>
> $A_M = 2 \cdot \pi \cdot r \cdot h_Z = \pi \cdot d \cdot h_Z$

BEISPIEL 1
$r = 2\,\text{cm}, \; h_Z = 3\,\text{cm}$
$A_M = 2 \cdot \pi \cdot 2\,\text{cm} \cdot 3\,\text{cm}$
$ \approx 37{,}7\,\text{cm}^2$

Die Oberfläche des Zylinders setzt sich zusammen aus der Mantelfläche, der Grund- und der Deckfläche. Grund- und Deckfläche sind Kreise mit dem Radius r.

> Für den **Oberflächeninhalt A_O** des Zylinders gilt:
>
> $A_O = 2 \cdot A_G + A_M; \; A_O = 2 \cdot \pi \cdot r^2 + 2 \cdot \pi \cdot r \cdot h_Z$
> $A_O = 2 \cdot \pi \cdot r \cdot (r + h_Z)$

BEISPIEL 2
$r = 2\,\text{cm}, \; h_Z = 3\,\text{cm}$
$A_O = 2 \cdot \pi \cdot 2\,\text{cm} \cdot (2\,\text{cm} + 3\,\text{cm})$
$ \approx 62{,}83\,\text{cm}^2$

Basisaufgaben

1 Begründe, welche der abgebildeten Gegenstände näherungsweise Zylinder sind.

2 Nenne weitere Dinge aus deinem Umfeld, die die Form eines Zylinders haben oder zumindest zylinderähnlich aussehen.

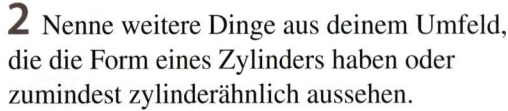

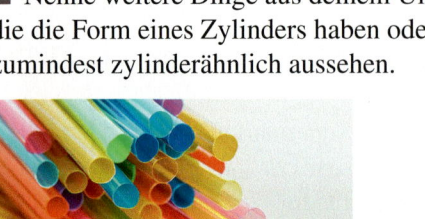

3 Ergänze den Lückentext im Heft.
Nutze diese Begriffe:
Grundfläche, Höhe, Kreis, parallel, Umfang, Rechteck, Deckfläche
Zylinder sind Körper mit einem ▪ als Grund- und ▪. Deck- und ▪ sind zueinander ▪ und deckungsgleich. Der Abstand zwischen Grund- und Deckfläche ist die ▪ des Zylinders. Die Mantelfläche ist ein ▪. Die Länge des Rechtecks entspricht dem ▪ des Kreises.

4 Welche „Bauteile" A bis I lassen sich zu einem Zylinder zusammenbauen?
Zwei Kreise und ein Rechteck bleiben übrig. Welche?

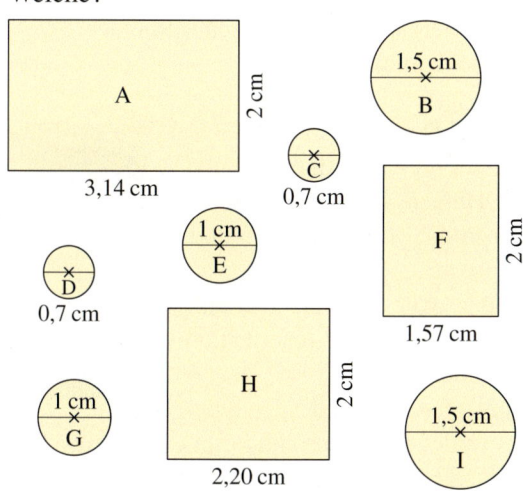

5 Zeichne das Netz des Zylinders.
a) $r = 3\,cm$; $h_Z = 4\,cm$
b) $r = 4\,cm$; $h_Z = 5\,cm$
c) $d = 10\,cm$; $h_Z = 4\,cm$

6 ▭ Maximilian meint, dass man auch diese Flächen als Zylindermantel verwenden kann.
Hat Maximilian Recht? Begründe.

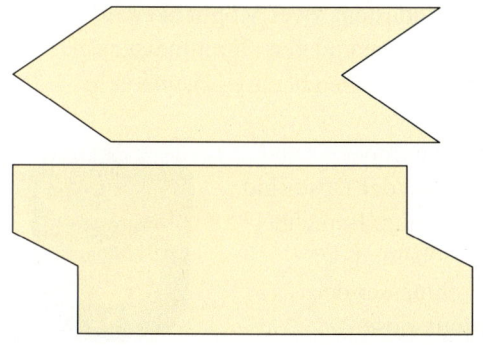

7 Berechne den Mantelflächeninhalt des Zylinders. Beachte die Einheiten.
a) $r = 5\,cm$; $h_Z = 10\,cm$
b) $r = 2,8\,m$; $h_Z = 3,5\,m$
c) $r = 2,8\,m$; $h_Z = 7\,m$
d) $d = 7\,dm$; $h_Z = 1,2\,m$
e) $d = 7\,dm$; $h_Z = 0,6\,m$
f) $d = 8,4\,m$; $h_Z = 42\,dm$

8 Berechne den Oberflächeninhalt des Zylinders.
a) $r = 4\,cm$; $h_Z = 7\,cm$
b) $r = 1,2\,m$; $h_Z = 3,4\,m$
c) $r = 49\,mm$; $h_Z = 21\,mm$
d) $d = 9\,cm$; $h_Z = 12\,cm$
e) $d = 7\,cm$; $h_Z = 25\,mm$
f) $r = 0,5\,m$; $h_Z = 60\,cm$

9 Berechne die fehlenden Größen eines Zylinders.

	r	d	h_Z	A_M	A_O
a)	6 cm		7 cm		
b)		4,4 dm	3 dm		
c)	2,8 m		0,9 m		
d)		74 mm	33 mm		
e)	15,4 m		20,6 m		
f)		28 mm	50 mm		

10 Konserven haben eine zylindrische Form. Das Etikett umhüllt die Mantelfläche des Zylinders und überlappt zum Verkleben 1,3 cm. Die Dose hat die Höhe h_Z und den Radius r.
Wie groß der Flächeninhalt des Etiketts?

a) $h_Z = 5\,cm$; $r = 2\,cm$
b) $h_Z = 4\,cm$; $r = 3\,cm$
c) $h_Z = 4\,cm$; $r = 4\,cm$
d) $h_Z = 8\,cm$; $r = 2\,cm$

BEACHTE
Die Lösungen zu Aufgabe 8 ergeben in der richtigen Reihenfolge den Namen eines Landes. Auf welchem Kontinent liegt dieses Land?
3,46 (I);
34,68 (A);
131,95 (W);
276,46 (M);
466,53 (A);
21 551,33 (L)

Weiterführende Aufgaben

11 Zeichne das Netz der kleinen Konserven-dosen im Maßstab 1:2 und das der größeren Dose im Maßstab 1:5.

a)   b)

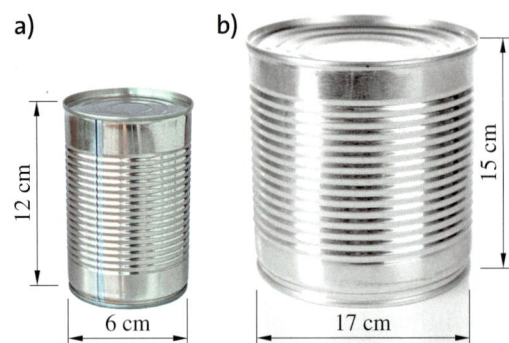

12 cm   6 cm   15 cm   17 cm

12 Zerschneide eine Papprolle, auf der Toilettenpapier aufgerollt war.
a) Miss die Seitenlängen der Mantelfläche.
b) Wie groß muss der Radius der passenden Grundfläche sein? Überprüfe deine Rechnung durch Nachmessen.

13 Berechne die fehlenden Größen des Zylinders.

	r	d	h_Z	A_M	A_O
a)			5,9 cm	66,73 cm²	
b)		4,5 m		184,73 m²	
c)			2,8 dm	379,82 dm²	
d)	7 cm				527,79 cm²
e)		15,2 m			744,93 m²
f)				22,62 cm²	31,67 cm²

14 Wie viel Blech benötigt man zur Herstellung einer zylinderförmigen Dose mit den angegebenen Maßen?
Für Verschnitt müssen 15 % mehr Blech berücksichtigt werden.
a) $r = 4$ cm; $h_Z = 8$ cm
b) $r = 3$ cm; $h_Z = 10,8$ cm
c) $d = 10$ cm; $h_Z = 12,5$ cm
d) $d = 8,6$ cm; $h_Z = 14,7$ cm

15 Gib mindestens zwei Möglichkeiten für die Höhe und den Radius eines Zylinders an, dessen Inhalt der Oberfläche ewa 630 cm² beträgt.

16 ➡ Überprüfe die Aussagen.
a) Wenn sich der Radius eines Zylinders verdoppelt, verdoppelt sich auch sein Mantelflächeninhalt.
b) Wenn sich die Höhe eines Zylinders verdoppelt, verdoppelt sich auch sein Mantelflächeninhalt.
c) Wenn sich der Radius eines Zylinders verdoppelt, verdoppelt sich auch sein Oberflächeninhalt.
d) Wenn sich die Höhe eines Zylinders verdoppelt, verdoppelt sich auch sein Oberflächeninhalt.
e) Wenn ein Zylinder parallel zur Grundfläche halbiert wird, halbiert sich sein Ober-flächeninhalt.

17 ➡ Der äußere Durch-messer d einer Litfaßsäule und die Höhe h_Z der Klebefläche haben die Maße $d = 1,2$ m und $h_Z = 3$ m.
a) Berechne den Flächeninhalt der Klebefläche einer Litfaß-säule.
b) Nach Angaben des Fachver-bandes Außenwerbung gibt es in Deutsch-land ca. 51 000 Litfaßsäulen. Gib den Flächeninhalt der Werbefläche auf Litfaß-säulen in Deutschland in Hektar an.
c) DIN-A1-Plakate sind 84,1 cm lang und 59,5 cm breit. Wie viele Plakate dieses Formats kann man höchstens auf einer Litfaßsäule anbringen?

18 Die Mantelfläche der Erdnussdose hat einen Flächeninhalt von ca. 195 cm².
a) Gib mindestens zwei Möglichkeiten für die Höhe und den Durchmesser der Dose an. Vergleicht eure Lösungen in der Klasse.
b) Der Durchmesser und die Höhe der Dose sind gleich lang. Berechne die Höhe und den Durchmesser der Erdnussdose.

■ Schrägbilder und Volumen von Zylindern

Erforschen und Entdecken

1 Leni, Kevin und Sandra haben jeweils das Schrägbild eines Zylinders gezeichnet.

Lenis Schrägbild

Kevins Schrägbild

Sandras Schrägbild

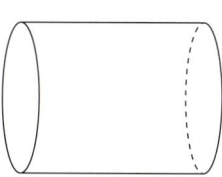

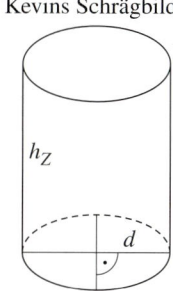

Diskutiert Gemeinsamkeiten und Unterschiede der drei Schrägbilder.
Wessen Entwurf gefällt euch am besten? Begründet.

2 Besorgt möglichst viele Gefäße, die die Form eines Zylinders haben,
zum Beispiel Gläser, Vasen, Dosen oder Füllzylinder aus dem Physiklabor.
Messt zunächst den Durchmesser und die Höhe.
Bestimmt dann das Volumen, indem ihr die Gefäße mit Wasser oder Sand
füllt und den Inhalt anschließend in einen Messbecher schüttet.
a) Übertragt die Tabelle in euer Heft und füllt sie aus.

Gefäß	Durch-messer d	Radius r	Flächeninhalt des Kreises A_G	Höhe h_Z	Volumen V
Glas					
Vase					
Dose					
...					

b) Überprüft, ob in euren Beispielen die Zuordnungen $d \rightarrow V$, $r \rightarrow V$, $A_K \rightarrow V$ und $h_Z \rightarrow V$
   proportional sind.
c) Welchen Zusammenhang zwischen den Größen und dem Volumen könnt ihr erkennen?

3 Andreas: „Das Volumen eines Prismas berechnet sich doch mit der Formel $V = A_G \cdot h_Z$."
Sebastian: „Das stimmt, aber was hat das mit dem Volumen eines Zylinders zu tun?"
Setze den Dialog fort. Darin soll auch eine Formel für das Zylindervolumen vorkommen.

4 Verschiedene Buchenholzstücke
wurden gewogen.
Welche Regelmäßigkeiten findest du bei den
Zuordnungen der Messwerte?

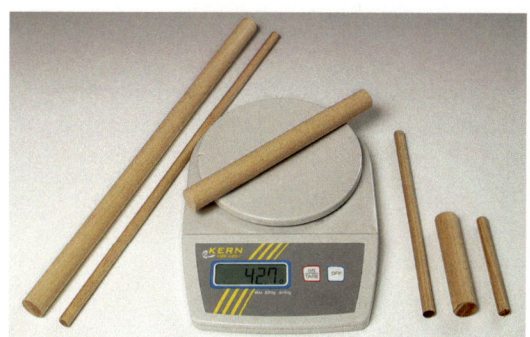

Durchmesser d	Höhe h_Z	Masse m
2 cm	10 cm	21,35 g
2 cm	20 cm	42,7 g
2 cm	40 cm	85,4 g
1 cm	40 cm	21,35 g

Lesen und Verstehen

Jan überlegt, welche der beiden Kerzen länger brennt.
Die linke Kerze ist 15 cm hoch und hat einen Radius von 4 cm.
Die rechte Kerze ist nur 10 cm hoch, hat aber einen Radius von 5 cm.

Je größer das Volumen einer Kerze, desto länger brennt sie.
Jan muss also das Volumen der Kerzen vergleichen.

> Das **Volumen V eines Zylinders**
> mit dem Radius r und der Höhe
> h_Z lässt sich wie folgt berechnen:
>
> $V = \pi \cdot r^2 \cdot h_Z$

BEISPIEL 1
linke Kerze: $V = \pi \cdot (4\,\text{cm})^2 \cdot 15\,\text{cm} \approx 754{,}0\,\text{cm}^3$
rechte Kerze: $V = \pi \cdot (5\,\text{cm})^2 \cdot 10\,\text{cm} \approx 785{,}4\,\text{cm}^3$
Da die rechte Kerze mehr Wachs enthält, wird sie
vermutlich länger brennen.

> Die **Masse m eines Körpers**
> wird aus dem Produkt seines
> Volumens V und seiner Dichte ϱ
> (sprich: rho) berechnet.
>
> $m = V \cdot \varrho$

BEISPIEL 2
Kerzenwachs hat eine Dichte von $0{,}8\,\frac{\text{g}}{\text{cm}^3}$.
linke Kerze: $m = 754{,}0\,\text{cm}^3 \cdot 0{,}8\,\frac{\text{g}}{\text{cm}^3} = 603{,}2\,\text{g}$
rechte Kerze: $m = 785{,}4\,\text{cm}^3 \cdot 0{,}8\,\frac{\text{g}}{\text{cm}^3} \approx 628{,}3\,\text{g}$
Die rechte Kerze wiegt ca. 628 g, die linke Kerze
ca. 603 g.

Ein **Schrägbild eines Zylinders** kann man so zeichnen:

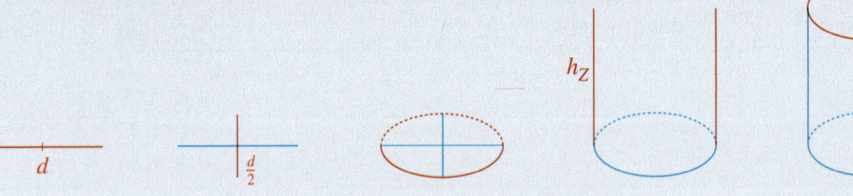

1. Zeichne den Durchmesser und markiere den Mittelpunkt.
2. Zeichne durch den Mittelpunkt eine Senkrechte, die halb so lang wie der Durchmesser ist.
3. Skizziere die ellipsenförmige Grundfläche.
4. Trage die Höhe des Zylinders links und rechts ab.
5. Skizziere die ellipsenförmige Deckfläche.

Basisaufgaben

1 Berechne das Volumen des Zylinders.
Runde auf zwei Stellen nach dem Komma.
a) $r = 5\,\text{cm}$; $h_Z = 7\,\text{cm}$
b) $r = 3\,\text{m}$; $h_Z = 8\,\text{m}$
c) $r = 2\,\text{mm}$; $h_Z = 5\,\text{mm}$
d) $d = 8\,\text{dm}$; $h_Z = 6\,\text{dm}$
e) $d = 7{,}2\,\text{cm}$; $h_Z = 2\,\text{cm}$
f) $r = 45\,\text{mm}$; $h_Z = 12\,\text{cm}$

2 Berechne das Volumen der Zylinder.

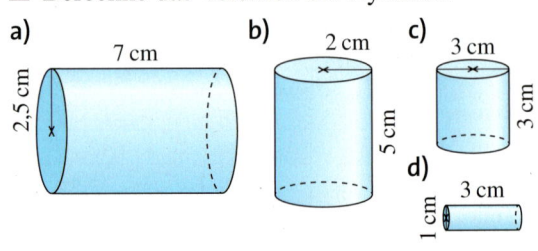

a) 7 cm, 2,5 cm
b) 2 cm, 5 cm
c) 3 cm, 3 cm
d) 3 cm, 1 cm

3 Ergänze die Tabelle im Heft.

	r	d	h_Z	V
a)	7 cm		4 cm	
b)	3 cm		8 cm	
c)		8,4 cm	5 cm	
d)		6,2 cm	14 cm	
e)	5,4 cm		1,3 cm	
f)		13 cm	28 cm	

4 Berechne die Masse des Körpers.
a) $V = 5\,\text{cm}^3$; $\varrho = 0{,}8\,\frac{\text{g}}{\text{cm}^3}$
b) $V = 100\,\text{m}^3$; $\varrho = 4{,}6\,\frac{\text{g}}{\text{m}^3}$
c) $V = 7500\,\text{mm}^3$; $1\,\text{cm}^3$ wiegt 3 g.
d) $V = 0{,}2\,\text{dm}^3$; $\varrho = 7{,}9\,\frac{\text{kg}}{\text{m}^3}$

5 Berechne die Masse des Zylinders.
a) $r = 2\,\text{cm}$; $h_Z = 5\,\text{cm}$; $\varrho = 2\,\frac{\text{g}}{\text{cm}^3}$
b) $r = 5\,\text{cm}$; $h_Z = 7\,\text{cm}$; $\varrho = 3\,\frac{\text{g}}{\text{cm}^3}$
c) $r = 4{,}5\,\text{cm}$; $h_Z = 6\,\text{cm}$; $1\,\text{cm}^3$ wiegt 2,3 g.
d) $r = 2\,\text{dm}$; $h_Z = 8\,\text{cm}$; $\varrho = 0{,}8\,\frac{\text{g}}{\text{cm}^3}$
e) $r = 2\,\text{dm}$; $h_Z = 1{,}5\,\text{dm}$; $\varrho = 10{,}5\,\frac{\text{g}}{\text{cm}^3}$

6 Skizziere jeweils ein „stehendes" und ein „liegendes" Schrägbild des Zylinders.
a) $r = 2\,\text{cm}$; $h_Z = 3\,\text{cm}$
b) $r = 3{,}5\,\text{cm}$; $h_Z = 5\,\text{cm}$
c) $d = 5\,\text{cm}$; $h_Z = 4\,\text{cm}$
d) $d = 3\,\text{cm}$; $h_Z = 5{,}5\,\text{cm}$
e) $r = 2{,}2\,\text{cm}$; $h_Z = 4{,}8\,\text{cm}$

7 Zeichne das Schrägbild eines Zylinders mit $r = 3\,\text{cm}$ und $h_Z = 5\,\text{cm}$. Berechne sein Volumen.

8 Ein 20 m langer Gartenschlauch hat einen Innendurchmesser von 14 mm. Berechne das Volumen des Schlauchs in mm^3 und in ℓ.

9 Eine 1-€-Münze hat einen Durchmesser von 23,25 mm und eine Höhe von 2,33 mm.
a) Berechne ihr Volumen.
b) Miss die Größen weiterer Münzen und berechne ihre Volumina.

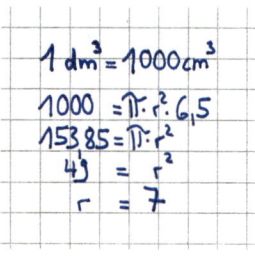

10 Ein Zylinder hat eine Höhe von 6,5 cm und ein Volumen von $1\,\text{dm}^3$. Florian berechnet den Radius des Zylinders:
a) Übertrage die Rechnung in dein Heft und erkläre jeden Rechenschritt, indem du die Äquivalenzumformungen ergänzt.
b) Antje geht wie folgt vor:
$$1000 = \pi \cdot r^2 \cdot 6{,}5$$
$$1000 = 20{,}42 \cdot r^2$$
Übertrage den Ansatz in dein Heft und löse die Gleichung nach r auf. Erkläre den Unterschied zu Florians Rechnung.
c) Ein anderer Zylinder hat eine Höhe von 7 cm und ein Volumen von $550\,\text{cm}^3$. Berechne seinen Radius.

11 Ein Zylinder hat einen Radius von 8 cm und ein Volumen von $3016\,\text{cm}^3$.
a) Übertrage den Ansatz in dein Heft und löse die Gleichung nach h_Z auf:
$$3016 = \pi \cdot 8^2 \cdot h_Z$$
$$3016 = 201{,}06 \cdot h_Z$$
b) Ein anderer Zylinder hat einen Radius von 13 cm und ein Volumen von $3185{,}6\,\text{cm}^3$. Berechne seine Höhe.
c) Wie hoch ist ein Zylinder mit 15 cm Durchmesser und $795{,}2\,\text{cm}^3$ Volumen?

12 Ein zylinderförmiger Eimer ist 30 cm hoch und hat einen Durchmesser von 28 cm.
a) Berechne das Volumen des Eimers.
b) In welcher Höhe sind die Eichstriche für 5 ℓ, 10 ℓ und 15 ℓ angebracht?

13 Ein zylinderförmiger Kerosintank ist 35 m hoch und hat ein Volumen von $25\,000\,\text{m}^3$. Berechne den Durchmesser des Tanks. (Kerosin wird meistens als Treibstoff für Flugzeuge verwendet.)

BEACHTE
Die Lösungen zu Aufgabe 5 ergeben in der richtigen Reihenfolge den Namen eines Landes. Auf welchem Kontinent liegt dieses Land?
125,66 (N);
877,92 (G);
1649,34 (I);
8042,48 (E);
197920,34 (R)

14 Berechne die fehlenden Größen eines Zylinders.

	r	d	h_Z	V
a)	7 mm		10 mm	
b)		8 cm	15 cm	
c)	3 cm			141,4 cm³
d)			14 m	3562,6 m³
e)		11 dm		285,1 dm³
f)	1 m			2199,1 ℓ

15 Der Eurotunnel unter dem Ärmelkanal verbindet das französische Calais mit dem britischen Dover.
Der Tunnel besteht aus drei Röhren, die etwa 40 m unter dem Meeresboden liegen und 50,5 km lang sind.
Große Tunnelbohrer arbeiteten sich durch das Gestein. Der Abraum wurde über ein Förderband wegtransportiert.

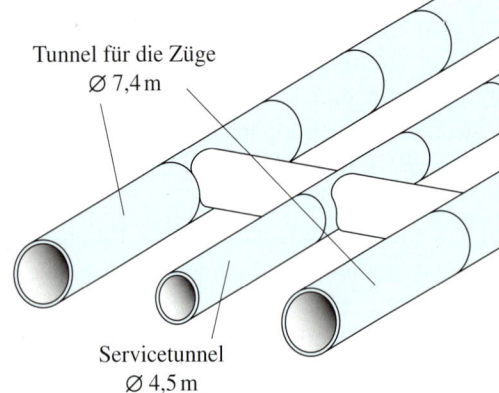

Tunnel für die Züge
Ø 7,4 m

Servicetunnel
Ø 4,5 m

Wie viel Gestein wurde für den Bau des Servicetunnels und der Tunnel für die Züge mindestens transportiert?

16 Beide Gläser haben den gleichen Radius. Das rechte Glas ist doppelt so hoch wie das linke.
Berechne jeweils das Volumen beider Gläser. Fällt dir eine Regelmäßigkeit auf?
a) $r = 8$ cm, links $h_Z = 6$ cm, rechts $h_Z = 12$ cm
b) $r = 6$ cm, links $h_Z = 7$ cm, rechts $h_Z = 14$ cm
c) $r = 7$ cm, links $h_Z = 7,5$ cm, rechts $h_Z = 15$ cm
d) $r = 8,5$ cm, links $h_Z = 9$ cm, rechts $h_Z = 18$ cm

17 Der Gotthard-Basistunnel in der Schweiz ist 57 km lang.
Gebohrt wurde dieser Tunnel von der Tunnelbohrmaschine „Sissi".
Ihr Bohrkopf besitzt einen Durchmesser von 9,58 m.
a) Wie viel Kubikmeter (m³) Gestein wurde für den Bau des Tunnels abgebaut?
b) Der Waggon eines Güterzuges besitzt einen Laderaum von ca. 40 m³.
Wie viele Waggons benötigte man, um das Gestein abzutransportieren?

Weiterführende Aufgaben

18 Eine Litfaßsäule hat einen Durchmesser von 1,10 m und eine Höhe von 2,80 m. Zeichne das Schrägbild der Litfaßsäule im Maßstab 1 : 20.

19 Gib mindestens zwei Möglichkeiten für die Höhe und den Radius eines Zylinders an, dessen Volumen 150 cm³ beträgt.

20 Ein zylinderförmiger Klebestift hat einen Durchmesser von 2 cm und eine Höhe von 8 cm.
a) Berechne sein Volumen.
b) Die Höhe der Klebemasse macht nur 70 % der Höhe des Klebestifts aus. Wie groß ist das Volumen der Klebemasse?

21 Ein Einrichtungshaus verkauft drei zylinderförmige Vasen, die ineinander stapelbar sind. Die erste Vase besitzt einen Durchmesser von 12 cm und eine Höhe von 18 cm.
a) Berechne das Volumen der ersten Vase.
b) Der Durchmesser der zweiten Vase beträgt 10 cm. Sie hat ein Volumen von 1806,4 cm³. Berechne die Höhe dieser Vase.
c) Die dritte Vase ist 28 cm hoch und hat ein Volumen von 1407,4 cm³. Berechne den Durchmesser der Vase.

22 ▣➡ Das Volumen eines Zylinders vervierfacht sich, wenn man den Radius verdoppelt.
a) Stimmt diese Aussage? Begründe.
b) Wie muss sich die Höhe verändern, damit sich das Volumen vervierfacht?
c) Wie verändert sich das Volumen, wenn sowohl die Höhe als auch der Radius verdoppelt werden?

23 Der Durchmesser einer runden Tischplatte beträgt 1,20 m.
Wie schwer ist sie, wenn sie …
a) 8 mm dick ist und aus Kristallglas besteht? Kristallglas wiegt 2900 kg pro m³.
b) 3 cm dick ist und aus Fichtenholz besteht? Fichtenholz wiegt 500 kg pro m³.
c) 1,2 cm dick ist und aus Plexiglas besteht? Plexiglas wiegt 1350 kg pro m³.

24 Betrachte die abgebildete Regenrinne aus Kupfer.

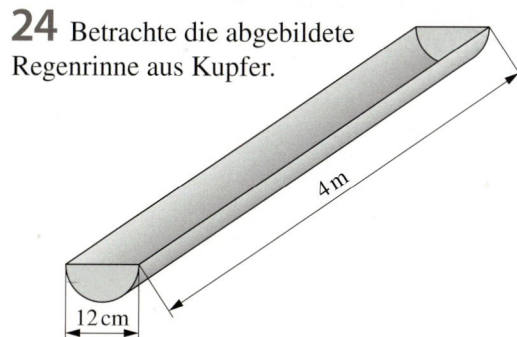

a) Wie viel Liter Wasser fasst diese Regenrinne maximal?
b) Wie viel cm² Kupfer benötigt man zur Herstellung der Rinne einschließlich der Kopfstücke (das sind die Halbkreise an den Enden der Regenrinne)?

25 ➡ Kannst du ein Stahlrohr mit 90 cm Länge und einem Durchmesser von 10 cm tragen? Stahl hat eine Dichte von $\varrho = 7{,}8 \frac{g}{cm^3}$.

26 Zylinderförmige Stäbe aus massivem Stahl haben jeweils 4 cm Durchmesser und sind 1,5 m lang. 1 dm³ Stahl wiegt 7,8 kg. Wie viele Stäbe kann ein Lastwagen transportieren, dessen Nutzlast 3 t beträgt?

BEACHTE
De Nutzlast ist die Masse, mit der ein Lkw oder Fahrstuhl höchstens beladen werden darf.

27 Berechne die Größen des Zylinders.

	r	h_z	A_M	A_O	V
a)	2 cm	5 cm			
b)	3 cm	8 cm			
c)	5 cm		785 cm²		
d)	16 cm		2112 cm²		
e)	1,8 cm			54,7 cm²	
f)		3 cm			62,81 cm³
g)	12,5 cm				24 531,25 cm³
h)		10 cm	251,33 cm²		

28 ▣➡ Wie viele Kugelschreiberminen würde man ungefähr benötigen, um eine Tintenpatrone zu füllen?
Vergleicht eure Lösungsstrategien.

29 Berechne das Volumen der Werkstücke.

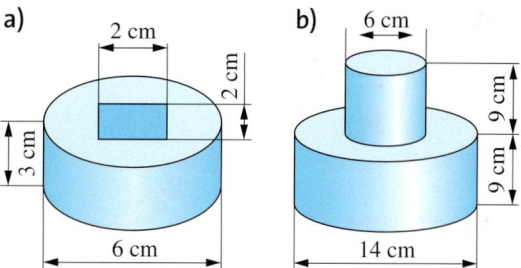

a) b)

30 Ein Zylinder hat ein Volumen von 500 cm³.
a) Gib mindestens zwei Möglichkeiten für die Höhe und den Radius an.
b) Besitzen Zylinder mit gleichem Volumen auch den gleichen Oberflächeninhalt? Begründe.

31 Die Höhe eines Zylinders ist doppelt so groß wie sein Radius. Das Volumen beträgt 785,4 cm³. Berechne den Radius.

Verpackungen für Schokolinsen

Die Firma „N & N" stellt Schokolinsen her. Zum 25-jährigen Jubiläum der Marke möchte die Firma die Schokolinsen in einer besonders schönen und kreativen Verpackung anbieten. Die Firma schreibt einen Wettbewerb aus, an dem sich jeder mit einem Vorschlag für eine Verpackung beteiligen kann.

Voraussetzungen für die Verpackung sind, dass das Volumen möglichst genau 500 cm³ (mindestens jedoch 450 cm³ und höchstens 550 cm³) beträgt und sie aus mehreren Teilen besteht. Das Einhalten des Volumens ist wichtig, damit es keine „Mogelpackung" wird.

Dies ist der Vorschlag der Schülergruppe „Creativa":

BEACHTE
Mogelpackung nennt man eine Verpackung, die über die wirkliche Menge oder Beschaffenheit des Inhalts hinwegtäuscht.

Körperteil	geom. Körper	Maße	Volumen (in cm³)	Anzahl	gesamt (in cm³)
Fuß	Quader	$a = 5\,\text{cm}; b = 3\,\text{cm}; c = 2\,\text{cm}$	30	2	60
Bein	Prisma	$g = 3\,\text{cm}; h_g = 3\,\text{cm}; h = 4\,\text{cm}$	18	2	
Hand	Prisma	$g = 2\,\text{cm}; h_g = 3\,\text{cm}; h = 4\,\text{cm}$		2	
Arm	Quader	$a = 3\,\text{cm}; b = 3\,\text{cm}; c = 5\,\text{cm}$		2	
Schulter	Würfel	$a = 1\,\text{cm}$		2	
Oberkörper	Quader	$a = 7\,\text{cm}; b = 3\,\text{cm}; c = 10\,\text{cm}$		1	
Brust	Quader	$a = 1\,\text{cm}; b = 4\,\text{cm}; c = 7\,\text{cm}$		1	
Kopf	Quader	$a = 2\,\text{cm}; b = 4\,\text{cm}; c = 5\,\text{cm}$		1	
„Hut"	Quader	$a = 1\,\text{cm}; b = 1\,\text{cm}; c = 3\,\text{cm}$		1	

1 Überprüfe, ob das Volumen der vorgeschlagenen Verpackung den Vorgaben der Firma „N & N" entspricht.

2 ▭ Durch welche Veränderung(en) lässt sich ein Volumen von exakt $500\,cm^3$ erreichen?
Findest du mehrere Möglichkeiten?

3 ▭ Erstellt in Kleingruppen einen alternativen Vorschlag.
Die Verpackung muss aus mindestens drei unterschiedlichen Teilen bestehen, davon mindestens ein Prisma oder Zylinder. Der Firma „N & N" müssen folgende Unterlagen zur Prüfung des Vorschlags eingereicht werden:

- eine aus Pappe gefertigte Verpackung
- Berechnungsgrundlagen (ähnlich der Tabelle), um zu belegen, dass das Volumen ca. $500\,cm^3$ beträgt.
- Netze aller Teile mit Maßangaben und Klebelaschen
- Aufzeichnungen, aus denen hervorgeht, wie ihr vorgegangen seid, welche Probleme sich ergeben haben und wie ihr sie gelöst habt.

Präsentiert eure Ergebnisse und Aufzeichnungen der Klasse.

4 ▭ Aus Gründen des Verbraucherschutzes ist eine Verpackung nicht zulässig, wenn die Füllmenge einer undurchsichtigen Fertigverpackung von dem Fassungs-vermögen des Behälters um mehr als 30 % abweicht. Man spricht also von einer Mogelpackung, wenn die Verpackung zu rund einem Drittel Luft enthält.
Stellt euch vor, ihr habt eine kleine Firma und verkauft als Unternehmen eure selbst gestaltete Verpackung mit Schokolinsen.
a) Legt einen angemessenen Verkaufspreis für eure Verpackung mit Schokolinsen fest.
b) Überlegt euch Möglichkeiten, nach einem Jahr bei selbem Verkaufspreis weniger Schokolinsen zu verwenden.
c) Schätzt, wie viel Gramm Schokolinsen bei einem Volumen von $500\,cm^3$ ungefähr in eure Verpackung passen.
Um wie viel Gramm könnt ihr den Inhalt reduzieren, damit es noch keine Mogelpackung ist?

Vermischte Übungen

1 Lassen sich die Netze zu Prismen zusammensetzen? Begründe, wenn es nicht geht.

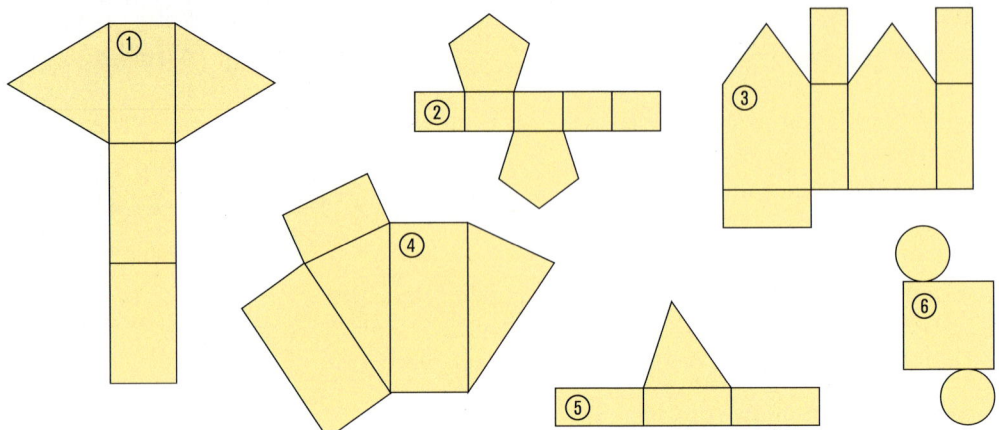

2 Die gegebenen Flächen sind jeweils Grundflächen eines Prismas, das 3 cm hoch ist.

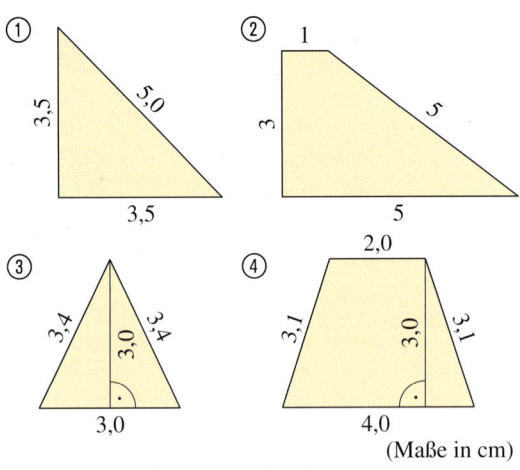

(Maße in cm)

a) Zeichne jeweils ein Netz des Prismas.
b) Berechne das Volumen des Prismas.
c) Bestimme den Inhalt der Mantelfläche und den Inhalt der Oberfläche.

3 Erkläre die Abbildung.

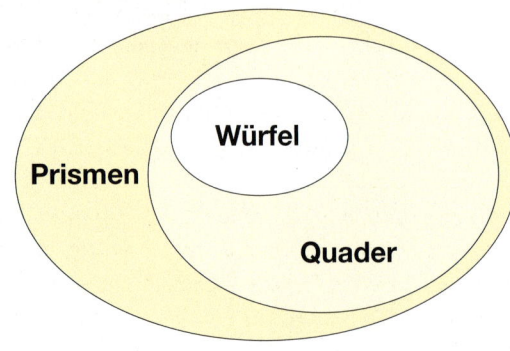

4 Berechne das Volumen und den Oberflächeninhalt der Prismen (Maße in cm).

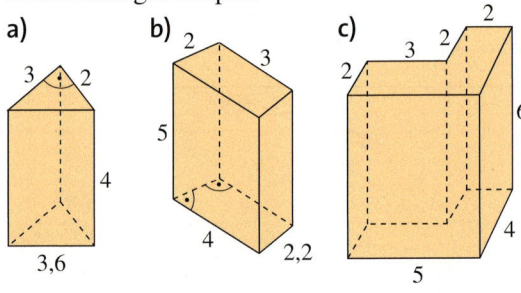

5 Zeichne die Netze der Prismen. Berechne ihren Oberflächeninhalt (Maße in cm). Die Grundfläche in Teilaufgabe b) ist ein rechtwinkliges Trapez.

a)   b)   c)

6 ➡ Ein Prisma ist 10 cm hoch und hat ein Volumen von 50 cm³. Zeichne es mit einem Dreieck (Parallelogramm) als Grundfläche.

7 🔜 Eine Verpackung hat die Form eines Prismas mit einem rechtwinkligen Dreieck als Grundfläche.
Finde einen passenden Sachzusammenhang und stelle eine Frage, so dass …
a) das Volumen,
b) der Oberflächeninhalt,
c) der Inhalt der Mantelfläche
der Verpackung berechnet werden muss.

8 In einem Katalog findet Familie Berger das folgende Angebot für einen Sandkasten:

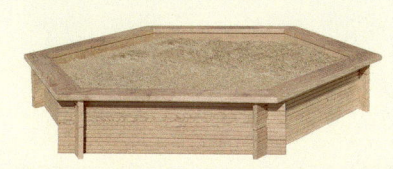

Maße: Durchmesser außen: 200 cm (von Ecke zu Ecke), Höhe: 31 cm
Material: Nadelholz, chromfrei kesseldruckimprägniert
Sandbedarf: Voll ca. 0,5 cbm, $\frac{2}{3}$ ca. 0,33 cbm

Die Schreibweise cbm wird im Handel für m³ verwendet.
a) Bestimme ausgehend vom Sandbedarf die Größe der sechseckigen Grundfläche.
b) Vater Berger meint, dass die Seitenlänge des Sandkastens an der Außenseite ca. 1 m beträgt. Überprüfe das, zum Beispiel durch eine Skizze.
c) Zeige anhand einer Zeichnung, dass die Sitzbretter ca. 20 cm breit sein müssen.

9 Arbeitet in Gruppen.
Beschreibt die Gemeinsamkeiten und Unterschiede von Prismen und Zylindern. Erklärt dabei …
① die Form und Anzahl der Grund- und Deckflächen.
② ob Grund- und Deckfläche kongruent sind.
③ die Form und Anzahl der Seitenflächen.
④ wie die Größe der Mantelfläche aus dem Umfang der Grundfläche und der Körperhöhe bestimmt werden kann.
⑤ wie man das Volumen aus der Höhe und dem Inhalt der Grundfläche berechnet.

10 Ergänze die Tabelle für Zylinder im Heft.

	r	d	h_z	A_M	A_O	V
a)	2,4 m		123 cm			
b)		1 m	8 km			
c)	3,1 dm		13 cm			
d)		0,75 m	8 dm			

11 Ein zylinderförmiger Papierkorb ist 31 cm hoch und hat einen Durchmesser von 25 cm.
a) Zeige, dass der Papierkorb ein Volumen von mehr als 15 ℓ besitzt.
b) Gib mindestens zwei Möglichkeiten für die Höhe und den Radius eines zylinderförmigen Papierkorbs mit einem Volumen von möglichst genau 15 ℓ an.

12 Nele hat mit ihrer Oma Plätzchen gebacken. Sie kann sich Plätzchen mitnehmen: entweder in einer Dose mit einem Durchmesser von 22 cm und einer Höhe von 10 cm oder in einer Dose mit einer Höhe von 12 cm und einem Durchmesser von 18 cm.
In welche Dose passen mehr Plätzchen?

13 Ein DIN-A4-Blatt (21 cm breit und 29,7 cm lang) wird an den kurzen Seiten so zusammengeklebt, dass eine Rolle entsteht (siehe Skizze). Der Kleberand beträgt 1 cm.
a) Bestimme zunächst den Umfang, dann den Radius der entstandenen Papierrolle.
b) Bestimme das Volumen des entstandenen Zylinders.
c) Verändert sich das Volumen, wenn das Blatt nicht an den kurzen, sondern an den langen Seiten zusammengeklebt wird? Schätze zuerst. Berechne dann das neue Volumen.

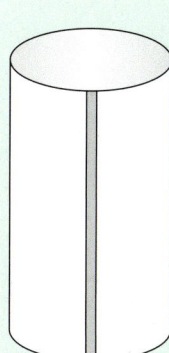

14 Zylinderförmige Stäbe aus Kiefernholz haben jeweils 5,5 cm Durchmesser und sind 1,8 m lang. 1 dm³ Kiefernholz wiegt 0,52 kg. Wie viele solcher Stäbe kann ein Lastwagen transportieren, dessen Höchstlast 3 t beträgt?

15 Zeichne das Netz und das Schrägbild eines Zylinders mit $r = 2$ cm und $h_Z = 4,5$ cm. Berechne seinen Oberflächeninhalt und sein Volumen.

16 Stroh wird nach der Ernte entweder zu Quadern oder zu Zylindern zusammengepresst. Quaderförmige Ballen haben eine Größe von 96 × 38 × 46 cm und wiegen 14 kg.

Wie schwer ist ein zylinderförmiger Ballen mit einem Durchmesser von 1,8 m und einer Breite von 1,2 m?

17 Berechne die fehlenden Größen für einen Zylinder.

	r	h_Z	A_M	A_O	V
a)	22 m	50 m			
b)	8,4 cm				11 083,5 cm³
c)		1,6 m	170,9 m²		
d)		9,8 dm			6927,2 dm³

18 Von den fünf Größen r, h_Z, A_M, A_O und V eines Zylinders sind zwei gegeben. Berechne die fehlenden Größen.
a) $A_O = 54{,}7\,\text{cm}^2$, $r = 1{,}8\,\text{cm}$
b) $V = 62{,}81\,\text{cm}^3$, $h_Z = 30\,\text{mm}$
c) $r = 0{,}2\,\text{dm}$, $h_Z = 5\,\text{cm}$
d) $A_M = 7{,}85\,\text{dm}^2$, $r = 5\,\text{cm}$
e) $A_O = 675{,}1\,\text{cm}^2$, $r = 5\,\text{cm}$
f) $A_M = 2112\,\text{cm}^2$, $r = 160\,\text{mm}$

19 Ein Eishockey-puck für Senioren hat einen Durchmesser von 75 mm, eine Höhe von 25 mm. Er wiegt zwischen 155 g und 160 g.

Ein Puck für Kinder besitzt einen Durchmesser von 60 mm und eine Höhe von 20 mm. Er wiegt ca. 82 g. Werden die Eishockeypucks für Kinder und Senioren aus dem gleichen Material hergestellt?

BEACHTE
Die Lösungen zu Aufgabe 17 ergeben in der richtigen Reihenfolge den Namen eines Landes. Auf welchem Kontinent liegt dieses Land?
15 (I); 17 (R);
50 (D); 923,63 (N);
1452,67 (B);
1986,74 (A);
2337,34 (E);
2638,94 (I);
3082,28 (A);
6911,50 (S);
9952,57 (A);
76026,54 (U)

20 Der Durchmesser eines zylinderförmigen Glases beträgt 7 cm, die Höhe 6,5 cm.
a) Bestimme das maximale Volumen des Glases.
b) In welcher Höhe muss der Eichstrich für 0,2 ℓ markiert werden?
c) Wie lang muss ein Strohhalm mindestens sein, damit er nicht im Glas versinkt?

21 Wie viel Liter Flüssigkeit passen ungefähr in dieses Fass? Vergleicht und bewertet eure Lösungswege und Strategien.

22 Eine 2-€-Münze hat folgende Maße:
Durchmesser: 25,75 mm,
Dicke: 2,20 mm
a) Berechne das Volumen der Münze.
b) Der goldfarbene Mittelteil und der silberfarbene Außenring besitzen das gleiche Volumen. Nutze dies und bestimme den Durchmesser des goldfarbenen Mittelteils. Überprüfe dein Ergebnis durch eine Messung an einer Münze.
c) Ein zylinderförmiges Glas mit einem Durchmesser von 6 cm und einer Höhe von 12 cm ist bis 5 mm unter dem Rand mit Wasser gefüllt.
Wie viele 2-€-Münzen muss man in das Glas werfen, bis das Wasser überläuft?

23 Berechne den Mantel- und Oberflächeninhalt eines Zylinders.
a) $u = 28{,}26\,\text{cm}$, $h_Z = 18\,\text{cm}$
b) $e = 12{,}6\,\text{cm}$, $h_Z = 11{,}9\,\text{cm}$
c) $u = 35\,\text{dm}$, $e = 32\,\text{dm}$

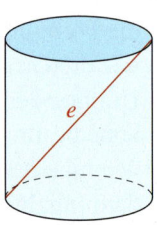

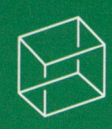

24 Ein 8500 km langes Kupferkabel mit einem Durchmesser von 1 mm wurde hergestellt.
Wie viel kg Kupfer wurden verbraucht, wenn 1 dm³ Kupfer 8,8 kg wiegt?

25 Der innere Teil eines Tunnels wird gestrichen. Die Maße stehen in der Skizze. Wie viel m² müssen gestrichen werden?

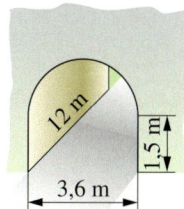

26 Ein 15 m tiefer zylinderförmiger Brunnen mit einem Durchmesser von 1,5 m wurde gebohrt. Dazu wurden 40 t Sand herausgehoben.
Welche Dichte hatte der Sand?

27 Die Baku-Tiflis-Ceyhan-Pipeline (BTC genannt) transportiert Rohöl vom Kaspischen Meer zum Mittelmeer. Die Leitung ist 1760 km lang, ihr Durchmesser beträgt 1 m.
a) Bestimme das Volumen der Pipeline-Röhren.
b) Täglich sollen 160 000 m³ Erdöl transportiert werden. Bestimme die Geschwindigkeit, mit der das Öl fließt.

28 ⬛➡ Eine zylinderförmige Kerze hat einen Durchmesser von 7,5 cm und ist 20 cm hoch. Eine zweite Kerze hat die Form eines Quaders mit den Kantenlängen 7,5 cm × 7,5 cm × 16 cm. Die zylinderförmige Kerze verliert 30 cm³ Wachs pro Stunde, die quaderförmige Kerze hat eine Brenndauer von 36 Stunden.
a) Berechne die Brenndauer der zylinderförmigen Kerze.
b) Wie viel Wachs verliert die quaderförmige Kerze pro Stunde?
c) Stelle für beide Kerzen Funktionsvorschriften auf für die Zuordnungen
Zeit (in h) → Volumen (in cm³) und
Zeit (in h) → Höhe der Kerze (in cm).
d) Angenommen beide Kerzen werden zum gleichen Zeitpunkt angezündet.
Zu welchem Zeitpunkt besitzen die Kerzen das gleiche Volumen (die gleiche Höhe)?

29 Der Mühlstein aus Granit besitzt einen Durchmesser von 60 cm und eine Dicke von 14 cm. Die quadratische Aussparung in der Mitte des Steins hat eine Seitenlänge von 15 cm. Granit hat eine Dichte von $1,26 \frac{g}{cm^3}$. Berechne die Masse des Mühlsteins. Recherchiere, ob man so einen Mühlstein in einem normalen Pkw transportieren kann.

30 ⬛➡ Frau Cana liest in der Werbung von zwei Regentonnen. Dort steht kurz:

Regentonne Quadrat Maße: 84 × 58 × 58 für 250 ℓ	**Regentonne Rund** Höhe: 121 Durchmesser: 54 für 250 ℓ

a) Welche Formen haben wohl die beiden Regentonnen? Skizziere beide und beschrifte mit den Maßeinheiten, die gemeint sein sollten.
b) Berechne das Volumen der beiden Regentonnen. Vergleiche mit der Angabe in der Werbung.
c) Gib die Maße von drei Regentonnen an, die die Form von Prismen oder Zylindern haben und genau 250 ℓ fassen. Begründe, dass deine Maße für eine Regentonne sinnvoll sind.
d) Berechne die Deckflächen deiner Regentonnen in c). In welche gelangt das meiste Wasser bei einem Regenschauer?

31 Ein 15 cm hohes Prisma hat eine sechsseitige Grundfläche, die 234 cm² groß ist. Wie groß ist die Grundfläche eines 30 cm hohen Zylinders, der dasselbe Volumen hat? Beschreibe dein Vorgehen.

32 In einer 250 g-Packung Knete sind fünf zylinderförmige Rollen, die 10 cm lang sind. Der Durchmesser beträgt jeweils 2,3 cm. Midhat baut mit mehreren Packungen Knete ein 20 cm hohes Prisma mit einer Grundfläche von 12 cm².
a) Wie viel wiegt das Prisma?
b) Beschreibe, wie man ein solches Prisma am besten herstellen kann und welche Probleme auftreten können.

Schwimmbecken

Das Hallenbad „Schwimmparadies" verfügt über zwei Becken, deren Maße in den Zeichnungen unten angegeben sind.

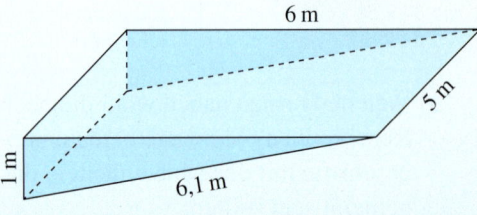

Nichtschwimmerbecken

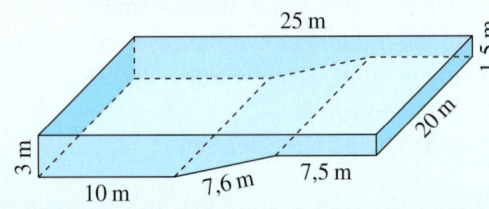

Schwimmerbecken

a)   Übertrage das maßstäbliche Schrägbild des Nichtschwimmerbeckens in dein Heft.

b)   Hat das Nichtschwimmerbecken die Form eines Prismas? Begründe.

c)   Berechne das Volumen des Nichtschwimmerbeckens.

d)   Der Boden und die Seitenwände des Nichtschwimmerbeckens sollen neu gefliest werden. Wie viel Quadratmeter Kacheln werden für diese Arbeit mindestens benötigt?

e)   Christian ist der Meinung, dass das Schwimmerbecken die Form eines Prismas hat, das eine sechseckige Grundfläche besitzt. Sophie ist anderer Meinung. Sie sagt, dass das Becken aus zwei Quadern und einem Prisma mit einem Trapez als Grundfläche besteht. Wer hat Recht? Begründe.

f)   Berechne das Volumen des Schwimmerbeckens.

g)   Zeichne ein maßstäbliches Netz des Schwimmerbeckens.

h)   Im Außenbereich soll ein drittes Becken gebaut werden.
Es soll ein Volumen von $225\,m^3$ besitzen.
Erarbeite zwei Vorschläge für die Maße des Beckens.
Zeichne dazu ein Schrägbild des Beckens und belege durch eine Rechnung, dass das Volumen exakt $225\,m^3$ groß ist.

i)   En Whirlpool hat die Form eines Zylinders. Man kann in ihm überall stehen, es gibt also keine Sitzbänke am Rand. Der Durchmesser beträgt $10\,m$ und es sind $110\,000\,\ell$ Wasser eingelassen ($1\,\ell = 1\,dm^3$).
Wie groß sollte man sein, um in den Whirlpool zu gehen? Begründe.

Alles klar?

Entscheide, ob die Aussagen richtig oder falsch sind.
Begründe deine Entscheidung im Heft und korrigiere gegebenenfalls.

1 Prismen erkennen und zeichnen

a) Abbildung ① zeigt ein Prisma mit dreieckiger
   Grundfläche.

b) Abbildung ② zeigt ein Prisma mit einem
   Trapez als Grundfläche.

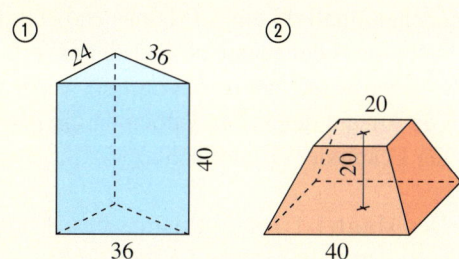

2 Mantel- und Oberflächeninhalt von Prismen

a) Abbildung ③ ist das Netz des Prismas
   aus Abbildung ①.

b) Um den Mantelflächeninhalt des Prismas aus
   Abbildung ① zu berechnen, kann man den
   Umfang des Dreiecks mit der Höhe des
   Prismas multiplizieren.
   Es ergibt sich $A_M = 38{,}4\,dm^2$.

c) Verdoppelt man die Höhe eines Prismas,
   so verdoppelt sich auch der Oberflächeninhalt
   des Prismas.

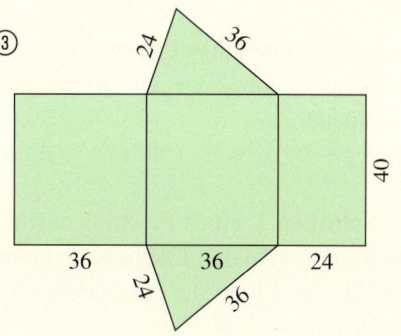

BEACHTE
Die Lösungen zu
den Aufgaben auf
dieser Seite sowie
dazu passende
Trainingsaufgaben
findest du ab
Seite 198.

3 Volumen von Prismen berechnen

a) Um das Volumen eines Prismas zu berechnen, muss man die Höhe des Prismas
   mit dem Flächeninhalt der Seitenfläche multiplizieren.

b) Ist die Grundfläche eines 6 cm hohen Prismas ein Dreieck mit $c = 4\,cm$ und $h_c = 5\,cm$,
   so berechnet man das Volumen wie folgt: $V = \frac{1}{2} \cdot 4 \cdot 5 \cdot 6\,cm^3 = 60\,cm^3$.

4 Netze und Oberflächen von Zylindern

a) Zylinder sind Körper mit einem Kreis als Grund- und Mantelfläche.

b) Die Länge der Mantelfläche eines Zylinders entspricht dem
   Flächeninhalt der Grundfläche.

c) Ist ein Zylinder 5 cm hoch und hat einen Radius von 3 cm,
   dann gilt: $A_O = 2 \cdot \pi \cdot 5 \cdot (5 + 3) = 251{,}3\,[cm]^2$

d) Die Abbildung rechts zeigt das Netz eines Zylinders mit dem Radius
   $r = 5\,mm$ und der Höhe $h_Z = 10\,mm$.

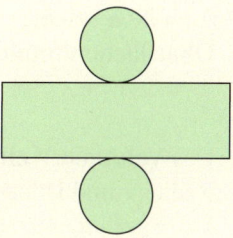

5 Schrägbilder und Volumen von Zylindern

a) Ist ein Zylinder 3 cm hoch und hat einen Radius von 5 cm, gilt: $V = \pi \cdot 3^2 \cdot 5 = 141{,}4\,[cm]^3$

b) Verdoppelt man den Kreisradius, so vervierfacht sich das Volumen des Zylinders.

c) Die Masse eines Zylinders wird aus dem Produkt seiner Dichte ϱ und seines
   Oberflächeninhalts A_O berechnet.

Zusammenfassung

→ Seiten 142, 146

Oberflächeninhalt und Volumen von Prismen

Um die Mantelfläche A_M oder den Oberflächeninhalt A_O eines Prismas zu bestimmen, muss der Flächeninhalt der einzelnen Flächen berechnet und summiert werden. Die Anzahl der Seitenflächen ist die Anzahl der Ecken der Grundfläche.

Der **Mantel** A_M eines Prismas besteht aus allen rechteckigen Seitenflächen.
$A_M = A_1 + A_2 + \ldots + A_n$

Die **Oberfläche eines Prismas** besteht aus der Mantelfläche sowie der Grund- und der Deckfläche.
$A_O = A_M + 2 \cdot A_G = A_1 + A_2 + \ldots + A_n + 2 \cdot A_G$

Das **Volumen V eines Prismas** bestimmt man, indem man den Flächeninhalt der Grundfläche A_G mit der Körperhöhe h_P des Prismas multipliziert.
Es gilt also: $V = A_G \cdot h_P$

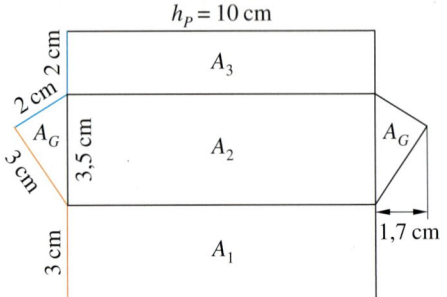

Teilflächenberechnung:
$A_1 = 3\,\text{cm} \cdot 10\,\text{cm}; \ A_1 = 30\,\text{cm}^2$
$A_2 = 3,5\,\text{cm} \cdot 10\,\text{cm}; \ A_2 = 35\,\text{cm}^2$
$A_3 = 2\,\text{cm} \cdot 10\,\text{cm}; \ A_3 = 20\,\text{cm}^2$
$A_G = \frac{3,5 \cdot 1,7}{2}\,\text{cm}^2; \ A_G = 2,975\,\text{cm}^2$

Inhalt der Mantelfläche:

$A_M = A_1 + A_2 + A_3$	$A_M = u_G \cdot h_P$
$A_M = 30 + 35 + 20$	$A_M = (2 + 3 + 3,5) \cdot 10$
$A_M = 85\,\text{cm}^2$	$A_M = 85\,\text{cm}^2$

Oberflächeninhalt:
$A_O = A_M + 2 \cdot A_G$
$A_O = 85\,\text{cm}^2 + 2 \cdot 2,975\,\text{cm}^2 = 90,95\,\text{cm}^2$

→ Seiten 150, 154

Oberflächeninhalt und Volumen von Zylindern

Das Netz eines Zylinders besteht aus zwei Kreisen (Grund- und Deckfläche) und einem Rechteck (Mantelfläche). Die Länge des Rechtecks entspricht dabei dem Umfang der Kreise.

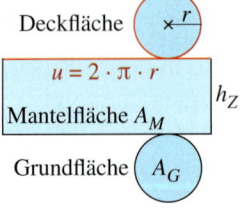

Mantelflächeninhalt des Zylinders
$A_M = 2 \cdot \pi \cdot r \cdot h_Z$
Oberflächeninhalt des Zylinders
$A_O = 2\,A_G + A_M; \ A_O = 2 \cdot \pi \cdot r \cdot (r + h_Z)$

Das **Volumen V eines Zylinders** mit Radius r und Höhe h berechnet sich als:
$V = \pi \cdot r^2 \cdot h_Z$

Das Schrägbild eines Zylinders zeichnet man, indem man ausgehend von der Grundfläche die Höhe abträgt und die Deckfläche skizziert. Verdeckte Kanten werden gestrichelt.

Gegeben: $r = 5\,\text{cm}$, $h_Z = 14\,\text{cm}$
$A_M = 2 \cdot \pi \cdot 5\,\text{cm} \cdot 14\,\text{cm} = 439,8\,\text{cm}^2$
$A_O = 2 \cdot \pi \cdot 5\,\text{cm} \cdot (5\,\text{cm} + 14\,\text{cm}) = 596,9\,\text{cm}^2$

$V = \pi \cdot (5\,\text{cm})^2 \cdot 14\,\text{cm} = 1099,6\,\text{cm}^3$

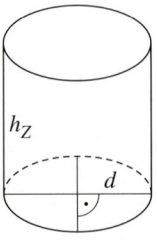

Zufall und Wahrscheinlichkeiten

Clara spielt das Spiel „Yatzi" (oder auch „Kniffel").
Nach dem zweiten Würfeln hat sie zwei „3er" und zwei „5er"
herausgelegt. Jetzt ist noch ein Würfel im Würfelbecher.
Wirft Clara eine „3" oder eine „5", so bekommt sie 25 Punkte
für das „Full House". Wie wahrscheinlich ist das?

In diesem Kapitel lernst du, was ein Laplace-Experiment ist
und wie man bei solchen Experimenten die Wahrscheinlichkeit
für das Eintreten eines Ergebnisses berechnet.
Du erfährst außerdem, wie man Wahrscheinlichkeiten bei
Zufallsexperimenten abschätzen kann und wie man Wahrscheinlichkeiten nutzt, um Chancen und Risiken zu beurteilen.

Noch fit?

1 Schreibe in Prozentschreibweise.

a) $\frac{1}{2}$ b) $\frac{7}{10}$ c) $\frac{3}{4}$ d) $\frac{7}{20}$

e) $\frac{9}{25}$ f) $\frac{34}{200}$ g) $\frac{325}{500}$ h) $\frac{189}{1000}$

i) $\frac{4}{5}$ j) $\frac{28}{40}$ k) $\frac{3}{8}$ l) $\frac{1}{3}$

NACHGEDACHT
Wie viel Prozent der Eiskugeln haben Schokoladengeschmack?

2 Zeichne einen Zahlenstrahl (mit 12 cm Abstand zwischen 0 und 1) und markiere die Brüche.

a) $\frac{1}{2}; \frac{1}{3}; \frac{5}{6}; \frac{7}{12}; \frac{3}{4}; \frac{5}{8}; \frac{11}{24}$ b) $\frac{2}{3}; \frac{11}{12}; \frac{7}{24}; \frac{1}{6}; \frac{1}{4}; \frac{37}{48}$

3 Berechne.

a) $\frac{1}{5} + \frac{2}{5}$ b) $\frac{3}{10} + \frac{3}{5}$ c) $\frac{1}{4} + \frac{1}{2}$ d) $\frac{7}{20} + \frac{2}{5}$

e) $\frac{1}{3} + \frac{1}{4}$ f) $\frac{3}{8} + \frac{5}{12}$ g) $\frac{11}{25} + \frac{7}{20}$ h) $\frac{5}{8} + \frac{3}{40}$

i) $1 - \frac{3}{4}$ j) $1 - \frac{57}{100}$ k) $1 - (\frac{1}{4} + \frac{3}{10})$ l) $1 - \frac{2}{5} - \frac{1}{3}$

4 Berechne.

a) $\frac{3}{4} \cdot 12$ b) $\frac{1}{2} \cdot 100$ c) $\frac{7}{10} \cdot 200$

d) $\frac{1}{3} \cdot 219$ e) $\frac{23}{25} \cdot 2000$ f) $\frac{2}{5} \cdot 250$

5 Eine Polizeikontrolle vor der Schule Süd ergab, dass 18 von 200 kontrollierten Fahrrädern Mängel aufweisen. An der Schule Nord wiesen 15 Fahrräder Mängel auf, 135 waren mängelfrei. Mit welcher relativen Häufigkeit wiesen Fahrräder Mängel auf?

6 In der Mathematikarbeit der Klasse 8 a wurden folgende Noten erteilt:

Note	1	2	3	4	5	6
Anzahl	2	6	8	5	3	1

a) Gib die relative Häufigkeit für jede Note an.
b) Berechne die Durchschnittsnote.

7 In einer 8. Klasse wurde eine Befragung zum Thema „Höhe des monatlichen Taschengeldes" durchgeführt (Ergebnisse siehe Randspalte).

a) Stelle getrennt für Mädchen und Jungen eine Tabelle für die absoluten und relativen Häufigkeiten der Ergebnisse auf. Gib die relativen Häufigkeiten auch in Prozent an.

b) Vergleiche die Höhe des monatlichen Taschengeldes der Mädchen und der Jungen, indem du das arithmetische Mittel und den Median für beide Datenreihen bestimmst.

Urliste
der Mädchen
10€, 15€,
20€, 25€,
15€, 15€,
20€, 10€,
15€, 30€,
15€, 10€,
15€

Urliste
der Jungen
10€, 10€,
15€, 20€,
30€, 25€,
15€, 30€,
20€, 15€,
10€, 25€
10€, 15€

BUNT GEMISCHT

1. Ein Quadrat hat eine Seitenlänge von 8 cm. Bestimme den Umfang und den Flächeninhalt.
2. Benenne die Eigenschaften einer Raute.
3. Addiere schriftlich: 37 542 + 9501 + 56 007 + 738
4. Berechne das Volumen und den Oberflächeninhalt eines Quaders mit den Seitenlängen $a = 5$ cm, $b = 7$ cm und $c = 3$ cm.
5. Ergänze um die folgenden vier Zahlen im Heft: 5; 8; 7; 10; 9; 12; …
6. Nenne die Eigenschaften eines gleichseitigen Dreiecks.
7. Berechne 25 % von 400 € und 4 % von 500 €.

■ Zufallsexperimente und Wahrscheinlichkeiten

Erforschen und Entdecken

1 „Wahrscheinlichkeitsrallye"
Material: Spielfiguren, Würfel, Heftzwecken, ein Skatspiel, ein Legostein, eine Münze
Spielregeln: Jeder Spieler erhält eine Spielfigur. Ziel des Spiels ist es, als Erster das Zielfeld zu erreichen. Die Felder werden in Pfeilrichtung durchlaufen. Jeder Spieler hat pro Runde einen Wurf. Gewürfelt wird mit dem abgebildeten Gegenstand des angestrebten Feldes. Das Feld darf erst besetzt werden, wenn das abgebildete Ergebnis gewürfelt wird. Es wird ohne Rausschmeißen gespielt. Der oder die Jüngste beginnt.

Spielphasen:

1. Zum Start versucht der Spieler eines der Eckfelder ①, ②, ③ oder ④ zu besetzen.

2. Danach sucht sich der Spieler eines der in Pfeilrichtung angegebenen Felder aus und versucht dieses zu besetzen.

3. Auf dem Weg ins Ziel wählt der Spieler, ob er mit dem Legostein oder dem Würfel wirft oder aus einem vollständigen Skatblatt ein Ass zieht.

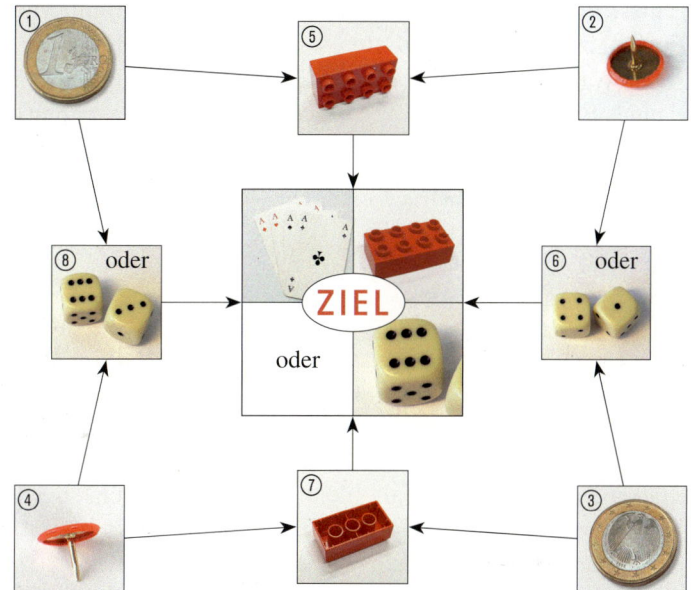

BEISPIEL
Ein Spieler wählt das Feld ① als Startfeld.
Von dort aus kann er die Felder ⑤ oder ⑧ erreichen. Er wählt Feld ⑤.
Von Feld ⑤ geht es zum Zielfeld.

a) Vergleicht das „Würfeln" einer Heftzwecke mit einem Münzwurf *(Kopf oder Zahl)*. Nennt Gemeinsamkeiten und Unterschiede.

b) Betrachtet nur den ersten möglichen Zug (also auf eines der Eckfelder ①, ②, ③ oder ④). Gibt es einen Anfangszug, der sich als besonders günstig erwiesen hat? Begründet.

c) Vergleicht das Würfeln eines „normalen" Spielwürfels mit dem Würfeln eines Legosteins. Nennt Gemeinsamkeiten und Unterschiede.

d) Mit welchem Zufallsgerät (Würfel, Legostein, Kartenspiel) erreicht man das Zielfeld am schnellsten?

2 Arbeitet in Vierergruppen. Teilt euch dann noch einmal in zwei Zweiergruppen auf.
1. Zweiergruppe: Werft eine Münze mindestens 100-mal. Notiert nach 10, 20, 30, …, 100 Würfen jeweils die absolute Häufigkeit dafür, dass „Zahl" oben liegt.

2. Zweiergruppe: Werft eine Heftzwecke mindestens 100-mal. Notiert nach jeweils zehn Würfen, wie häufig die Heftzwecke auf der runden Fläche liegen bleibt (wie oben Bild ②).

Übertragt jeweils Tabelle und Koordinatensystem in eure Hefte und tragt die Werte ein. Vergleicht eure Ergebnisse mit den anderen Gruppen und interpretiert sie im Klassenverband.

Anzahl Würfe	10	20	30	40	50	60	70	80	90	100
Anzahl „Zahl"/ Anzahl „Spitze oben"										
relative Häufigkeit										

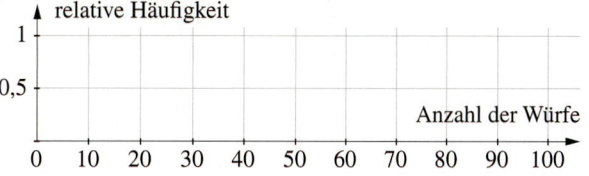

Lesen und Verstehen

Güven möchte an einem warmen Ferientag ins Schwimmbad gehen, Phillip möchte lieber Fußball spielen.
Daher schlägt Phillip vor:
„Lass uns eine Münze werfen. Liegt ‚Zahl' oben, gehen wir schwimmen, ansonsten spielen wir Fußball."

> Zufallsexperimente, bei denen alle Ergebnisse gleich wahrscheinlich sind, nennt man **Laplace-Experimente**.
> Die Wahrscheinlichkeit für das Eintreten eines Ergebnisses e ist
>
> $$P(e) = \frac{1}{\textit{Anzahl aller möglichen Ergebnisse}}$$

BEISPIEL 1
Beim Münzwurf sind die Ergebnisse Kopf (K) und Zahl (Z) möglich. Beide Ergebnisse sind gleich wahrscheinlich.

$$P(K) = \frac{1}{2} = \frac{50}{100} = 50\,\%$$

$$P(Z) = \frac{1}{2} = \frac{50}{100} = 50\,\%$$

Der Vorschlag von Phillip ist also fair.

Güven macht einen Gegenvorschlag: „Lass uns eine Heftzwecke werfen. Fällt sie auf den Rücken, spielen wir Fußball, bleibt sie seitlich liegen, so gehen wir ins Schwimmbad."

Kann man nicht davon ausgehen, dass bei einem Zufallsexperiment die Ergebnisse gleich wahrscheinlich sind, so muss experimentiert werden, um die Wahrscheinlichkeiten bestimmen zu können.

> Die relative Häufigkeit eines Ergebnisses nähert sich bei einer großen Anzahl von Versuchen einem Wert an.
> Diesen Wert nennt man **(statistische) Wahrscheinlichkeit eines Ergebnisses**.
> Er kann als Schätzwert für die Wahrscheinlichkeit dieses Ergebnisses verwendet werden.

BEISPIEL 2
Phillip ist sich nicht sicher, ob der Vorschlag von Güven fair ist. Deshalb nimmt er die Heftzwecke und wirft sie 100-mal. Die Heftzwecke landet 45-mal auf dem Kopf und 55-mal auf der Seite.

$$P(\text{Kopf}) = \frac{45}{100} = 45\,\%$$

$$P(\text{Seite}) = \frac{55}{100} = 55\,\%$$

Der Vorschlag ist nicht fair, weil die Ergebnisse des Zufallsexperiments nicht gleich wahrscheinlich sind.

Die Wahrscheinlichkeit für ein Ergebnis liegt stets zwischen 0 und 1 (bzw. zwischen 0 % und 100 %).

Ist die Wahrscheinlichkeit für ein Ergebnis 1, so spricht man von einem **sicheren Ergebnis**. Ist die Wahrscheinlichkeit 0, so kann das Ergebnis nicht eintreten, es ist **unmöglich**.

Basisaufgaben

1 Toan ist der Meinung, dass es sich beim Drehen dieses Glücks-rads nicht um ein Laplace-Experiment handelt, weil die 3 und die 8 vertauscht wurden.

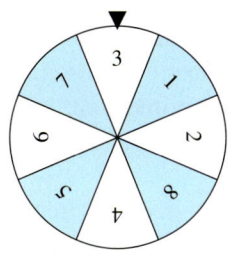

a) Erkläre Toan, warum seine Meinung falsch ist.
b) Wie groß ist die Wahrscheinlichkeit dafür, dass Toan eine „1" dreht?

2 Ergänze den Lückentext im Heft.
Das Werfen einer Münze ist ein __.
Es sind __ Ergebnisse möglich: Kopf und __.
Beide Ergebnisse sind gleich __.
Die Wahrscheinlichkeit „Kopf" zu werfen liegt bei __.

3 Pia meint, dass Tontaubenschießen ein Laplace-Experiment ist, denn entweder trifft der Schütze oder er trifft nicht.
Was hat Pia nicht bedacht?

4 ▥ Entscheide und begründe, ob es sich um ein Laplace-Experiment handelt.
a) Wurf mit einem Würfel
b) Wurf mit einem Legostein
c) Ziehung der ersten Kugel beim Lotto
d) Ziehen einer Karte aus einem Skatspiel (mit 32 Karten)
e) Marco Reus trifft beim Elfmeterschießen.
f) Manuel Neuer hält einen Elfmeter.
g) Einer von 30 Schülern wird ausgelost.
h) Ein Marmeladenbrot fällt vom Tisch. Landet es auf der Marmeladenseite oder nicht?

5 Beim Spiel „Wer wird Millionär" muss bei einer Frage aus vier Antwortmöglich-keiten die richtige ausgewählt werden.
Wie groß ist die Wahrscheinlichkeit, …
a) eine Frage durch Raten richtig zu beant-worten?
b) eine Frage durch Raten richtig zu beant-worten, wenn zwei Antworten sicher ausgeschlossen werden können?

6 ▭ Begründe, warum es sich um Laplace-Experimente handelt und bestimme die Wahrscheinlichkeit für die Ergebnisse.
a) Bei einer Tombola werden 1200 Lose verkauft. Jens gewinnt den Hauptgewinn, eine Reise nach Italien.
b) Aus einem vollständigen Skatspiel (32 Kar-ten) möchte Burcu den Kreuz-Buben ziehen.
c) Zehn Kinder ermitteln durch „Hölzchen ziehen" (wer das kürzeste Hölzchen zieht, verliert), wer beim Versteckspiel suchen muss. Nikita verliert.
d) Beim „Mensch-ärgere-dich-nicht" muss Nele eine 2 werfen, um zu gewinnen.

7 In einer Schüssel liegen eine rote, eine blaue, eine gelbe und eine grüne Kugel.
a) Handelt es sich beim Ziehen einer Kugel aus der Schüssel um ein Laplace-Experi-ment, wenn die Augen des Ziehenden verbunden werden? Begründe.
b) Wie groß ist die Wahrscheinlichkeit, dass beim ersten Zug die rote Kugel gezogen wird?
c) Nach dreimaligem Ziehen befindet sich nur noch die blaue Kugel in der Schüssel. Wie groß ist die Wahrscheinlichkeit, dass die blaue Kugel beim vierten Zug gezogen wird? Wie groß ist die Wahrscheinlichkeit, jetzt noch ein rote Kugel zu ziehen?

8 Gib Beispiele für sichere und unmögliche Ergebnisse an.

9 Der Verschluss einer Mineralwasserflasche wird 100-mal geworfen.
a) Welche Versuchsausgänge sind bei diesem Zufallsexperiment möglich?
b) Erfasse in einer Häufigkeitstabelle die absolute Häufigkeit der auftretenden Ergebnisse.
c) Bestimme die statistische Wahrscheinlich-keit für jeden möglichen Versuchsausgang und stelle sie in einem Säulendiagramm dar.
d) Vergleicht eure Ergebnisse untereinander.

Weiterführende Aufgaben

10 In der Saison 2015/16 erreichten Bayern München, Werder Bremen, Borussia Dortmund und Hertha BSC das Halbfinale des DFB-Pokals. Die Spielpaarungen dort wurden ausgelost.
Bestimme – falls möglich – die Wahrscheinlichkeit dafür, dass …
a) Dortmund ein Heimspiel hatte.
b) Bayern gegen Hertha spielen musste.
c) Hertha das Endspiel erreichte.

11 Bestimme die Wahrscheinlichkeit dafür, dass Matteo …
a) im Mai geboren wurde.
b) an einem Sonntag geboren wurde.
c) am 13. April geboren wurde.
d) im Sommer geboren wurde.
e) an einem Feiertag geboren wurde.
f) das Sternzeichen „Krebs" hat.

12 In einer Urne befinden sich drei Kugeln.

a) Wie groß ist die Wahrscheinlichkeit dafür, dass beim ersten Zug das „T" gezogen wird?
b) Angenommen, beim ersten Zug wurde das „T" gezogen. Wie groß ist die Wahrscheinlichkeit, dass beim zweiten Zug das „O" gezogen wird, wenn das „T" nicht wieder in die Urne gelegt wird?
c) Es werden nacheinander alle drei Kugeln aus der Urne gezogen. Welche Buchstabenreihenfolgen können auftreten?
d) Wie groß ist die Wahrscheinlichkeit dafür, dass das Wort „ROT" gezogen wird?

13 Zeichne je ein Glücksrad, sodass …
a) die Wahrscheinlichkeit für „rot" $\frac{1}{4}$ beträgt.
b) die Wahrscheinlichkeit für „grün" $\frac{1}{3}$ beträgt.
c) die Wahrscheinlichkeit für „gelb" $\frac{1}{5}$ beträgt.
d) die Wahrscheinlichkeit für „blau" 0 beträgt.
e) die Wahrscheinlichkeit für „schwarz" 30 %, für „weiß" 60 % und für „grau" 10 % beträgt.

14 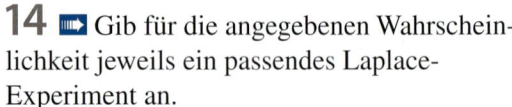 Gib für die angegebenen Wahrscheinlichkeit jeweils ein passendes Laplace-Experiment an.
a) $\frac{1}{2}$ b) $\frac{1}{6}$ c) $\frac{1}{4}$ d) $\frac{1}{8}$ e) $\frac{1}{32}$

15 In einem Beutel befinden sich 10 Kugeln. Bei 100 Versuchen wird 63-mal eine weiße und 37-mal eine schwarze Kugel gezogen. Sind die Aussagen wahr oder falsch? Begründe deine Meinung.
a) Es ist mindestens eine weiße Kugel im Beutel.
b) Im Beutel kann keine rote Kugel sein.
c) Es sind mehr weiße als schwarze Kugeln im Beutel.
d) Es sind sechs weiße und vier schwarze Kugeln im Beutel.

16 Im Januar 2002 wurde in zwölf europäischen Ländern der Euro als Währung eingeführt.

a) Nimm wahllos zehn Münzen aus deinem Portmonee oder deiner Spardose und schreibe auf, aus welchen Ländern die Münzen stammen.
b) Addiert eure Ergebnisse im Klassenverband und bestimmt die statistische Wahrscheinlichkeit dafür, dass eine Münze aus Deutschland (Spanien) stammt.
c) Gebt für alle Länder die Wahrscheinlichkeit dafür an, dass eine Münze aus diesem Land stammt. Erstellt eine Rangliste.
d) Zeichnet ein zugehöriges Kreis- und ein zugehöriges Säulendiagramm.
e) ▶ Mathematiker gingen bei Einführung der Münzen davon aus, dass sich irgendwann alle Euromünzen vermischen. Vergleicht die Annahme mit euren Ergebnissen und nehmt kritisch Stellung.

Summenregel

Erforschen und Entdecken

1 Betrachte die beiden Glücksräder:

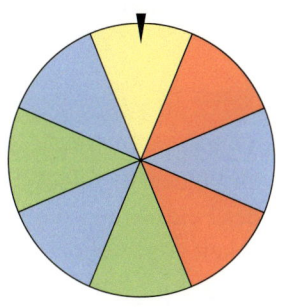 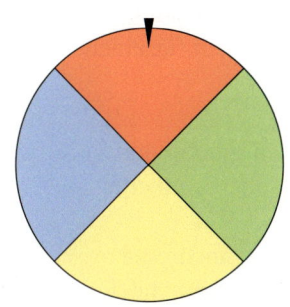

a) Handelt es sich beim Drehen der Glücksräder um Laplace-Experimente?

b) Bestimme die Wahrscheinlichkeit, mit dem ersten Glücksrad „gelb" zu drehen.

c) Begründe, warum die Wahrscheinlichkeit, mit dem ersten Glücksrad „rot" zu drehen, $\frac{1}{4}$ sein muss.

d) Du gewinnst einen Preis, wenn du „blau" drehst. Welches Glücksrad würdest du benutzen? Begründe deine Meinung.

e) Ein Freund schlägt dir folgendes Spiel vor: „Suche dir ein Glücksrad aus und nenne mir zwei Farben des Glücksrades. Wenn ich eine der Farben drehe, bekomme ich einen Euro von dir. Drehe ich die Farbe nicht, bekommst du einen Euro von mir."
Ist es sinnvoll, auf dieses Spiel einzugehen? Begründe.

2 Übertrage das Netz des Tetraeders und des Oktaeders auf ein Blatt Papier. Beschrifte die Flächen mit den Zahlen 1 bis 4 bzw. 1 bis 8 und klebe die Körper zusammen.

BEACHTE
Ein Tetraeder ist ein Körper mit vier dreieckigen Seitenflächen.
tetra = vier (griechisch)

Ein Oktaeder ist ein Körper mit acht dreieckigen Seitenflächen.
okta = acht (griechisch)

Tetraeder

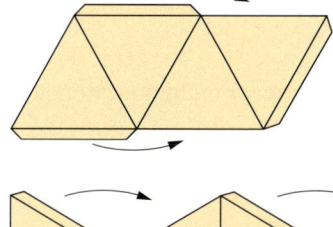 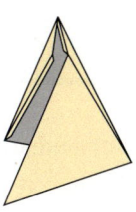

Oktaeder

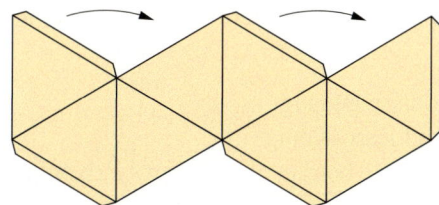 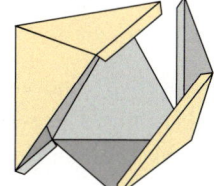

a) Handelt es sich beim Wurf mit dem Tetraeder bzw. dem Oktaeder um ein Laplace-Experiment?

b) Bestimme für jeden „Würfel" die Wahrscheinlichkeit dafür, …
- eine „1" zu werfen.
- eine „3" zu werfen.
- eine „1" oder eine „3" zu werfen.
- eine ungerade Zahl zu werfen.

Lesen und Verstehen

Tom dreht an dem Glücksrad. Er überlegt, wie groß die Wahrscheinlichkeit ist, eine Niete zu drehen.
Außerdem möchte er natürlich wissen, wie groß die Wahrscheinlichkeit für einen Gewinn ist.

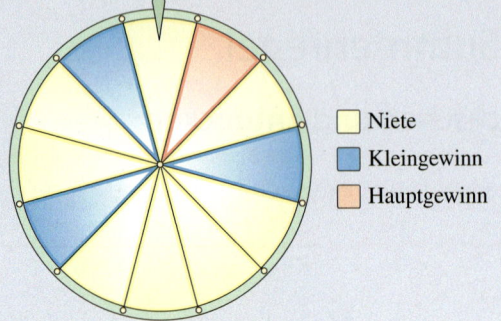

☐ Niete
☐ Kleingewinn
☐ Hauptgewinn

> Bei Zufallsexperimenten gilt bei der Berechnung von Wahrscheinlichkeiten die **Summenregel**.
> Setzt sich ein Ereignis aus mehreren Ergebnissen zusammen, so berechnet man die Wahrscheinlichkeit dieses Ereignisses, indem man die Wahrscheinlichkeiten der einzelnen Ergebnisse addiert.

BEISPIEL 1

Alle zwölf Felder des Glücksrads sind gleich groß. Jedes Feld wird also mit der Wahrscheinlichkeit $\frac{1}{12}$ gedreht.

$$P(\text{Niete}) = \frac{1}{12} + \frac{1}{12} + \frac{1}{12} + \frac{1}{12} + \frac{1}{12} + \frac{1}{12} + \frac{1}{12} + \frac{1}{12}$$
$$= 8 \cdot \frac{1}{12} = \frac{8}{12} = \frac{2}{3}$$
$$\approx 0{,}667 \approx 66{,}7\,\%$$

Die Summenregel gilt auch, wenn Ereignisse, die sich nicht überschneiden, zusammengefasst werden.
In diesem Fall werden die Wahrscheinlichkeiten der Ereignisse addiert.

BEISPIEL 2

$$P(\text{Hauptgewinn}) = \frac{1}{12}$$
$$P(\text{Kleingewinn}) = 3 \cdot \frac{1}{12} = \frac{3}{12} = \frac{1}{4}$$
$$P(\text{Gewinn}) = \frac{1}{12} + \frac{1}{4} = \frac{1}{12} + \frac{3}{12} = \frac{4}{12} = \frac{1}{3}$$
$$\approx 0{,}333 \approx 33{,}3\,\%$$

> Da bei Laplace-Experimenten die Wahrscheinlichkeiten für alle Ergebnisse gleich groß sind, gilt für ein Ereignis E:
>
> $$P(E) = \frac{\textit{Anzahl der günstigen Ergebnisse}}{\textit{Anzahl der möglichen Ergebnisse}}$$

4 der 12 gleich großen Felder sind Gewinne. Also 4 günstige und 12 mögliche Ergebnisse.

Somit $P(\text{Gewinn}) = \frac{4}{12} = \frac{1}{3} \approx 0{,}333 \approx 33{,}3\,\%$

Wenn sich Ereignisse überschneiden, darf die Summenregel nicht angewendet werden.

BEISPIEL 3

Wie groß ist die Wahrscheinlichkeit aus einem Kartenspiel mit 32 Karten einen König oder eine Herz-Karte zu ziehen?

Für das Ereignis „König" sind vier Ergebnisse günstig:
Kreuz-König; Pik-König; **Herz-König** und Karo-König.
Die Wahrscheinlichkeit einen König zu ziehen, beträgt also $\frac{4}{32}$, kurz $P(\text{König}) = \frac{4}{32}$

Für das Ereignis „Herz" sind acht Ergebnisse günstig:
Herz-7; Herz-8; Herz-9; Herz-10; Herz-Bube; Herz-Dame; **Herz-König** und Herz-Ass.
Die Wahrscheinlichkeit eine Herz-Karte zu ziehen, beträgt also $\frac{8}{32}$, kurz $P(\text{Herz}) = \frac{8}{32}$

Die Wahrscheinlichkeit einen König oder eine Herzkarte zu ziehen, liegt aber bei $\frac{11}{32}$, denn der Herz-König gehört zu beiden Ereignissen. Weil die Ereignisse ein gemeinsames Ergebnis enthalten, darf die Summenregel nicht angewendet werden:
$$P(\text{Herz oder König}) \neq P(\text{Herz}) + P(\text{König})$$

Basisaufgaben

1 Bestimme die Wahrscheinlichkeit dafür, dass mit einem Spielwürfel …
a) eine ungerade Zahl,
b) eine „1" oder eine „2",
c) eine Zahl, die kleiner ist als 5,
d) eine Primzahl gewürfelt wird.

2 In einer Schüssel befinden sich vier rote, zwei blaue und zwei grüne Kugel. Bestimme die Wahrscheinlichkeit dafür, dass mit einem Zug …
a) eine rote Kugel,
b) eine gelbe Kugel,
c) eine blaue oder rote Kugel,
d) eine rote oder grüne Kugel,
e) keine rote Kugel,
f) keine schwarze Kugel gezogen wird.

3 In einer Lostrommel befinden sich 120 Nieten, 70 Kleingewinne und 10 Hauptgewinne. Wie groß ist die Wahrscheinlichkeit mit einem Zug …
a) einen Hauptgewinn,
b) keinen Hauptgewinn,
c) einen Gewinn zu ziehen.

4 Jana zieht eine Karte aus einem Skatspiel (32 Karten).
Gib die Wahrscheinlichkeit an, dass folgendes Ereignis eintritt:
a) die Karo-Sieben
b) ein Bube
c) eine Kreuz-Karte
d) ein rotes Ass
e) eine Dame oder ein König
f) ein Herz-Ass oder eine Acht
g) eine Kreuz-Karte oder die Pik-Sieben
h) keine 10
i) eine Karo-Karte oder eine rote Dame
j) eine rote Karte oder eine Zehn
k) weder Dame noch Kreuz-Karte
l) ⬛➡ Jana bestimmt die Wahrscheinlichkeit für „keine 7" so: $\frac{28}{32} = \frac{7}{8}$. Kenan rechnet $1 - \frac{4}{32}$. Was hat er sich gedacht?

5 In einer Lostrommel befinden sich 30 Kugeln, die mit den Zahlen von 1 bis 30 beschriftet sind. Bestimme die Wahrscheinlichkeit dafür, dass beim ersten Zug …
a) die „7",
b) die „7" oder die „13",
c) eine Zahl größer „7" und kleiner „13",
d) eine ungerade Zahl,
e) eine Zahl, die durch 7 teilbar ist,
f) eine Primzahl,
g) keine Primzahl gezogen wird.

6 Ein Roulettespiel besteht aus einer drehbaren Scheibe mit abwechselnd roten und schwarzen nummerierten Fächern. Das 37. Fach für die Null ist grün.

Die Scheibe wird gedreht und eine Kugel wird hineingeworfen. Die Spieler setzen darauf, wo die Kugel liegen bleibt.
Bestimme die Wahrscheinlichkeiten:
a) *Plein* – man setzt auf eine der 37 Zahlen
b) *Rouge* – man setzt auf alle roten Zahlen
c) *Manque* – man setzt auf die Zahlen 1 bis 18
d) *Cheval* – man setzt auf zwei auf dem Tableau benachbarte Zahlen, z. B. 0 und 2 oder 13 und 14 oder 27 und 30
e) *Carré* – man setzt auf vier Zahlen, die auf dem Tableau aneinandergrenzen, z. B. 23, 24, 26 und 27
f) *Colonne 34* – man setzt auf die Zahlen der ersten „Kolonne" (Spalte), das sind die Zahlen 1, 4, 7, …, 31, 34
g) *Impair* – man setzt auf alle ungeraden Zahlen

BEACHTE
Die Lösungen zu Aufgabe 5 ergeben in der richtigen Reihenfolge den Namen eines Landes. Auf welchem Kontinent liegt dieses Land?
$\frac{1}{30}$ (L); $\frac{1}{15}$ (I); $\frac{2}{15}$ (N); $\frac{1}{6}$ (B); $\frac{1}{3}$ (O); $\frac{1}{2}$ (A); $\frac{2}{3}$ (N)

Weiterführende Aufgaben

7 22 % der Schülerinnen und Schüler einer Sekundarschule kommen mit dem Bus zur Schule, 41 % mit dem Fahrrad und 18 % gehen zu Fuß. Die restlichen Schüler werden mit dem Auto gebracht.
Wie groß ist die Wahrscheinlichkeit, dass ein zufällig ausgewählter Schüler …
a) mit dem Auto gebracht wird?
b) mit dem Fahrrad oder zu Fuß zur Schule kommt?
c) nicht mit dem Bus kommt?

8 Gib die Wahrscheinlichkeit für die Ereignisse beim jeweils nächsten Wurf an.

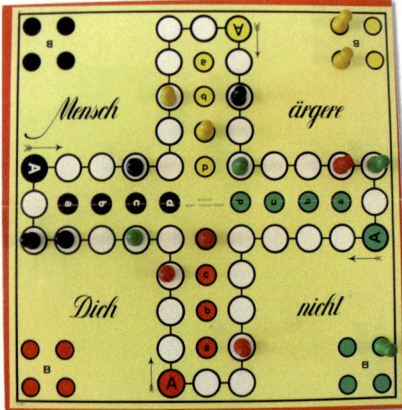

a) Eine rote Spielfigur erreicht das Ziel.
b) Eine gelbe Spielfigur erreicht das Ziel.
c) Eine schwarze Spielfigur erreicht das Ziel.
d) Eine grüne Spielfigur erreicht das Ziel.
e) Eine schwarze Spielfigur schlägt eine grüne Spielfigur.
f) Eine rote Spielfigur schlägt eine grüne Spielfigur.
g) Eine grüne Spielfigur schlägt eine beliebige andersfarbige Spielfigur.
h) Eine rote Spielfigur erreicht weder das Ziel, noch kann sie eine andere Spielfigur schlagen.

9 In einer Schüssel befinden sich 20 Kugeln, die mit den Zahlen von 1 bis 20 beschriftet sind. Finde mindestens zwei mögliche Ereignisse mit der Wahrscheinlichkeit …
a) 50 %   b) 5 %   c) 20 %   d) 75 %   e) 0 %

10 In einer Urne befinden sich 50 Kugeln, die mit den Zahlen 1 bis 50 beschriftet sind. Die Kugeln mit den Nummern 1 bis 25 sind rot, die mit den Nummern 26 bis 50 sind blau.

Bestimme die Wahrscheinlichkeit dafür, dass …
a) eine gerade Zahl gezogen wird.
b) eine rote Kugel mit gerader Zahl gezogen wird.
c) eine durch vier teilbare Zahl gezogen wird.
d) eine blaue Kugel mit einer Primzahl gezogen wird.
e) Überlege dir eigene Beispiele und bestimme die Wahrscheinlichkeiten.

11 Simon sagt: „Die Wahrscheinlichkeit, mit einem Würfel eine gerade Zahl zu werfen, ist $\frac{1}{2}$. Die Wahrscheinlichkeit, eine Zahl zu werfen, die größer ist als 3, beträgt ebenfalls $\frac{1}{2}$. Also ist die Wahrscheinlichkeit dafür, eine gerade Zahl zu werfen oder eine Zahl, die größer ist als 3, gleich $\frac{1}{2} + \frac{1}{2} = 1$."
Begründe, dass Simons Aussage falsch ist. Gib die richtige Wahrscheinlichkeit an.

12 Begründe. Welches Zufallsgerät würdest du verwenden, wenn du …
a) eine „1" benötigst?
b) du keine „2" benötigst?
c) eine „1" oder eine „2" benötigst?
d) eine ungerade Zahl benötigst?

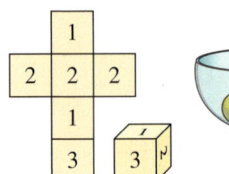

Wahrscheinlichkeiten nutzen und deuten

Erforschen und Entdecken

1 Nahezu jedes Smartphone verfügt über eine Wetterapp. Diese versorgt uns mit Informationen zu Temperatur und Niederschlag an bestimmten Orten.

a) Wie ist das Wetter in Köln zum Zeitpunkt des Aufrufs der App?

b) Du möchtest gerne joggen gehen. Für welche Uhrzeit solltest du den Start planen, wenn du trocken bleiben möchtest?

c) Welche der Aussagen treffen zu?

  ① Es regnet gerade.

  ② Sehr wahrscheinlich regnet es um 16 Uhr noch.

  ③ Es ist sicher, dass es um 17 Uhr noch regnet.

  ④ Um 17 Uhr regnet es heftiger als um 18 Uhr.

  ⑤ Zwischen 18 und 19 Uhr wird es ca. 30 Minuten regnen.

  ⑥ Um 20 Uhr regnet es auf keinen Fall.

  ⑦ Es ist möglich, dass es zwischen 16 und 20 Uhr nicht regnet.

d) Formuliere selbst zwei zutreffende Aussagen.

2 Beim „Mensch-ärgere-dich-nicht" Spielen unterhalten sich die Spieler.

Fabian: „Typisch. Wenn man eine Sechs braucht, um aus dem Haus zu kommen, dann fällt sie bestimmt nicht."

Serkan: „Genau. Sechsen zu werfen ist viel schwieriger als die anderen Zahlen – Sechsen kommen einfach nicht so oft."

Zahar: „Das ist doch Quatsch. Wenn du sechsmal wirfst, dann fällt auch eine Sechs."

Was meinst du dazu?

3 Führt zu zweit einen Zufallsversuch mit Gummibärchen durch.

Material:

Packung Gummibärchen, Schal oder Tuch
Einer von euch zieht mit verbundenen Augen
25 Gummibärchen aus der Tüte.

a) Ergänzt die Tabelle im Heft.

Farbe	rot	gelb	grün	weiß	orange
Anzahl					
Anteil					

b) Die Firma „Haribo" gibt an, dass $\frac{1}{3}$ der Gummibärchen rot und $\frac{1}{6}$ der Gummibärchen gelb ist. Vergleicht die Angaben mit euren Ergebnissen.

c) In einer 300-g-Tüte befinden sich 125 Gummibärchen. Wie viele rote Gummibärchen erwartest du in der Tüte? Vergleicht eure Rechenwege. Vergleicht die erwartete Anzahl roter Gummibärchen mit der tatsächlichen Anzahl. Wie lassen sich Unterschiede erklären?

Lesen und Verstehen

Herr Welbers möchte für den Sommer einen Segeltörn buchen. Zwei Reviere stehen zur Auswahl:
Das Tyrrhenische Meer oder die türkische Westküste. Auf dem Tyrrhenischen Meer liegt die durchschnittliche Regenwahrscheinlichkeit im Sommer bei 7 %. Die türkische Westküste wirbt mit durchschnittlich drei Regentagen im gesamten Sommer (Juli bis September).

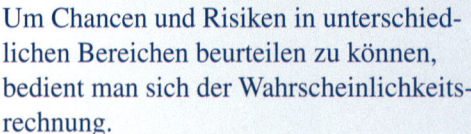

Um Chancen und Risiken in unterschiedlichen Bereichen beurteilen zu können, bedient man sich der Wahrscheinlichkeitsrechnung.
Wichtig ist es, die angegebenen Wahrscheinlichkeiten richtig zu deuten.

BEISPIEL 1
Die Regenwahrscheinlichkeit im Tyrrhenischen Meer ist mit 7 % gering, dennoch sind Regentage (auch mehrere pro Törn) möglich. Die Regenwahrscheinlichkeit an der türkischen Westküste beträgt $\frac{3}{92} \approx 3,3\,\%$.
Sie ist damit also nicht einmal halb so groß wie im Tyrrhenischen Meer.

Wahrscheinlichkeiten werden auch genutzt, um Häufigkeiten zu schätzen.

Wahrscheinlichkeitsaussagen beruhen auf einer großen Anzahl statistischer Erhebungen bzw. durchgeführter Versuche.
Sie stellen somit Durchschnittswerte dar. Für die Vorhersage von Einzelergebnissen sind sie daher nur bedingt geeignet.

BEISPIEL 2
Herr Welbers möchte wissen, mit wie vielen Regentagen er bei einem dreiwöchigen Törn im Tyrrhenischen Meer zu rechnen hat.

7 % von 21 Tagen
$\frac{7}{100} \cdot 21 = 1,47$

Herr Welbers muss also mit 1 bis 2 Regentagen rechnen. Es ist aber ebenso möglich, dass es gar nicht regnet oder an mehr als zwei Tagen regnet.

Basisaufgaben

1 Ordne den Aussagen die passenden Wahrscheinlichkeiten zu.
① „Das ist sicher."
② „Das passiert auf keinen Fall."
③ „Die Chancen stehen 50 zu 50."
④ „Sehr wahrscheinlich …"
⑤ „Das ist ziemlich unwahrscheinlich …"

100 %; 80 %; 50 %; 5 %; 0 %

2 Für die Stadt Cottbus wird für einen Tag eine Niederschlagswahrscheinlichkeit von 75 % angegeben. Begründe, welche der Aussagen dann zutreffen:
– Es ist sicher, dass es regnen wird.
– Es wird mindestens eine Stunde regnen.
– Es wird sehr wahrscheinlich regnen.
– Es ist möglich, dass es nicht regnet.
– In der Vergangenheit regnete es bei gleicher Wetterlage in 75 % der Fälle.

3 Die Stadt Winterberg wirbt für ihr Skigebiet mit folgender Aussage:
„Von Januar bis Februar ist mit neunzigprozentiger Wahrscheinlichkeit eine Schneedecke von zehn Zentimetern und mehr vorhanden."
Mit wie vielen Schneetagen kann man in Winterberg im Januar und Februar durchschnittlich rechnen?

4 In Deutschland liegt die Wahrscheinlichkeit bei 8 %, dass ein Mann farbenblind ist. Bei Frauen ist die Wahrscheinlichkeit halb so groß. 2013 lebten in Deutschland 39,5 Mio. Männer und 41,2 Mio. Frauen.
a) Bestimme die Anzahl der farbenblinden Frauen und Männer in Deutschland.
b) Wie hoch ist die Wahrscheinlichkeit, dass eine Person in Deutschland farbenblind ist?

5 In Süditalien liegt die Regenwahrscheinlichkeit in den Monaten Juli und August bei 5 %. An der türkischen Riviera regnet es im Sommer durchschnittlich einmal im Monat. In welcher Region ist die Regenwahrscheinlichkeit geringer?

6 Am Eingang zu einem Konzert der Gruppe „Revolverheld" wurden 50 Personen von einer Schülerzeitung nach ihrer Lieblingsband gefragt. In der nächsten Ausgabe der Zeitung stand die Überschrift:
Revolverheld beliebteste Band in Deutschland – 9 von 10 Befragten nennen Revolverheld als Lieblingsband
a) Wie viele Befragte nannten „Revolverheld" als ihre Lieblingsband?
b) Hältst du die Überschrift für gerechtfertigt? Begründe deine Meinung.

Weiterführende Aufgaben

7 Schwarzfahrer

> Die Verkehrsbetriebe in Deutschland verzeichnen jedes Jahr enorme Verluste durch Schwarzfahrer. Die Berliner Verkehrsbetriebe (BVG) schätzen den jährlichen Einnahmeverlust auf über 20 Millionen Euro. Nach Schätzungen des Verbandes Deutscher Verkehrsunternehmen (VDV) belaufen sich die Gesamtverluste auf über 250 Millionen Euro pro Jahr.

Welche Daten müssen die Verkehrsbetriebe sammeln, um die jährlichen Einnahmeverluste schätzen zu können?
Wie würdest du vorgehen, um die Verluste zu schätzen?

8 Gefunden in einem Internetforum:
„Ein Wissenschaftler hat errechnet, dass es wahrscheinlicher ist, von einem Blitz getroffen zu werden, als einen Sechser im Lotto zu haben. Dennoch gibt es jedes Jahr mehrere 100 Menschen mit 6 Richtigen, aber kaum jemand wird vom Blitz getroffen. Soviel zur Wahrscheinlichkeitsrechnung."
Formuliere eine Antwort auf den Eintrag.

9 Diese Grafik zeigt die statistische Wahrscheinlichkeit für weiße Weihnachten in den einzelnen Regionen in Deutschland.
a) Wie wahrscheinlich sind weiße Weihnachten in deinem Wohnort?
b) In welcher Region ist die Wahrscheinlichkeit für weiße Weihnachten am geringsten (am höchsten)?
c) Wie lässt sich die statistische Wahrscheinlichkeit für weiße Weihnachten ermitteln?
d) Lies den Text in der Randspalte und gib die Wahrscheinlichkeit für weiße Weihnachten in den angegebenen Städten in Bruch-, Dezimalbruch- und Prozentschreibweise an. Vergleiche die Wahrscheinlichkeiten mit den Angaben in der Grafik.

10 %
10 – 20 %
10 – 30 %
10 – 30 %
30 – 60 %
30 – 50 %
30 – 70 %
60 – 80 %
70 – 80 %
90 %

Betrüger mit Hilfe der Wahrscheinlichkeitsrechnung entlarven

Wirtschaftsprüfer untersuchen die Finanzen von Unternehmen. Sie führen unter anderem einen „Erste-Ziffer-Test" durch.

Erstaunlicherweise kommt die erste Ziffer einer Zahl in einer Datenreihe nicht gleich häufig vor. Der amerikanische Physiker Frank Benford hat festgestellt, dass die erste Ziffer (auch „führende Ziffer") in langen Datenreihen mit folgender Wahrscheinlichkeit auftritt:

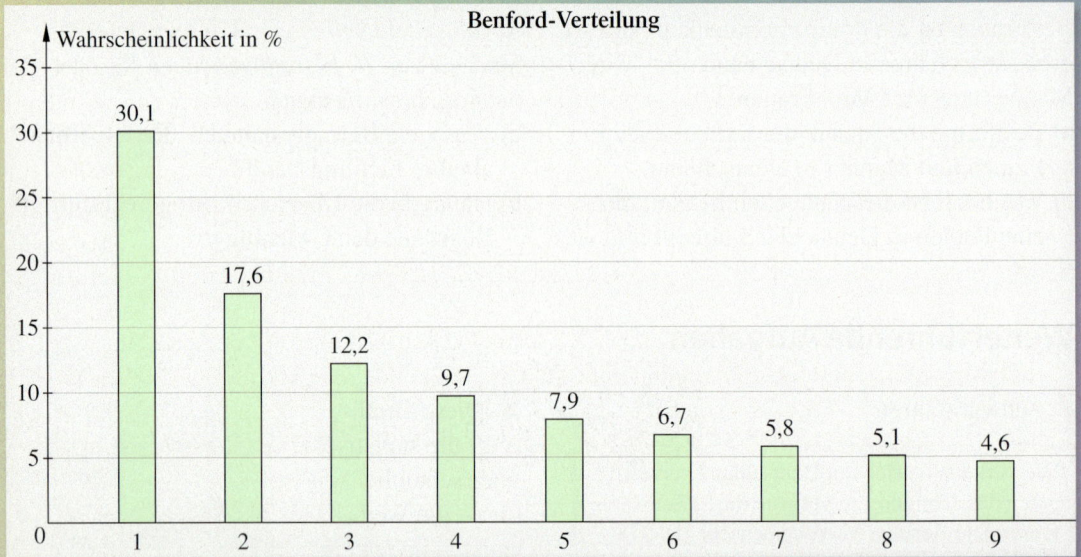

1 Ein Beispiel für eine Datenreihe ist die Fläche der deutschen Großstädte.
Gib weitere Beispiele für Datenreihen an.

2 Richtig oder falsch? Begründe.
① Je größer die Ziffer, desto seltener beginnen Zahlen mit dieser Ziffer.
② In einer Datenreihe mit 10 Werten muss eine Zahl mit der 1 beginnen.
③ Besteht eine Datenreihe aus 200 Werten, so beginnen 13 oder 14 der Werte mit einer 6.
④ In langen Datenreihen beginnen Zahlen statistisch gesehen mehr als sechsmal häufiger mit einer 1 als mit einer 9.

3 Schaut man sich die Liste mit den 100 größten Seen Europas an, so besitzen 40 eine Flächengröße, die mit 1 beginnt, 25 eine Flächengröße, die mit 2 beginnt und 14 eine Flächen-größe, die mit 3 beginnt. Sieben beginnen mit einer 4, vier mit einer 5, zwei mit einer 6, eine mit einer 7, drei mit einer 8 und vier mit einer 9.
a) Stelle die Verteilung in einem Säulendiagramm dar und vergleiche die Ergebnisse mit der Benford-Verteilung.
b) Jonathan meint: „Die Benford-Verteilung ist Unsinn. Ich habe mir eine Liste mit den 50 höchsten Gipfeln der Welt angeschaut. Da fängt nicht eine Höhe mit 1, 2 oder 3 an, während die 7 und die 8 ganz häufig vorkommen." Nimm Stellung zu Jonathans Aussage.

4 Überprüft die Benford-Verteilung anhand von Autokennzeichen: Geht mit einem Partner auf einen Parkplatz und notiert von den parkenden Autos mit deutschem Kennzeichen die führende Ziffer der Zahl. Die Datenreihe sollte aus mindestens 100 Daten bestehen. Berechnet die relative Häufigkeit, mit der die einzelnen Ziffern an führender Stelle der Kennzeichen stehen und vergleicht die Ergebnisse mit der Benford-Verteilung.

5 Sandro Meier arbeitet in der Buchhaltung eines Unternehmens. Zu seinen Aufgaben gehört es, Rechnungen zu überweisen. Rechnungen unterhalb von 100 € werden von seinem Chef nicht überprüft, da der Arbeitsaufwand dafür zu groß ist.

Das bringt Sandro Meier auf eine Idee: Er überweist täglich einen Betrag zwischen 90 € und 100 € auf sein Konto. Das fällt bei monatlich fast 500 „echten" Überweisungen im Betrieb doch gar nicht auf.

a) Berechne den Anteil der Überweisungen, die auf das Konto von Sandro Meier gezahlt werden.

b) Wie groß ist der Schaden für das Unternehmen in einem Monat (in einem Jahr)?

6 Ein Wirtschaftsprüfer kontrolliert die 530 Überweisungen des letzten Monats in dem Unternehmen, in dem Sandro Meier arbeitet. Dabei führt er unter anderem einen „Erste-Ziffer-Test" durch.

a) Bestimme die Anzahl der Überweisungen, die nach der Benford-Verteilung mit 9 beginnen sollten.

b) Angenommen es gibt 500 „ehrliche" Überweisungen, die der Benford-Verteilung folgen. Hinzu kommen die auf das Konto von Sandro Meier ausgestellten Überweisungen. Wird der Wirtschaftsprüfer die Unregelmäßigkeiten entdecken? Begründe deine Meinung.

Vermischte Übungen

1 Bestimme die Wahrscheinlichkeit ...
a) aus einem Skatspiel mit 32 Karten die Herz-Dame zu ziehen.
b) mit einem fairen Würfel die „3" zu würfeln.
c) aus einer Schüssel mit je einer roten, einer blauen und einer gelben Kugel die gelbe zu ziehen.
d) von drei langen und einem kurzen Streichholz das kurze zu ziehen.

2 In Ahmads Klasse sind 12 Jungen und 15 Mädchen. Der Mathematiklehrer lost aus, wer die Hausaufgaben vortragen soll. Mit welcher Wahrscheinlichkeit muss ...
a) Ahmad seine Hausaufgaben vortragen.
b) ein Junge die Hausaufgaben vortragen.

3 In einer Schüssel sind drei weiße und sieben schwarze Kugeln, von denen eine verdeckt gezogen wird.
a) Wie groß ist die Wahrscheinlichkeit, eine schwarze (weiße) Kugel zu ziehen?
b) Charlotte hat zweimal hintereinander eine schwarze Kugel gezogen und nicht zurückgelegt. Wie groß ist die Wahrscheinlichkeit, dass sie beim nächsten Zug eine weiße Kugel zieht?

4 In einer Lostrommel sind 500 Lose, darunter sind 480 Nieten. Unter den ersten 200 gezogenen Losen waren 8 Gewinne. Hat sich die Gewinnwahrscheinlichkeit im Vergleich zum ersten Zug verkleinert? Begründe.

5 Bei einem Würfel sind die Seiten mit den Augenzahlen 3 und 4 schwarz gefärbt, die anderen vier Seiten weiß.
Mit welcher Wahrscheinlichkeit zeigt beim einmaligen Würfeln ...
a) eine ungerade Augenzahl nach oben?
b) eine weiße Seite nach oben?
c) eine weiße Seite mit gerader Augenzahl nach oben?
d) eine ungerade Augenzahl oder eine weiße Seite nach oben?

6 Für welche der folgenden Ereignisse beim Würfeln mit einem regulären Würfel ist die Wahrscheinlichkeit $\frac{1}{3}$?
a) 3 teilt die geworfene Augenzahl.
b) „3" ist die geworfene Augenzahl.
c) Die geworfene Augenzahl ist kleiner als 3.
d) Die geworfene Augenzahl ist größer als 3.

7 Ein „Würfel" hat 20 Flächen, die mit den Zahlen von 1 bis 20 beschriftet sind (siehe Randspalte).
Wie groß ist die Wahrscheinlichkeit, bei einem Wurf ...
a) eine 8 zu werfen?
b) eine Zahl größer als 15 zu werfen?
c) eine Zahl zu werfen, deren Quersumme 2 ist?
d) eine Primzahl zu werfen?

8 Von 200 Losen einer Tombola sind 75 % Nieten, ein Los der Hauptgewinn, vier Lose Großgewinne und der Rest Kleingewinne.
a) Wie groß ist die Wahrscheinlichkeit, den Hauptgewinn zu ziehen?
b) Der Losverkäufer behauptet: „Jedes vierte Los gewinnt." Stimmt das? Begründe.
c) Bestimme die Wahrscheinlichkeit, einen Kleingewinn zu ziehen.

9 Mit diesem Quader wurde 400-mal gewürfelt. Dabei lag 81-mal die „6" oben.

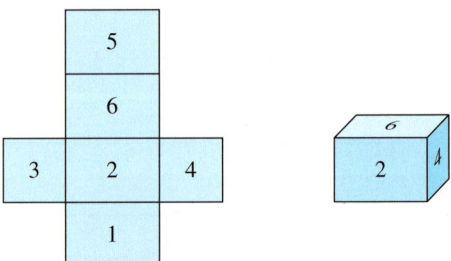

a) Gib einen Näherungswert für die Wahrscheinlichkeit an, dass die Augenzahl „6" gewürfelt wird.
b) Welche Ergebnisse sollten die gleiche Wahrscheinlichkeit haben wie das Würfeln der Augenzahl „6"? Warum?
c) Bestimme einen Näherungswert für das Würfeln der Augenzahl „3".

10 Ein Schreinermeister bekommt den Auftrag, ein Glücksrad zu bauen, bei dem die Wahrscheinlichkeit für einen Hauptgewinn 5 % und für einen Kleingewinn 25 % beträgt.
a) Wie groß ist die Wahrscheinlichkeit, einen Haupt- oder Kleingewinn zu erzielen?
b) Bestimme die Wahrscheinlichkeit dafür, keinen Gewinn zu erhalten.
c) Zeichne ein mögliches Glücksrad.

11 Ein Torwart führt eine Statistik darüber, ob er einen Elfmeter gehalten hat oder nicht.
T: Tor; G: Elfmeter gehalten
TTGTTTGGTTGTTTTTTTTGTTTTT
Überprüfe die Aussagen und begründe.
a) Die Wahrscheinlichkeit dafür, dass ein Elfmeter gehalten wird, liegt bei 5 %.
b) Der Torwart wird den nächsten Elfmeter wahrscheinlich nicht halten.
c) Von den nächsten fünf Elfmetern wird der Torwart einen halten.
d) Es ist möglich, dass der Torwart von den folgenden zehn Elfmetern keinen hält.
e) Es ist unmöglich, dass der Torwart drei Elfmeter in Folge halten kann.
f) Durchschnittlich hält der Torwart jeden fünften Elfmeter.

12 ➡ Nenne ein Beispiel für ein Laplace-Experiment und ein Beispiel für ein Zufallsexperiment, dessen Ergebnisse nicht gleich wahrscheinlich sind.

13 ➡ Erkläre den Unterschied zwischen einem Ergebnis und einem Ereignis an einem selbst gewählten Beispiel.

14 Nico hat den Eindruck, dass der Würfel, den seine Schwester benutzt, manipuliert ist. Das heißt, dass der Würfel nicht alle Zahlen mit gleicher Wahrscheinlichkeit würfelt. Wie kann er das überprüfen?

15 Im Wetterbericht heißt es: „Mit 40%iger Wahrscheinlichkeit wird es morgen regnen." Welche dieser Aussagen treffen zu? Es ergibt sich ein Lösungswort.

Aussage	trifft zu	trifft nicht zu
Morgen wird es in 40 % der Zeit regnen.	P	H
Morgen wird es vielleicht regnen.	I	A
Von 0:40 Uhr an wird es regnen.	R	M
Auf 40 % der Region wird morgen Regen fallen.	S	M
Es ist wahrscheinlicher, dass es nicht regnen wird, als dass es regnen wird.	E	C
Es wird morgen bestimmt nicht regnen.	H	L

16 ➡ Janina hat im Spielkasino beobachtet, dass in den vergangenen fünf Runden immer eine rote Zahl gewonnen hat.
Deshalb setzt sie in der nächsten Runde auf eine schwarze Zahl.
Sie ist sich sicher, dass die Wahrscheinlichkeit für eine schwarze Zahl deutlich gestiegen ist und sie nun wahrscheinlich gewinnen wird.
Bewerte das Verhalten von Janina.

17 ➡ Serpil wirft gleichzeitig zwei Münzen. Sie sagt: „Die Wahrscheinlichkeit, dass beide Münzen „Zahl" zeigen ist $\frac{1}{3}$, denn es gibt drei Möglichkeiten: zweimal Kopf; zweimal Zahl und je einmal Kopf und Zahl." Was meinst du?

Glücksrad auf dem Schulfest

Der Förderverein der Schule Süd hat
auf dem Schulfest einen Stand mit
einem Glücksrad.
Man gewinnt einen Hauptgewinn,
wenn man eine Krone dreht. Bleibt das
Glücksrad auf einer Primzahl stehen,
so erhält man einen Trostpreis.

a) Wie groß ist die Wahrscheinlichkeit
dafür, dass die „1" gedreht wird?

b) Bestimme die Wahrscheinlichkeit dafür,
dass man einen Hauptgewinn erhält.

c) Mit welcher Wahrscheinlichkeit erhält
man einen Trostpreis oder einen
Hauptgewinn?

d) In der ersten halben Stunde drehen 30 Kinder am Glücksrad. Ist es sicher, dass eines
der Kinder einen Hauptgewinn erhält?

e) Die ersten fünf Kinder, die am Glücksrad spielen, gewinnen alle keinen Preis.
Ein wütendes Kind beschwert sich: „Das kann doch nicht sein! Das Glücksrad ist
sicher manipuliert." Hat das Kind Recht? Begründe deine Meinung.

f) Weil in der ersten Stunde zu viele Kinder Preise gewinnen, möchte der Förderverein
die Regeln ändern, damit die eingekauften Preise auch reichen. Die Wahrscheinlichkeit
für einen Hauptgewinn soll $\frac{1}{24}$ betragen und die für einen Trostpreis $\frac{5}{24}$.
Mache mindestens einen Vorschlag, mit welchen Regeln das bei diesem Glücksrad
möglich ist.

g) Beim nächsten Schulfest möchte der Förderverein Lose verkaufen.
Die Wahrscheinlichkeit für einen Hauptgewinn soll $\frac{1}{75}$ sein. Außerdem soll es
Kleingewinne und Nieten geben. Der Förderverein möchte mit der Aussage
„Jedes vierte Los gewinnt!" für die Verlosung werben.
Gib mindestens zwei Möglichkeiten für die Anzahl aller Lose, der Hauptgewinne,
der Kleingewinne und der Nieten an.

h) Konzipiere ein Gewinnspiel, bei dem ein Einsatz fürs Spielen gezahlt werden muss und
bei dem der Veranstalter einen Gewinn von 100 € erzielt.

Alles klar?

Entscheide, ob die Aussagen richtig oder falsch sind.
Begründe deine Entscheidung im Heft und korrigiere gegebenenfalls.

1 Zufallsexperimente und Wahrscheinlichkeiten

a) Der Werfen einer Münze vor dem Anstoß eines Fußballspiels ist ein Laplace-Experiment.

b) Das Drehen des Glücksrads rechts ist ein Laplace-Experiment.

c) Die Wahrscheinlichkeit, mit dem Glücksrad die „4" zu drehen, beträgt $\frac{1}{4}$.

d) Will man die Wahrscheinlichkeit für das Würfeln mit einem Legostein ermitteln, muss man diesen zehnmal werfen. Die relative Häufigkeit für jedes Ergebnis ist dann die statistische Wahrscheinlichkeit.

e) Ist die Wahrscheinlichkeit für ein Ergebnis 0, so kann es in keinem Fall eintreten.

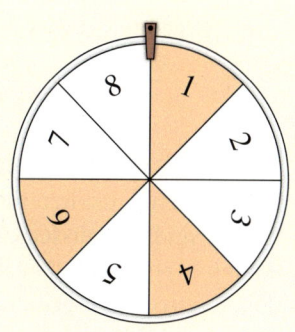

2 Summenregel

a) Die Wahrscheinlichkeit, mit dem Glücksrad oben ein oranges Feld zu drehen, ist $\frac{3}{5}$.

b) Die Wahrscheinlichkeit, mit dem Glücksrad eine Primzahl zu drehen, liegt bei 50 %.

c) Die Wahrscheinlichkeit, mit dem Glücksrad ein weißes Feld mit gerader Zahl zu drehen, ist genauso groß wie die Wahrscheinlichkeit für ein oranges Feld mit gerader Zahl.

d) Da beim Glücksrad die Wahrscheinlichkeit für ein weißes Feld $\frac{5}{8}$ ist und für die „2" die Wahrscheinlichkeit $\frac{1}{8}$ beträgt, ist die Wahrscheinlichkeit für die „2" oder ein weißes Feld $\frac{5}{8} + \frac{1}{8} = \frac{6}{8} = \frac{3}{4}$.

3 Wahrscheinlichkeiten nutzen und deuten

Die Regenwahrscheinlichkeit in Holidorf wird für den Monat März mit 20 % angegeben. Familie Sergeyev wird in Holidorf einen 14-tägigen Urlaub verbringen.

a) Während des Urlaubs wird es an mindestens einem Tag regnen.

b) Familie Sergeyev muss mit etwa drei Regentagen rechnen.

c) Es ist möglich, dass es an allen Urlaubstagen in Holidorf regnet.

BEACHTE
Die Lösungen zu den Aufgaben auf dieser Seite sowie dazu passende Trainingsaufgaben findest du ab Seite 200.

Zusammenfassung

→ Seite 170

Zufallsexperimente und Wahrscheinlichkeiten

Zufallsexperimente, bei denen alle Ergebnisse gleich wahrscheinlich sind, nennt man **Laplace-Experimente**.
Die Wahrscheinlichkeit für das Eintreten eines Ergebnisses e ist dann

$$P(e) = \frac{1}{\text{Anzahl aller möglichen Ergebnisse}}$$

Kann man nicht davon ausgehen, dass die Wahrscheinlichkeiten für die Ergebnisse gleich sind, so müssen die Wahrscheinlichkeiten experimentell bestimmt werden.
Die relative Häufigkeit eines Ergebnisses nähert sich bei einer großen Anzahl von Versuchen einem Wert an.

Diesen Wert nennt man **statistische Wahrscheinlichkeit** eines Ergebnisses.

Das Drehen dieses Glücksrades ist ein Laplace-Experiment.
Die Wahrscheinlichkeit, die „3" zu drehen, beträgt $\frac{1}{8}$.

$$P(3) = \frac{1}{8}$$

Das Würfeln mit einem Filmdöschen ist kein Laplace-Experiment. Um die Wahrscheinlichkeiten der drei Ergebnisse zu bestimmen, wurde die Dose 100-mal geworfen.

mögliche Positionen			
Anzahl	4	90	6
Wahrscheinlichkeiten	$\frac{4}{100} = 4\%$	$\frac{90}{100} = 90\%$	$\frac{6}{100} = 6\%$

→ Seiten 174

Summenregel

Bei Zufallsexperimenten gilt die **Summenregel** zur Berechnung von Wahrscheinlichkeiten.
Setzt sich ein Ereignis E aus mehreren Ergebnissen zusammen, so berechnet man die Wahrscheinlichkeit dieses Ereignisses E, indem man die Wahrscheinlichkeiten der einzelnen Ergebnisse addiert.
Da bei Laplace-Experimenten die Wahrscheinlichkeiten für alle Ergebnisse gleich groß sind, gilt:

$$P(E) = \frac{\text{Anzahl der günstigen Ergebnisse}}{\text{Anzahl der möglichen Ergebnisse}}$$

Man gewinnt beim Drehen des Glücksrades, wenn eine ungerade Zahl gedreht wird.
$$P(\text{ungerade}) = P(1) + P(3) + P(5) + P(7)$$
$$= \frac{1}{8} + \frac{1}{8} + \frac{1}{8} + \frac{1}{8} = \frac{4}{8}$$
$$= \frac{1}{2}$$

Alternativ kann man auch so rechnen:
günstige Ereignisse: 1; 3; 5, 7
Anzahl der günstigen Ergebnisse: 4
Anzahl der möglichen Ergebnisse: 8

$$P(\text{ungerade Zahl}) = \frac{4}{8} = \frac{1}{2}$$

→ Seiten 178

Wahrscheinlichkeiten nutzen und deuten

Wahrscheinlichkeitsaussagen lassen sich nur auf eine große Anzahl von Versuchen anwenden und sind für die Vorhersage von Einzelergebnissen nicht geeignet.

Die Regenwahrscheinlichkeit im Tyrrhenischen Meer beträgt im Sommer 7 %.
Bei drei Wochen Urlaub muss man mit 1−2 Regentagen rechnen. Es ist aber ebenso möglich, dass es gar nicht oder an mehr als zwei Tagen regnet.

Anhang

Terme und Gleichungen

Terme sind sinnvolle Rechenausdrücke mit Zahlen und Variablen. In diesem Kapitel lernst du, wie man Terme mit Klammern berechnen kann. Das kann dir dabei helfen, Aufgaben wie z. B. 29 · 31 und 31² schnell im Kopf zu berechnen. Außerdem erfährst du, wie man Terme vergleicht. Das hilft dir bei der Lösung von Sachaufgaben und beim Anwenden von Formeln.

Ähnlichkeit

Fische einer Art haben alle die gleiche Form und die gleiche Färbung. Es gibt aber Unterschiede in der Größe. Die Fische sind ähnlich. Sind sie auch ähnlich im Sinne der Geometrie?

In diesem Kapitel wirst du maßstäbliche Vergrößerungen und Verkleinerungen berechnen, vergrößerte oder verkleinerte Bilder von einem Original herstellen und die Methode der zentrischen Streckung kennenlernen. Zudem lernst du, wie man ähnliche Figuren erkennt und wie man sie zur Bestimmung von Längen verwendet.

Lineare Funktionen und Gleichungssysteme

Tropfsteine entstehen durch Wasser, das durch Kalkstein fließt. Wenn das Wasser auf eine Höhle trifft, tropft es von der Decke herab. An der Decke entstehen Stalaktiten, am Boden Stalagmiten. Durchschnittlich wächst ein Stalaktit in 100 Jahren 1 cm. Ist er höhe 1,50 m lang, dann ist er 100 Jahre 1,5 cm lang, in 200 Jahren 1,52 m ... Es dauert also sehr lange, bis sich Stalaktit und Stalagmit treffen.

In diesem Kapitel erfährst du, wie man solche und andere Sachprobleme durch lineare Funktionen beschreiben kann und welche besonderen Eigenschaften diese Funktionen haben. Außerdem erfährst du, wie man Gleichungen zu solchen Problemen mit Hilfe von Geraden im Koordinatensystem lösen kann.

Satz des Pythagoras

Der Philosoph und Mathematiker Pythagoras wurde um etwa 570 v. Chr. auf der griechischen Insel Samos geboren. Sein Denkmal in der Hafenstadt Pythagoreio auf Samos wurde im Jahre 1988 errichtet.

In diesem Kapitel lernst du wichtige Zusammenhänge in rechtwinkligen Dreiecken kennen, die bereits die alten Griechen kannten (Satz des Pythagoras, Höhensatz und Kathetensatz). Dazu erfährst du, dass du Dreiecke nicht immer konstruieren musst, um eine unbekannte Seitenlänge zu bestimmen. Du kannst sie nämlich auch ohne Konstruktion direkt berechnen.

Angewandte Zinsrechnung

Zum Bau eines neuen Hauses benötigt man meistens einen Kredit von einer Bank. Dazu vereinbart man mit der Bank eine bestimmte Leihgebühr – die Zinsen – für das Geld, dass die Bank einem zur Verfügung stellt. Das geliehene Geld und die Zinsen zahlt man dann über viele Jahre an die Bank zurück.

In diesem Kapitel lernst du, wie du mit unterschiedliche Weise Zinsen, Kapital und den Zinssatz berechnen kannst und welche Rolle die Zeit dabei spielt. Dabei kann der Umgang mit einer Tabellenkalkulation nützlich sein.

Prismen und Zylinder

Das Dockland ist ein Bürogebäude an der Elbe in Hamburg. Das Gebäude hat die Form eines Prismas mit einem Parallelogramm als Grundfläche.

In diesem Kapitel erfährst du, welche Eigenschaften Prismen und Zylinder haben und was beide verbindet. Außerdem lernst du, wie man den Oberflächeninhalt und das Volumen von beiden bestimmst. Damit kann man zum Beispiel berechnen, wie viel Material man für eine Dose benötigt.

Zufall und Wahrscheinlichkeiten

Clara spielt das Spiel „Yatzi" (oder auch „Kniffel"). Nach dem zweiten Würfeln hat sie zwei „3er" und zwei „5er" herausgelegt. Jetzt ist noch ein Würfel im Würfelbecher. Wirft Clara eine „3" oder eine „5", so bekommt sie 25 Punkte für das „Full House". Wie wahrscheinlich ist das?

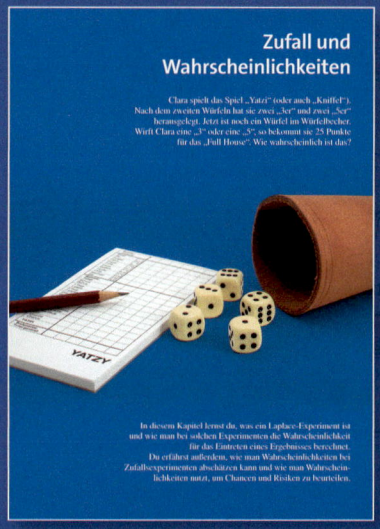

In diesem Kapitel lernst du, was ein Laplace-Experiment ist und wie man bei solchen Experimenten die Wahrscheinlichkeit für das Eintreten eines Ergebnisses berechnen kann. Du erfährst außerdem, wie man Wahrscheinlichkeiten bei Zufallsexperimenten abschätzen kann und wie man Wahrscheinlichkeiten nutzt, um Chancen und Risiken zu beurteilen.

Terme und Gleichungen

1 Terme umformen und vereinfachen

a) Richtig, denn es werden zwei gleiche Terme subtrahiert, also ergibt sich Null.

b) Falsch, $-4a$ und $-3b$ haben unterschiedliche Variablen, man kann nicht zusammenfassen.

c) Richtig, es werden die Zahlen miteinander multipliziert, das x bleibt stehen.

d) Falsch, es wurden nur die Zahlen multipliziert, nicht aber die Variablen.
   Es ist $-3ab \cdot (-3a) = 9a^2b$

▶ Lies bei Schwierigkeiten auf Seite 10 nach. Berechne im Training die Aufgaben 1 und 2.

2 Terme mit Klammern

a) Falsch, eine Plusklammer kann man weglassen, also $7a + (3a - 4a) = 7a + 3a - 4a$.

b) Richtig, denn es wurden alle Vor- und Rechenzeichen in der Klammer verändert.

c) Richtig, denn die Länge der Figur ist $(a + b)$, ihre Breite ist $2a$.

d) Falsch, denn $4(ab - 3b) = 4ab - 12b$, auch $3b$ muss mit 4 multipliziert werden.

e) Richtig, denn jeder Summand in der Klammer wurde mit $3c$ multipliziert

f) Falsch, denn $6xy : 2x = 3y$ aber $14x : 2x = 7$ und nicht $7x$. Richtig: $2x(3y - 7)$.

▶ Lies bei Schwierigkeiten auf Seite 14 nach. Berechne im Training die Aufgaben 3 bis 7.

3 Produkte von Summen

a) Richtig, denn jeder Summand der ersten Klammer wurde richtig mit jedem Summanden der zweiten Klammer multipliziert.

b) Richtig, denn im letzten Schritt muss $3y \cdot 5y = 15y^2$ berechnet werden.

c) Richtig, denn jeder Summand der ersten Summe wurde richtig mit jedem Summanden der zweiten Summe multipliziert, dann wurden noch $-3xy + 1\frac{1}{4}xy$ zusammengefasst zu $-1\frac{3}{4}xy$.

▶ Lies bei Schwierigkeiten auf Seite 20 nach. Berechne im Training Aufgabe 8.

4 Gleichungen aufstellen und lösen

a) Falsch, denn in der 2. Zeile wurde x auf der linken Seite nicht addiert. Außerdem: In der letzten Zeile der alten Rechnung wurde falsch dividiert, deshalb ergab sich dort das richtige Ergebnis $x = 7$.

Richtige Rechnung:

$$
\begin{aligned}
4x + 5 &= 33 \quad &| -5 \\
4x &= 28 \quad &| :4 \\
x &= 7
\end{aligned}
$$

b) Falsch, denn der Umfang ist $2 \cdot (a + 3)$.
   Also lautet die Gleichung $2 \cdot (a + 3) = 3a$.

c) Richtig, denn aus $\frac{1}{3} \cdot 15 - 1 = 1 + \frac{1}{5} \cdot 15$ ergibt sich $4 = 4$.

▶ Lies bei Schwierigkeiten auf Seite 24 nach. Bearbeite im Training die Aufgaben 9 und 10.

5 Sachaufgaben systematisch lösen

a) Falsch, denn zum Alter der Tochter müsste 25 addiert werden, um das Alter der Mutter zu erreichen, also ist b das Alter der Mutter und a das Alter der Tochter.

b) Richtig, denn wenn n eine gerade Zahl ist, dann ist $(n - 2)$ die vorhergehende gerade Zahl.

▶ Lies bei Schwierigkeiten auf Seite 28 nach. Bearbeite im Training die Aufgaben 11 und 12.

6 Formeln umstellen

a) Falsch, denn um die Formel nach I umzustellen, muss man durch R dividieren, also $I = U : R$.

b) Falsch, denn es gilt $u = 2(a + b)$, also $u : 2 = a + b$ und damit $a = u : 2 - b$.

▶ Lies bei Schwierigkeiten auf Seite 32 nach. Bearbeite im Training die Aufgabe 13.

Training

Aufgabe 1: Fasse die Terme zusammen.
a) $3x + 10x - 7x$
b) $4z - 15z + 17z - z + 38z - 8z$
c) $14a - 6b + 15a - 28b - 7a - b$
d) $7,2x + 1,5y - 3,7x - 2,3x - 5,7y$
e) $a^2 - ab + b^2 - ab - a^2 - b^2 - ab$

Aufgabe 2: Vereinfache die Produkte.
a) $13a \cdot 5$
b) $5x \cdot (-2x)$
c) $4a \cdot 3b \cdot 5c$
d) $0,5xy \cdot 4y$
e) $-4a \cdot (-3b^2) \cdot 2ab$
f) $\frac{1}{2}xy \cdot \frac{1}{3}x^2 \cdot 2xy$

Aufgabe 3: Löse die Klammern auf und fasse die Terme zusammen, wenn es möglich ist.
a) $a + (b + a) - (a + b)$
b) $7x - (3 + 4x) - (8x - 11)$
c) $5,6r + (2,8s - 2,8r) + 1,6r - 2,5s$
d) $b - (5,2c - 0,4b) + (1,8b - 0,6c)$
e) $-(1,8y + 4,2) + (7 + 3,2y)$
f) $23a - (34b + 19a - 24b) - a$
g) $(17p - 8) + (-33 + 14p) - (28p - 19)$
h) $7,9x - (1,8y - 2,3x + 5,6y) - 7,4y$

Aufgabe 4: Multipliziere die Terme aus.
a) $5(a + b)$
b) $4a(2b - 1)$
c) $b(3 - c)$
d) $5m(-6 + 2n)$
e) $-4(x + y)$
f) $-3x(x - 2y)$
g) $-r(-s - 9)$
h) $9y(-3z + 4)$
i) $d(a - b + c)$
j) $c(b + x - y)$

Aufgabe 5: Wandle in Produkte um.
a) $4a + 4b$
b) $5x - 5y$
c) $6x - 12y$
d) $4a + 8b$
e) $6ax + 12ay$
f) $15bc - 25bd$
g) $30x^2 - 24x$
h) $56a^2 + 32a$

Aufgabe 6: Gib einen Term für das Volumen des Körpers an. Vereinfache so weit wie möglich. Berechne das Volumen für $a = 5\,\text{cm}$.

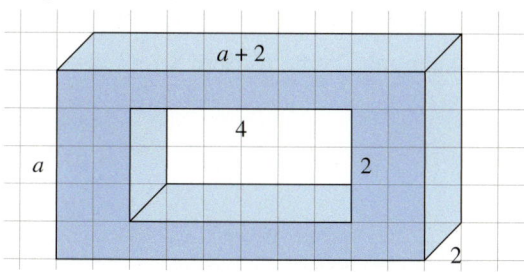

Aufgabe 7: Schreibe als Term, vereinfache.
a) Vom Dreifachen einer Zahl wird das Doppelte ihres Nachfolgers subtrahiert.
b) Der Vorgänger einer Zahl wird mit 5 multipliziert und anschließend wird die Hälfte der Zahl addiert.

Aufgabe 8: Multipliziere, fasse zusammen.
a) $(y + 4)(y + 3)$
b) $(3x - 1)(4x - 2)$
c) $(a + 2)(4 - a)$
d) $(3a + 2)(2a - 3)$
e) $(m - 3)(m + 5)$
f) $(4t - s)(5s - t)$
g) $(2x - 3y)(4y - 6x)$
h) $(3x - 4xy)(6xy - 2x)$
i) $(2,5s - 3 + 3,2t)(0,4s - 1,8t)$

Aufgabe 9: Löse die Gleichungen.
a) $7x + 16 = 30$
b) $25x - 29 = 21$
c) $48x - 23x = 75$
d) $10x - 25 = 23 - 2x$
e) $3,5z + 16,8 = 6,3z$
f) $13x - \frac{3}{4} = x - 0,75$

Aufgabe 10: Löse die Gleichungen.
a) $7(8x - 5) = 77$
b) $6(4 - 2y) = -24$
c) $6(3x - 11) = 27x - 102$
d) $(x - 2)(x - 6) = (x - 4)(x - 8)$

Aufgabe 11: Der Umfang eines Dreiecks beträgt 35 cm. Dabei ist die Seite b doppelt so lang wie die Seite a. Die Seite c ist 5 cm länger als a. Stelle eine Gleichung auf.

Aufgabe 12: In einer Badewanne sind 150 ℓ Wasser. Der Abfluss ist verstopft, deshalb läuft das Wasser nur mit 12 ℓ pro Minute ab. Berechne, nach wie viel Minuten nur noch 90 ℓ in der Wanne sind.
Nach wie viel Minuten ist die Wanne leer?

Aufgabe 13: Die Formel $v = \frac{s}{t}$ steht für Geschwindigkeit $= \frac{\text{Weg}}{\text{Zeit}}$. Stelle passend um und berechne die fehlenden Werte.

	v	s	t
a)	$150\,\frac{\text{m}}{\text{s}}$		$35\,\text{s}$
b)	$70\,\frac{\text{m}}{\text{s}}$	$175\,\text{m}$	
c)	$30\,\frac{\text{m}}{\text{s}}$		$2\,\text{min}$
d)	$25\,\frac{\text{m}}{\text{s}}$	$0,125\,\text{km}$	

Ähnlichkeit

1 Vergrößern und Verkleinern

a) Falsch, es handelt sich um eine Vergrößerung. (Die erste Zahl steht für die Bildlänge, die zweite für die Originallänge.)

b) Falsch, verkleinert man es um 50 %, muss man es um 100 % vergrößern, um wieder das Original zu erhalten. Verkleinert man das Bild erst um 50 % und vergrößert dann nur um 50 %, dann hat es nur 75 % der Fläche des Originals.

c) Falsch, bei $k > 1$ liegt eine Vergrößerung vor. (Bei einer Verkleinerung ist $k < 1$.)

d) Richtig, denn bei einem Maßstab von 3 : 1 (Bildlänge : Originallänge) hat das Bild die dreifache Länge der Originallänge.

e) Falsch, bei einer Vergrößerung muss der Streckungsfaktor $k > 1$ sein, hier ist $k = 2$.

f) Falsch, alle Seitenlängen werden auf $\frac{1}{10}$ verkleinert und damit alle Flächen auf $\frac{1}{100}$. Der Oberflächeninhalt ist daher $\frac{1}{100}$ des Originals. Man braucht also ein Huntertstel des Materials.

g) Richtig, denn die Originallänge beträgt 6,8 cm · 25 = 170 cm = 1,70 m.

h) Richtig, denn der Maßstab berechnet sich aus 15 cm : 2,5 cm = 6 und es wurde vergrößert.

▶ Lies bei Schwierigkeiten auf Seite 48 nach.
Berechne im Training Aufgaben 1 bis 5.

2 Zentrische Streckung

a) Richtig, das erkennt man an einer Zeichnung oder Skizze.

b) Falsch, der Streckungsfaktor beträgt $k = 3$. (z. B. Strecke $\overline{BC}$ ist im Original 1 Kästchenlänge lang, im Bild 3 Kästchenlängen.)

▶ Lies bei Schwierigkeiten auf Seite 51 nach.
Berechne im Training die Aufgaben 6 und 7.

3 Ähnlichkeit im geometrischen Sinn

a) Richtig, denn es ist keine Verzerrung zu erkennen, das heißt, die Längen wurden im gleichen Verhältnis vergrößert bzw. verkleinert.

b) Falsch, Rauten sind sich nicht immer geometrisch ähnlich. (Sie können trotz gleichem Verhältnis der Seitenlängen verschiedene Winkelgrößen haben.)

c) Richtig, denn ähnliche Dreiecke entstehen bei einer maßstäblichen Vergrößerung oder Verkleinerung, dabei ändern sich nur die Seitenlängen, aber nicht die Größen der Winkel.

d) Falsch, denn Farbe und Lage haben keinen Einfluss auf die Ähnlichkeit von Figuren.

▶ Lies bei Schwierigkeiten auf Seite 54 nach.
Berechne im Training Aufgabe 8.

4 Strahlensätze

a) Richtig, denn es ist $\frac{\overline{AB}}{\overline{ZA}} = \frac{\overline{A'B'}}{\overline{ZA'}}$. Nach Multiplikation mit $\overline{ZA}$ ergibt sich für $\overline{AB}$ der gegebene Term.

b) Richtig, es ist $\frac{\overline{AB}}{\overline{ZB}} = \frac{\overline{A'B'}}{\overline{ZB'}}$, also $\frac{47}{104} = \frac{\overline{A'B'}}{205}$ und damit $\overline{A'B'} = 92{,}644\ldots$

c) Falsch, denn wenn man z. B. $\overline{ZA}$, $\overline{AB}$ und $\overline{ZB}$ kennt, kann man keine weitere Streckenlänge berechnen.

▶ Lies bei Schwierigkeiten auf Seite 58 nach.
Berechne im Training die Aufgaben 9 und 10.

Training

Aufgabe 1: Der längste Zug der Welt war ein australischer Güterzug mit acht Diesellokomotiven und 682 Wagen. Er war 7,353 km lang. Wie lang wäre dieser Zug als Modelleisenbahn im Maßstab 1 : 87?

Aufgabe 2: Zeichne ein Rechteck mit den Maßen $a = 6$ cm und $b = 9$ cm.
a) Vergrößere es mit $k = 1,5$.
b) Verkleinere es mit $k = \frac{1}{3}$.
Gib jeweils den Maßstab an.

Aufgabe 3: Gegeben sind zwei Landkarten im Maßstab 1 : 20 000 und 1 : 5000. Wie groß ist bei den Karten jeweils der Streckungsfaktor k? Wie lang wäre eine 5 cm lange Strecke jeweils in der Wirklichkeit?

Aufgabe 4: Der kleinste Floh ist nur 1,5 mm lang.
a) Mit welchem Maßstab wurde er vergrößert, wenn er im Bild eine Länge von 9 cm hat?
b) Passt er bei einer Vergrößerung mit $k = 250$ noch in dein Heft?

Aufgabe 5: Zeichne ein Trapez in ein Koordinatensystem. Die Eckpunkte liegen auf $A(1|1)$, $B(6|1)$, $C(4|4)$, $D(2|4)$. Bei einer Vergrößerung mit $k = 3$ ergeben sich die Eckpunkte $A''(6|2)$, $B''(21|2)$, $C''(16|11)$ und $D''(9|11)$.
Welcher Punkt ist nicht korrekt angegeben?

Aufgabe 6: Zeichne jeweils ein beliebiges Dreieck auf ein weißes Blatt Papier.
a) Lege das Streckungszentrum in des Dreieck und verkleinere es mit $k = \frac{1}{2}$.
b) Lege das Streckungszentrum auf eine Ecke und vergrößere es mit $k = 2$.
c) Lege das Streckungszentrum neben das Dreieck und vergrößere es mit $k = 3$.

Aufgabe 7: Dieses gotische Seitenfenster vom Südportal des Regensburger Doms ist ein Beispiel für eine zentrische Streckung.

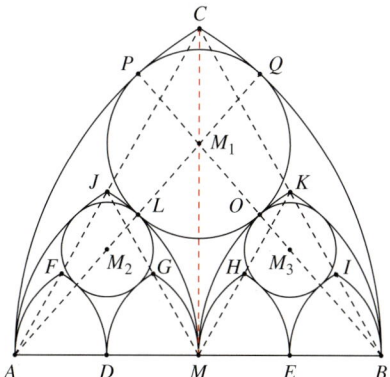

a) Wo liegen die Streckungszentren? Welche Punkte werden auf welche abgebildet?
b) Konstruiere ein solches Fenster. Untersuche dafür die Dreiecke ABC, AMJ und MBK und überlege, welche Radien man für die Bögen benötigt.

Aufgabe 8: Zeichne zu einem Dreieck mit den Maßen $\alpha = 35°$; $\beta = 30°$ und $c = 7$ cm zwei ähnliche Dreiecke. Gib jeweils den Streckungsfaktor k und den Maßstab an.

Aufgabe 9: Berechne die Länge der Strecke x (Maße in cm).

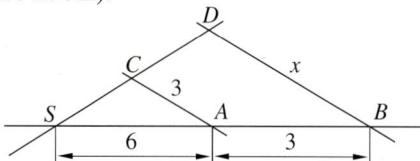

Aufgabe 10: Das kleine Quadrat hat einen Flächeninhalt von 4 cm². Welchen Flächeninhalt hat das rechte Quadrat, wenn $\overline{ZA} = 4$ cm und $\overline{ZB} = 8,5$ cm ist?

Lineare Funktionen und Gleichungssysteme

1 Lineare Funktionen erkennen und darstellen

a) Falsch, denn keine der Geraden verläuft durch den Koordinatenursprung.

b) Richtig, denn der y-Achsenabschnitt des Graphen ist 6 und die Steigung -1.

c) Richtig, denn die Steigung des Graphen ist $\frac{1}{2}$. Ein halber Meter pro Stunde entspricht $50\,\text{cm}$ pro Stunde.

d) Falsch, denn die zu A gehörende Gerade hat eine geringere Steigung als die Gerade von Schnecke B. Für A ist die Steigung $\frac{1}{3}$ und es gilt $\frac{1}{3} < \frac{1}{2}$.

▶ Lies bei Schwierigkeiten auf Seite 68 nach.
Bearbeite im Training die Aufgaben 1 bis 4.

2 Lineare Funktionen zeichnen und untersuchen

a) Falsch, der y-Achsenschnittpunkt $(0|2)$ ist richtig, aber die Steigung der Geraden ist -1 und nicht 0.

b) Falsch, das Vorgehen wird korrekt beschrieben, aber wenn man vom Punkt $P(0|-3)$ zwei Einheiten nach oben und eine Einheit nach rechts geht, gelangt man zum Punkt $(1|-1)$.

c) Richtig, die Gerade schneidet die y-Achse im Punkt $(0|2)$ und hat die Steigung $\frac{1}{2}$.

d) Richtig, denn es gilt $\frac{3}{2} = \frac{6}{4} > \frac{3}{4}$.

e) Falsch, die Nullstelle ist 3, denn g schneidet die x-Achse bei $(3|0)$.

f) Rchtig, das Vorzeichen der Steigung a zeigt an, ob die Funktion steigt $(+)$ oder fällt $(-)$. In diesem Beispiel ist $a = -\frac{2}{3}$.

g) Falsch, ist $a = 0$, dann geht die Funktion nur durch zwei Quadranten, zum Beispiel die Funktion $y = 3$ nur durch Quadrant I und II.

▶ Lies bei Schwierigkeiten auf Seite 74 nach.
Bearbeite im Training die Aufgaben 5 bis 7.

3 Lineare Gleichungssysteme durch Probieren und zeichnerisch lösen

a) Falsch, denn die Anzahl der Betten und die Anzahl der Betten in den Doppelzimmern ist gerade, also muss auch die Anzahl der (Betten der) Einzelzimmer gerade sein. Bei einer Anzahl der Einzelzimmer größer als 12 kann man nicht auf 40 Betten kommen.

b) Richtig, denn wenn man zur Kontrolle $x = 3$ und $y = 2$ in beide Gleichungen einsetzt, erhält man wahre Aussagen: I $2 = \frac{1}{3} \cdot 3 + 1$; II $2 = -\frac{2}{3} \cdot 3 + 4$.

c) Richtig, denn $6y + x = 18$ kann umgestellt werden zu $y = -\frac{1}{6}x + 3$ und die zweite Gleichung kann zu $y = \frac{1}{2}x + 1$ umgestellt werden. Die Graphen passen zu diesen Gleichungen.

▶ Lies bei Schwierigkeiten auf Seite 78 nach.
Bearbeite im Training die Aufgaben 8 bis 13.

Training

Aufgabe 1: Betrachte die Tabelle.

Tag	Mo	Di	Mi	Do	Fr
Temperatur in °C	20	22	19	20	25

Welche Zuordnung ist eine Funktion
Tag → Temperatur oder *Temperatur → Tag*?

Aufgabe 2: Gib jeweils eine Funktionsgleichung für die Geraden an.
Nenne die Koordinaten des Schnittpunkts.

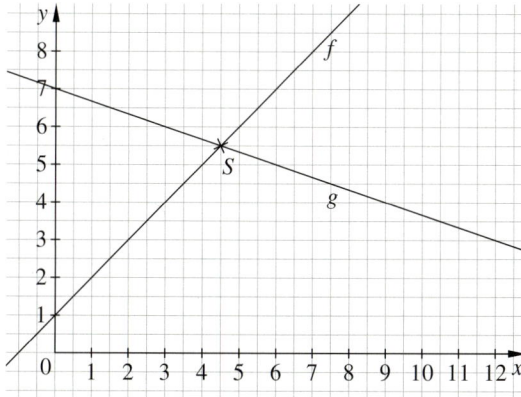

Aufgabe 3: Der Tank eines Autos ist mit $60\,\ell$
Benzin gefüllt. Auf der Autobahn verbraucht
es durchschnittlich $7\,\ell$ pro $100\,km$.
a) Stelle ein Funktionsgleichung auf.
b) Wie viel Benzin befindet sich nach $325\,km$
noch im Tank?

Aufgabe 4: Frau Simon hat zwei Angebote
für die Miete eines Transporters für einen Tag.
Tarif 1: 45 € pro Tag und 0,25 € pro km.
Tarif 2: 65 € pro Tag inkl. 200 km; 0,42 € für
jeden weiteren km.
a) Erstelle für beide Tarife eine Wertetabelle
für 0, 100, … 600 km.
b) Zeichne die Graphen.
c) Welchen Tarif empfiehlst du jemandem,
der 520 km fährt?

Aufgabe 5: Gegeben sind die Geraden g
mit $y = 2x - 3$ und h mit $y = -x + 5$.
a) Die Punkte $P(-1|\blacksquare)$ und $Q(\blacksquare|2)$ liegen
auf der Geraden g. Vervollständige.
b) Zeichne die beiden Geraden in ein
Koordinatensystem ein.

Aufgabe 6: Zeichne die beiden Geraden
$g: y = 2x + 1$ und $h: y = -\frac{2}{3}x - 1$
in ein Koordinatensystem ein.
Lies jeweils den Schnittpunkt mit der
x-Achse ab.

Aufgabe 7: Welche beiden Funktionen
haben dieselbe Nullstelle? Begründe.
① $y = 3x + 2$ ② $y = 2x + 3$
③ $y = 6x + 4$ ④ $y = 4x + 5$

Aufgabe 8: Prüfe, ob die Lösungen stimmen.
a) I $y = 2x + 1$; II $x = 3y - 1$
    Lösung: $x = 2$; $y = 5$
b) I $y = -x + 1$; II $3x + y = 5$
    Lösung: $x = 2$; $y = -1$

Aufgabe 9: Im Stall eines Bauernhofs sind
Gänse und Schweine untergebracht. Sie
haben zusammen 38 Köpfe und 100 Beine.
Gib zwei passende Gleichungen an.
Finde die Lösung mit Hilfe einer Tabelle.

Aufgabe 10: Der Flächeninhalt eines Trape-
zes beträgt $100\,cm^2$, seine Höhe beträgt $10\,cm$.
Eine der zwei parallelen Seiten ist $2\,cm$
kürzer als die andere Seite.
Verwende die Variablen a, c und h, um das
Problem durch Gleichungen zu beschreiben.
Ist $a = 12\,cm$ und $c = 10\,cm$ eine Lösung?

Aufgabe 11: Ein Sporthotel verfügt über
18 Doppel- und Einzelzimmer mit 30 Betten.
Löse durch Probieren:
a) Berechne die Anzahl der Einzelzimmer.
b) Zu dem Hotel gehören 6 Tennisplätze.
    18 Personen haben sich angemeldet.
    Wie viele Doppel- und Einzelspiele können
    gleichzeitig durchgeführt werden?

Aufgabe 12: Zeichne die Geraden zu
$y = 3x - 2$ und $y = -1$ in ein Koordinatensystem und lies den Schnittpunkt ab.

Aufgabe 13: Löse das Gleichungssystem
grafisch:
I $2x - y = -1{,}5$; II $y = -2x - 2{,}5$

Satz des Pythagoras

1 Einfache Potenzen und Wurzeln

a) Falsch, man muss die Zahl mit sich selbst multiplizieren.

b) Die erste Aussage stimmt, die zweite nicht, denn $0,4^2 = 0,4 \cdot 0,4 = 0,16$.

c) Richtig, denn es muss Punkt- vor Strichrechnung beachtet werden, also
$5 - 2 \cdot 4^3 = 5 - 2 \cdot 64 = 5 - 128 = -123$.

d) Falsch, 14 ist die Quadratwurzel aus 196, denn $14 \cdot 14 = 196$.

e) Falsch, die Wurzel ist immer positiv (oder 0), deshalb ist nur 7 die Wurzel aus 49.

f) Falsch, es können auch Dezimalbrüche Wurzeln sein, z. B. ist $\sqrt{0,04} = 0,2$.

g) Die erste Aussage ist falsch, die zweite stimmt:
$\sqrt{16} + \sqrt{9} = 4 + 3 = 7$ und $\sqrt{16} \cdot \sqrt{9} = 4 \cdot 3 = 12$.

h) Richtig, denn $\sqrt[3]{6 + 2} = \sqrt[3]{8} = 2$ und $\sqrt[3]{3 \cdot 72} = \sqrt[3]{216} = 6$.

i) Falsch, die Wurzel aus 15 ist $3,8729\ldots$, also rund 3,9.

▶ Lies bei Schwierigkeiten auf Seite 90 nach.
Berechne im Training die Aufgabe 1 und 2.

2 Der Satz des Pythagoras

a) Falsch, der Satz des Pythagoras gilt nur für rechtwinklige Dreiecke.

b) Falsch, die beiden Kathetenquadrate sind zusammen so groß wie das Hypotenusenquadrat.

c) Richtig, denn $8^2 + 15^2 = 64 + 225 = 289$ und $17^2 = 289$.

d) Falsch, die zweite Kathete k ist ca. 11 cm lang, denn $6^2 + k^2 = 12,5^2$,
also $k = \sqrt{156,25 - 36} = \sqrt{120,25} = 10,9658\ldots$

e) Richtig, denn $d^2 = a^2 + b^2$, also $d^2 = 7^2 + 4^2 = 65$ und $\sqrt{65} = 8,0622\ldots$

f) Falsch, denn $4^2 + 4^2 = 16 + 16 = 32$ und $\sqrt{32} = 5,65\ldots$

g) Richtig, denn es gilt der Satz des Pythagoras: $12^2 + 5^2 = 144 + 25 = 169$ und 13^2 ist 169.

▶ Lies bei Schwierigkeiten auf Seite 94 nach.
Berechne im Training die Aufgaben 4 bis 10.

3 Höhen- und Kathetensatz

a) Falsch, der Kathetensatz sagt etwas über den Flächeninhalt des Quadrats über der Kathete aus.

b) Rchtig, er sagt etwas über die Höhe auf der Hypotenuse aus, und eine Hypotenuse gibt es nur in rechtwinkligen Dreiecken.

c) Falsch, alle Werte sind richtig, denn es gelten alle bekannten Gleichungen:
$31,97 = 16,97 + 15$ ($c = p + q$); $23,29^2 + 21,90^2 = 31,97^2$ (Pythagoras am großen Dreieck);
$15^2 + 15,95^2 = 21,90^2$ (Pythagoras am inneren linken Dreieck);
$16,97^2 + 15,95^2 = 23,29^2$ (Pythagoras am inneren rechten Dreieck);
$23,29^2 = 31,97 \cdot 16,97$ und $21,9^2 = 31,97 \cdot 15$ (Kathetensätze);
$15,95^2 = 16,97 \cdot 15$ (Höhensatz)

▶ Lies bei Schwierigkeiten auf Seite 100 nach.
Berechne im Training die Aufgaben 11 und 12.

Training

Aufgabe 1: Berechne.
a) 17^2; $1,9^2$; $(-1,4)^2$; -5^3; $\frac{2^2}{3}$; $\left(\frac{2}{3}\right)^3$

b) $\sqrt{169}$; $\sqrt[3]{-81}$; $-\sqrt{2,89}$; $\frac{\sqrt[3]{64}}{121}$; $\frac{7}{\sqrt{144}}$

Aufgabe 2: Berechne.
a) $\sqrt{225} + \sqrt{49}$ b) $\sqrt{144 + 81}$
c) $\sqrt[3]{343} + 144$ d) $\sqrt[3]{125} \cdot \sqrt{49}$
e) $\sqrt{144 \cdot 81}$ f) $\sqrt[3]{8 \cdot 27}$

Aufgabe 3: Zwischen welchen beiden natürlichen Zahlen liegt die Quadratwurzel?
a) $\sqrt{250}$ b) $\sqrt{1000}$ c) $\sqrt{305}$

Aufgabe 4: Berechne die Länge der rot markierten Seite (Maße in cm).

a)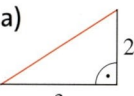
b)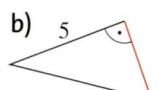
c)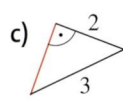

Aufgabe 5: Vervollständige die Tabelle.

	Kathete a	Kathete b	Hypotenuse c
a)	8 cm	6 cm	
b)	15 cm		17 cm
c)		19 cm	21 cm
d)	17 m		19 m
e)		2,5 cm	36 cm
f)		12,8 cm	1,6 dm
g)	216 mm		3,6 dm

Aufgabe 6: Kann ein rechtwinkliges Dreieck folgende Seitenlängen haben?
a) $a = 6$ cm, $b = 10$ cm, $c = 8$ cm
b) $a = 13$ cm, $b = 5$ cm, $c = 12$ cm
c) $a = 8$ cm, $b = 12$ cm, $c = 16$ cm

Aufgabe 7: Wie lang ist die längste Strecke, die du auf ein DIN-A4-Blatt ($21 \times 29,7$ cm) zeichnen kannst?

Aufgabe 8: Ergänze mit Hilfe der Zeichnung.
a) $c^2 = f^2 +$ ▪
b) $b^2 = (e + g)^2 -$ ▪
c) $a^2 = d^2 +$ ▪ d) $e = \sqrt{▪ - f^2}$

Aufgabe 9: Felix möchte eine Lautsprecherbox in Form einer quadratischen Pyramide bauen. Die Seitenlänge a der Grundfläche soll 50 cm und die Höhe h der fertigen Pyramide 110 cm betragen. Welche Länge hat die Seitenkante s?

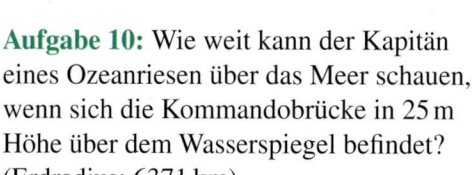

Aufgabe 10: Wie weit kann der Kapitän eines Ozeanriesen über das Meer schauen, wenn sich die Kommandobrücke in 25 m Höhe über dem Wasserspiegel befindet? (Erdradius: 6371 km)

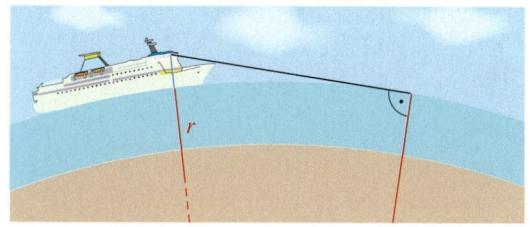

Aufgabe 11: Berechne die fehlende Größe im rechtwinkligen Dreieck ABC ($\gamma = 90°$).
a) $a = 4$ cm; $p = 3,6$ cm; $c = ?$
b) $a = 8$ cm; $c = 10,5$ cm; $p = ?$
c) $b = 5$ cm; $c = 5,6$ cm; $q = ?$
d) $b = 3,9$ cm; $q = 0,3$ dm; $c = ?$

Aufgabe 12: Ein halbkreisförmiger Tunnel wird gebaut. Das Verkehrsschild zur Höhenbegrenzung fehlt jedoch noch. Welche Höhenbegrenzung muss auf das Schild für die Fahrzeuge geschrieben werden? Starte mit dem Satz des Thales.

0,9 m Gehsteig 6,7 m Straße 0,9 m Gehsteig

Angewandte Zinsrechnung

1 Begriffe der Zinsrechnung

a) Falsch, denn der Grundwert G entspricht dem Kapital K.
(Der Prozentwert W entspricht den Zinsen Z.)

b) Richtig, denn $120 € \cdot 0{,}045 = 5{,}40 €$.

c) Richtig, denn $4{,}80 € : 0{,}035 = 137{,}14285\ldots € \approx 137{,}14 €$.

d) Falsch, denn $320 : 3000 = 10{,}66666\ldots$
Der Zinssatz beträgt also $10{,}7\,\%$.

▶ Lies bei Schwierigkeiten auf Seite 116 nach.
Bearbeite im Training die Aufgaben 1 bis 4.

2 Tageszinsen und Zinseszinsen berechnen

a) Falsch, denn $12 + 7 \cdot 30 + 12 = 234$ Tage. (Der erste Tag wird nicht mitgezählt.)

b) Richtig, denn mit $Z = K \cdot p\,\%$ werden die Zinsen für ein ganzes Jahr berechnet.
Multipliziert man diesen Wert noch mit dem Zeitfaktor t, so erhält man den
entsprechenden Anteil der Zinsen für eine bestimmte Zeit (bei d Tagen z. B. $t = \frac{d}{360}$).

c) Falsch, denn $825 € \cdot 0{,}0375 \cdot \frac{135}{360} = 11{,}60156\ldots € = 11{,}60 €$.
(Die Anzahl der Zinstage ist richtig.)

d) Richtig, denn $15\,000 € \cdot 0{,}025 \cdot \frac{48}{360} = 50 €$.

e) Falsch, denn $80 € \cdot 0{,}102 \cdot \frac{4}{12} = 2{,}72 €$. Sie muss $2{,}72 €$ bezahlen.

f) Falsch, denn nach dem ersten Jahr hat er $2000 € \cdot 1{,}025 = 2050 €$
und nach dem zweiten Jahr $2050 € \cdot 1{,}025 = 2101{,}25 €$.

g) Falsch, denn nach dem ersten Jahr hat er $2400 € \cdot 1{,}035 = 2484 €$,
nach dem zweiten Jahr $2484 € \cdot 1{,}035 = 2570{,}94 €$ und
nach dem dritten Jahr $2570{,}94 € \cdot 1{,}035 = 2660{,}9229\ldots € \approx 2660{,}92 €$.

▶ Lies bei Schwierigkeiten auf Seite 122 nach.
Bearbeite im Training die Aufgaben 5 bis 12.

3 Tabellenkalkulation

a) Richtig, denn in Zelle **F3** (und auch in den Zellen **E7** bis **E14**) steht immer 5500.

b) Falsch, denn nach sieben Jahren ist noch eine Restschuld von $83 €$ vorhanden.

c) Richtig, denn es liegt eine absolute Adressierung zur Zelle **F3** vor.

d) Falsch, die Formel muss **=B7+C7** lauten, bei **C7** muss ein relativer Bezug eingegeben
werden, kein absoluter.

e) Richtig, denn die Restschuld zu Beginn des vierten Jahres steht in **B10**, sie wird
multipliziert mit dem Zinssatz, der in **D3** steht.

▶ Lies bei Schwierigkeiten auf der Seite 126 nach.
Bearbeite im Training die Aufgabe 13.

Training

Aufgabe 1: Berechne die Jahreszinsen.
a) 1520 € zu 2 %   b) 3800 € zu 4 %
c) 17 € zu 5 %   d) 1640 € zu 3,5 %
e) 1830 € zu 2,75 %   f) 2572 € zu 3,75 %
g) 18 500 € zu 9,8 %   h) 20 800 € zu 7,7 %

Aufgabe 2: Ergänze die fehlenden Werte.

	Kapital	Zinsen	Zinssatz
a)	180 €		4,5 %
b)	400 €	9,20 €	
c)	250 €		4,1 %
d)		54 €	2 %
e)	1280 €		1,25 %
f)		48,65 €	1,75 %
g)		135 €	2,25 %
h)	2500 €	77,50 €	

Aufgabe 3: Anna hat zu Beginn eines Jahres
200 € auf ihrem Konto. Sie erhält 2,5 %
Zinsen im Jahr. Berechne die Zinsen,
die sie nach einen Jahr erhält.

Aufgabe 4: Vergleiche die Kosten für einen
Kredit über 5000 € mit einem Jahr Laufzeit.
Angebot 1: 9 % Zinsen,
60 € Bearbeitungsgebühr.
Angebot 2: 9,5 % Zinsen,
keine Bearbeitungsgebühr.
Angebot 3: 8,5 % Zinsen,
2 % Bearbeitungsgebühr auf die Kredithöhe.
Angebot 4: 425 € Zinsen,
50 € Bearbeitungsgebühr.

Aufgabe 5: Berechne die Zinsen für den
angegebenen Zeitraum (1 Jahr = 360 Tage).
a) 750 € zu 6 % in 120 Tagen
b) 276 € zu 4 % in 330 Tagen
c) 3680 € zu 4,5 % in 270 Tagen
d) 168 € zu 5,25 % in 300 Tagen
e) 2400 € zu 6 % in 75 Tagen

Aufgabe 6: Berechne die Anzahl der Zinstage
für den angegebenen Zeitraum.
a) 07.03. – 17.08.   b) 23.08. – 28.12.
c) 27.09. – 23.02.   d) 03.06. – 29.03.
e) 21.01. – 27.11.   f) 10.04. – 02.12.

Aufgabe 7: Julia überzieht ihr Konto vom
8.2. bis zum 14.3. um 850 €. Wie viel Überziehungszinsen (10,5 %) muss sie zahlen?

Aufgabe 8: Wie viel Zinsen erhält Marius,
wenn er 450 € vom 9. Mai bis zum 5. Novem-
ber zu 1,3 % anlegt?

Aufgabe 9: Herr Rostberg hat im Autohaus
einen Neuwagen für 35 700 € ausgesucht. Die
Lieferzeit beträgt 85 Tage. Für diese Zeit legt
Herr Rostberg sein Geld auf einem Tagesgeld-
konto mit einem Zinssatz von 1,25 % an.
Wie viel Zinsen erhält er?

Aufgabe 10: Berechne das neue Kapital.

	Kapital	Zinssatz	Dauer
a)	1800 €	0,5 %	10 Jahre
b)	6000 €	3,8 %	15 Jahre
c)	25 000 €	4 %	7 Jahre

Aufgabe 11: Ein Betrag in der Höhe von
8000 € wurde am 01.01.2010 zu 3,5 %
angelegt. Welche Summe steht dem Anleger
am 31.12.2021 zur Verfügung?

Aufgabe 12: Anlässlich der Geburt seines
Sohnes am 01.01.2008 legte Oles Vater
1000 € zu 2,5 % an. Über welchen Betrag
kann der Sohn am 31.12.2025 verfügen?

Aufgabe 13: Lena erhält
300 € zum 14. Geburtstag.
Sie überlegt, das Geld für
den Führerschein zu sparen.
Eine Bank berechnet
folgenden Sparplan.
a) Nach wie vielen Jahren
   sind die 300 € um mehr
   als 50 % angewachsen?
b) Um wie viel Prozent sind
   die 300 € nach 2 Jahren,
   nach 5 Jahren bzw. 10
   Jahren angewachsen?
c) Warum gibt es im 2. Jahr
   0,48 € Zinsen mehr als im 1. Jahr?

	A	B	C
1	Sparplan mit einmaliger Einzahlung		
2			
3	Lena	Startkapital	Zinssatz
4		300,00 €	0,04
5			
6	Jahr	Kapital in €	Zinsen
7	1	300,00 €	12,00 €
8	2	312,00 €	12,48 €
9	3	324,48 €	12,98 €
10	4	337,46 €	13,50 €
11	5	350,96 €	14,04 €
12	6	365,00 €	14,60 €
13	7	379,60 €	15,18 €
14	8	394,78 €	15,79 €
15	9	410,57 €	16,42 €
16	10	426,99 €	17,08 €
17	11	444,07 €	17,76 €
18	12	461,84 €	18,47 €

Prismen und Zylinder

1 Prismen erkennen und zeichnen

a) Richtig, da Deck- und Grundfläche deckungsgleiche und zueinander parallel liegende Dreiecke sind.

b) Falsch, da Deck- und Grundfläche nicht deckungsgleich sind und die Seitenflächen somit keine Rechtecke sind. (Das obere Quadrat ist kleiner als das untere.)
Versucht man, zwei der Trapezflächen als Grund- und Deckfläche anzusehen, so liegen diese nicht parallel zueinander.

▶ Lies bei Schwierigkeiten auf Seite 138 nach. Bearbeite dann im Training Aufgaben 1 und 2.

2 Mantel- und Oberflächeninhalt von Prismen

a) Richtig, denn das Netz besteht aus zwei deckungsgleichen Dreiecken mit den gleichen Maßen wie in ① und die rechteckigen Seitenflächen passen von den Maßen her an die entsprechenden Dreiecksseiten.

b) Richtig, denn die Mantelfläche des Prismas ist ein Rechteck, das aus den drei Seitenflächen zusammengesetzt wurde. Eine Seitenlänge dieses Rechtecks entspricht dem Dreiecks-umfang, die andere Seitenlänge ist die Höhe des Prismas.
Es ergibt sich $A_M = (36 + 36 + 24)\,\text{cm} \cdot 40\,\text{cm} = 3840\,\text{cm}^2 = 38{,}4\,\text{dm}^2$.

c) Falsch, denn nur der Inhalt der Seitenflächen verdoppelt sich, während die Inhalte der Deck- und Grundflächen unverändert bleiben.

▶ Lies bei Schwierigkeiten auf Seite 142 nach. Bearbeite dann im Training Aufgaben 3 und 4.

3 Volumen von Prismen berechnen

a) Falsch, die Höhe des Prismas muss mit dem Flächeninhalt der Grundfläche multipliziert werden.

b) Richtig, denn mit $\frac{1}{2} \cdot 4 \cdot 5\,\text{cm}^2$ berechnet man den Flächeninhalt des Dreiecks, der dann mit der Höhe des Prismas multipliziert wird. Es ergibt sich $60\,\text{cm}^3$.

▶ Lies bei Schwierigkeiten auf Seite 146 nach. Bearbeite dann im Training Aufgaben 5 und 6.

4 Netze und Oberflächen von Zylindern

a) Falsch, denn Zylinder sind Körper mit einem Kreis als Grund- und Deckfläche. Die Mantelfläche ist ein Rechteck.

b) Falsch, denn die Länge der Mantelfläche entspricht dem Umfang des Kreises, der die Grund- bzw. die Deckfläche bildet.

c) Falsch, denn $A_O = 2 \cdot \pi \cdot 3\,\text{cm} \cdot (5\,\text{cm} + 3\,\text{cm}) \approx 150{,}8\,\text{cm}^2$.

d) Richtig, denn die Länge der Mantelfläche entspricht dem Umfang der Kreise.

▶ Lies bei Schwierigkeiten auf Seite 150 nach. Berechne im Training Aufgabe 7 und 8.

5 Schrägbilder und Volumen von Zylindern

a) Falsch, denn $\pi \cdot (5\,\text{cm})^2 \cdot 3\,\text{cm} \approx 235{,}6\,\text{cm}^3$. (Es wurden r und h vertauscht.)

b) Richtig, denn eine Verdopplung des Radius führt zu einer Vervierfachung des Inhalts der Grundfläche und somit auch zu einer Vervierfachung des Volumens, wenn die Höhe unverändert bleibt.

c) Falsch, denn es gilt $m = V \cdot \varrho$. (Die Masse eines Zylinders berechnet sich aus dem Produkt seiner Dichte und seines Volumens.)

▶ Lies bei Schwierigkeiten auf Seite 154 nach. Berechne im Training die Aufgaben 9 bis 12.

Training

Aufgabe 1: Handelt es sich um Prismen mit dreieckiger Grundfläche?
Falls ja: Stehen Sie auf der Grundfläche oder liegen sie auf einer Seitenfläche?
Falls nein: Begründe.

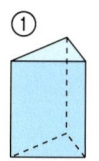   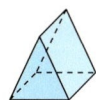 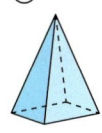

Aufgabe 2: Zeichne das Schrägbild eines 6 cm hohen Prismas mit der Grundfläche:
a) gleichseitiges Dreieck mit $a = 4$ cm
b) gleichschenkliges Dreieck mit $c = 3$ cm und $a = b = 2,5$ cm
c) Raute mit $a = 2,5$ cm und $\alpha = 70°$

Aufgabe 3: Übertrage das Netz des Prismas in dein Heft.

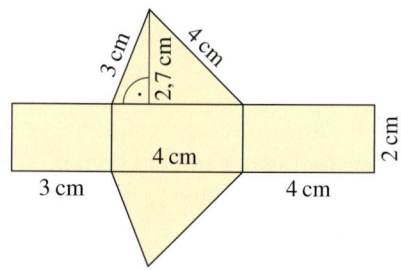

a) Kennzeichne die Mantelfläche blau und die Grund- und Deckfläche rot.
b) Berechne den Flächeninhalt der Grundfläche des Prismas.
c) Bestimme den Mantelflächeninhalt.
d) Berechne den Oberflächeninhalt.

Aufgabe 4: Berechne den Oberflächeninhalt der Prismen.
a) $A_G = 18$ cm², $u_G = 24$ cm, $h_P = 8$ cm
b) $A_G = 2,5$ m², $u_G = 10$ m, $h_P = 4,3$ m
c) $A_G = 60$ cm², $u_G = 16$ cm, $h_P = 0,7$ m

Aufgabe 5: Berechne das Volumen eines Prismas mit …
a) $A_G = 12$ cm²; $h_P = 4$ cm
b) $A_G = 3$ m²; $h_P = 0,25$ m
c) $A_G = 112$ mm²; $h_P = 8$ dm
d) $A_G = 44$ cm²; $h_P = 4,4$ dm

Aufgabe 6: Berechne das Volumen.

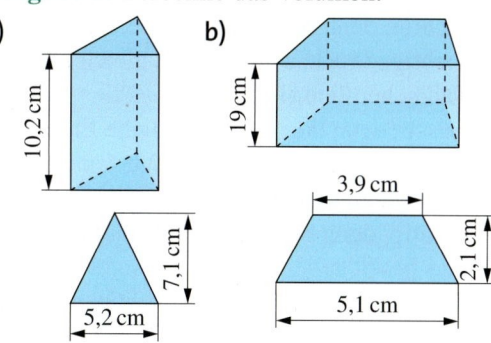

Aufgabe 7: Zeichne das Netz des Zylinders.
a) $r = 2,5$ cm und $h_Z = 5$ cm;
b) $d = 4$ cm und $h_Z = 3$ cm.

Aufgabe 8: Berechne den Oberflächeninhalt und das Volumen des Zylinders.
a) $r = 5$ cm und $h_Z = 7$ cm
b) $r = 2,5$ m und $h_Z = 3,8$ m
c) $d = 15$ cm und $h_Z = 7$ dm
d) $d = 12$ cm und $h_Z = 3$ m

Aufgabe 9: Zeichne das Schrägbild eines Zylinders mit …
a) $r = 3$ cm und $h_Z = 4$ cm.
b) $d = 5$ cm und $h_Z = 5$ cm.

Aufgabe 10: Ein Zylinder hat einen Radius von 6 cm und ein Volumen von 1470,3 cm³. Berechne die Höhe des Zylinders.

Aufgabe 11: Eine runde Tischplatte hat einen Durchmesser von 1,5 m und ist 3 cm dick.
a) Berechne das Volumen der Tischplatte.
b) Wie schwer ist die Tischplatte aus Fichtenholz, das 500 g pro dm³ wiegt?

Aufgabe 12: Am Waldrand wird Rundholz mit einer Länge von 8 Metern gelagert. Die Stämme haben einen Durchmesser von durchschnittlich 60 cm.
a) Bestimme die Masse eines Stamms, wenn das Holz $0,7\frac{g}{cm^3}$ wiegt.
b) Ein Holztransporter darf 12 t Holz laden. Wie viele dieser Stämme darf er maximal aufladen?

Zufall und Wahrscheinlichkeiten

1 Zufallsexperimente und Wahrscheinlichkeiten

a) Richtig, denn beide Ergebnisse „Kopf" und „Zahl" sind gleich wahrscheinlich.

b) Richtig, da alle acht Flächen gleich groß und die acht Ergebnisse somit gleich wahrscheinlich sind.

c) Falsch, denn da es acht mögliche Ergebnisse gibt, ist die Wahrscheinlichkeit $\frac{1}{8}$.

d) Falsch, denn die Anzahl an Würfen ist nicht groß genug, um eine treffende Schätzung abgeben zu können.

e) Richtig, denn bei einer Wahrscheinlichkeit von 0 ist ein Ergebnis nicht möglich.

► Lies bei Schwierigkeiten auf Seite 170 nach.
  Bearbeite im Training die Aufgaben 1 bis 3.

2 Summenregel

a) Falsch, denn es gibt acht mögliche Ergebnisse und drei der Felder sind orange, die Wahrscheinlichkeit beträgt daher $\frac{3}{8}$.

b) Richtig, denn für das Ereignis „Primzahl" sind die Ergebnisse 2, 3, 5 und 7 günstig. Daher ist die Wahrscheinlichkeit $\frac{4}{8} = \frac{1}{2} = 50\%$.

c) Richtig, denn für beide Ereignisse beträgt die Wahrscheinlichkeit $\frac{2}{8} = \frac{1}{4}$.

d) Falsch, denn die Ereignisse überschneiden sich: Das Ergebnis „2" gehört zu beiden Ereignissen. Die Wahrscheinlichkeit für „2" oder ein weißes Feld liegt bei $\frac{5}{8}$.

► Lies bei Schwierigkeiten auf Seite 174 nach.
  Bearbeite im Training die Aufgaben 4 bis 7.

3 Wahrscheinlichkeiten nutzen und deuten

a) Falsch, denn solche Wahrscheinlichkeitsaussagen sind für die Vorhersage von Einzelergebnissen nicht geeignet. Es ist möglich, dass es in den 14 Tagen gar nicht regnet.

b) Richtig, denn um Häufigkeiten zu schätzen, kann man die Prozentrechnung nutzen und 20 % von 14 Tagen sind 2,8 Tage, also ungefähr drei Tage.

c) Richtig, denn Wahrscheinlichkeitsaussagen sind für die Vorhersage von Einzelergebnissen nicht geeignet.

► Lies bei Schwierigkeiten auf Seite 178 nach.
  Bearbeite im Training die Aufgaben 8.

Training

Aufgabe 1: Entscheide und begründe, ob es sich bei den Experimenten um ein Laplace-Experiment handelt oder nicht.
a) „Flaschendrehen"
b) ein Marmeladenbrot fällt vom Tisch
c) Werfen eines Korkens

Aufgabe 2: Der Quader wurde wie ein Spielwürfel beschriftet. Sind die Aussagen richtig oder falsch? Begründe.

a) Das Werfen mit dem Quader ist ein Laplace-Experiment.
b) Die Wahrscheinlichkeit für eine „5" ist größer als die Wahrscheinlichkeit für eine „3".
c) Die Wahrscheinlichkeit, mit dem Quader eine „1" zu werfen, ist kleiner als die Wahrscheinlichkeit, mit einem fairen Würfel eine „1" zu werfen.

Aufgabe 3: Nenne je ein Beispiel für ein unmögliches und ein sicheres Ereignis.

Aufgabe 4: Betrachte das Glücksrad.

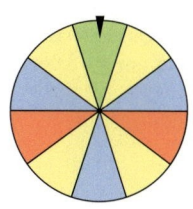

a) Begründe, warum es sich beim Drehen dieses Glücksrads um ein Laplace-Experiment handelt.
b) Berechne die Wahrscheinlichkeit dafür, dass das Glücksrad …
 – auf dem grünen Feld,
 – auf einem gelben Feld,
 – auf einem blauen oder auf einem roten Feld,
 – weder auf einem gelben noch auf einem blauen Feld stehen bleibt.

Aufgabe 5: Zeichne ein Glücksrad mit den Ziffern 1, 2 und 3, sodass die Wahrscheinlichkeit für die „1" $\frac{1}{4}$ und für die „2" $\frac{1}{3}$ ist.
Wie groß ist die Wahrscheinlichkeit dafür, dass eine „3" gedreht wird?

Aufgabe 6: Aus einem Skatspiel (32 Karten) wird eine Karte gezogen.
Wie groß ist die Wahrscheinlichkeit, dass folgendes Ereignis eintritt?
a) Herz-Ass wird gezogen
b) ein schwarzer Bube wird gezogen
c) ein König wird gezogen
d) eine „7" oder eine „8" wird gezogen
e) eine Karo-Karte wird gezogen
f) eine rote Karte wird gezogen
g) eine Dame oder eine schwarze Karte wird gezogen
h) ein Bube, eine Dame oder ein König wird gezogen
i) eine gerade Zahl wird gezogen

Aufgabe 7: In einem nicht einsehbaren Behälter sind 100 Kugeln. Leni zieht zehn Kugeln heraus, ohne diese zurück zu legen. Sieben der Kugeln sind rot, drei blau. Ist es möglich, dass gelbe Kugeln im Behälter sind?

Aufgabe 8: In einer Schüssel befinden sich 33 Kugeln, die mit den Zahlen 1 bis 33 beschriftet wurden. Die Kugeln mit ungerader Zahl sind rot, die anderen blau.
Wie groß ist die Wahrscheinlichkeit für …
a) eine rote Kugel?
b) eine Kugel mit zweistelliger Zahl?
c) eine blaue Kugel mit einstelliger Zahl?
d) eine rote Kugel mit einer durch 6 teilbaren Zahl?
e) eine rote Kugel oder eine Kugel mit einer durch 5 teilbarer Zahl?

Aufgabe 9: Der Wetterdienst kündigt für den kommenden Tag eine Regenwahrscheinlichkeit von 25 % an.
Welche Aussagen sind richtig, welche falsch? Begründe deine Meinung.
a) Es wird am kommenden Tag genau sechs Stunden lang regnen.
b) Es ist möglich, dass es am kommenden Tag nicht regnet.
c) Es wird am kommenden Tag mindestens 18 Stunden trocken sein.

Lösungen zum Training

▶ Seite 189   Terme und Gleichungen

1 a) $6x$
  b) $35z$
  c) $22a - 35b$
  d) $1{,}2x - 4{,}2y$
  e) $-3ab$

2 a) $65a$
  b) $-10x^2$
  c) $60abc$
  d) $2xy^2$
  e) $24a^2b^3$
  f) $\frac{1}{3}x^4y^2$

3 a) a
  b) $8 - 5x$
  c) $4{,}4r + 0{,}3s$
  d) $3{,}2b - 5{,}8c$
  e) $1{,}4y + 2{,}8$
  f) $3a - 10b$
  g) $3p - 22$
  h) $10{,}2x - 14{,}8y$

4 a) $5a + 5b$
  b) $8ab - 4a$
  c) $3b - bc$
  d) $-30m + 10mn$
  e) $-4x - 4y$
  f) $-3x^2 + 6xy$
  g) $rs + 9r$
  h) $-27yz + 36y$
  i) $ad - bd + cd$
  j) $bc + cx - cy$

5 a) $4(a + b)$
  b) $5(x - y)$
  c) $6(x - 2y)$
  d) $4(a + 2b)$
  e) $6a(x + 2y)$
  f) $5b(3c - 5d)$
  g) $6x(5x - 4)$
  h) $8a(7a + 4)$

6 $V = 2 \cdot a\,(a + 2) - 2 \cdot 2 \cdot 4$
  $= 2a^2 + 4a + 16$
  Für $a = 5\,\text{cm}$ beträgt das Volumen $V = 116\,\text{cm}^3$.

7 a) $3x - 2(x + 1) = x - 2$
  b) $5(x - 1) + \frac{1}{2}x = 5{,}5x - 5$

8 a) $y^2 + 7y + 12$
  b) $12x^2 - 10x + 2$
  c) $-a^2 + 2a + 8$
  d) $6a^2 - 5a - 6$
  e) $m^2 + 2m - 15$
  f) $-5s^2 + 21st - 4t^2$
  g) $-12x^2 + 26xy - 12y^2$
  h) $-6x^2 + 26x^2y - 24x^2y^2$

9 a) $x = 2$
  b) $x = 2$
  c) $x = 3$
  d) $x = 4$
  e) $z = 6$
  f) $x = 0$

10 a) $x = 2$
  b) $y = 4$
  c) $x = 4$
  d) $x = 5$

11 $a + 2a + a + 5 = 35$, also $4a + 5 = 35$

12 $150 - 12x = 90$; $x = 5$
  $150 - 12y = 0$; $y = 12{,}5$
  Nach 5 min sind nur noch 90 ℓ in der Wanne,
  nach 12,5 min ist sie leer.

13 $v = \frac{s}{t}$; $s = v \cdot t$; $t = \frac{s}{v}$
  a) $5250\,\text{m}$ **b)** $2{,}5\,\text{s}$ **c)** $3600\,\text{m}$ **d)** $5\,\text{s}$

▶ Seite 191   Ähnlichkeit

1 Als Modell wäre er ca. 84,52 m lang.

2 Zeichenübung Rechteck
  a) $a_{\text{neu}} = 9\,\text{cm}$; $b_{\text{neu}} = 13{,}5\,\text{cm}$; Maßstab 1,5 : 1
  b) $a_{\text{neu}} = 2\,\text{cm}$; $b_{\text{neu}} = 3\,\text{cm}$; Maßstab 1 : 3

3 $k = 0{,}00005$ und $k = 0{,}0002$
  1 km und 250 m

4 a) 60 : 1
  b) Nein, denn der Floh hätte dann eine Länge
    von 37,5 cm.

5 Zeichenübung
  C'' ist falsch, richtig wäre $C''(15|11)$.

6 Zeichenübung; individuelle Lösungen

7 Es gibt verschiedene Streckungszentren.

a)

Streckungs-zentrum	Punkt → Bildpunkt
A	$N \to S_1$, $C, F \to L$, $M_2 \to M_1$, $T \to M$, $M \to B$
B	$O \to S_2$, $C, G \to K$, $M_2 \to M_1$, $N \to M$, $M \to A$
M	$T \to A$, $P \to S_1$, $N \to B$, $Q \to S_2$

b) individuell verschieden

8 Zeichenübung; individuelle Lösungen

9 $\frac{x}{3} = \frac{9}{6}$, also $x = 4{,}5$

10 x ist die Seitenlänge des großen Quadrates, dann gilt
  nach dem Strahlensatz: $\frac{x}{8{,}5} = \frac{2}{4}$, also $x = 4{,}25$.

  Das Quadrat hat einen Flächeninhalt von
  $4{,}25^2\,\text{cm}^2 \approx 18{,}06\,\text{cm}^2$.

▶ **Seite 193   Lineare Funktionen
              und Gleichungssysteme**

1 Die Zuordnung *Tag* → *Temperatur* ist eine Funktion,
denn jedem Tag wird genau eine Temperatur
zugeordnet.
Die Zuordnung *Temperatur* → *Tag* ist dagegen keine
Funktion, denn 20 °C wird Montag und Donnerstag
zugeordnet.

2 $y = x + 1$ und $y = -\frac{1}{3}x + 7$; $S(4,5 \mid 5,5)$

3 **a)** $f(x) = 60 - 0,07 x$
b) Es befinden sich noch 37,25 ℓ im Tank.

4 **a)**

x	0	100	200	300	400	500	600
T. 1	45	70	95	120	145	170	195
T. 2	65	65	65	107	149	191	233

b)

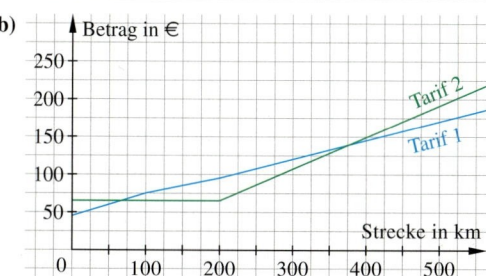

c) Tarif 1, dort zahlt man 175 € (gegenüber 199,40 €
bei Tarif 2).

5 **a)** $P(-1 \mid -5)$,
      $Q(3 \mid 2)$
   b)

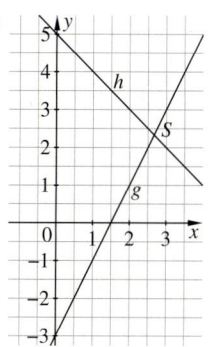

6

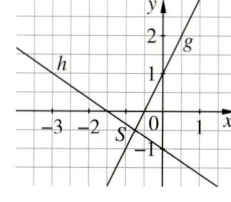

Nullstelle von $g(x)$:
$x = -0,5$;
Nullstelle von $h(x)$:
$x = -1,5$

7 Nullstellen: ① $-\frac{2}{3}$ ② $-\frac{3}{2}$ ③ $-\frac{2}{3}$ ④ $-\frac{5}{4}$
① und ③ haben dieselbe Nullstelle.

8 Probe durch Einsetzen:
a) **I** $5 = 2 \cdot 2 + 1$ wahr; **II** $2 = 3 \cdot 5 - 1$ falsch
   Die Lösung stimmt nicht.
b) **I** $-1 = -2 + 1$ wahr; **II** $3 \cdot 2 - 1 = 5$ wahr
   Die Lösung stimmt.

9 **I** $x + y = 38$ **II** $2x + 4y = 100$
$x = 26$ und $y = 12$
Dort befinden sich 26 Gänse und 12 Schweine.

10 **I** $\frac{a+c}{2} \cdot 10 = 100$ **II** $c = a - 2$
Nein, das ist keine Lösung, denn dann wäre
$A = 121\,\text{cm}^2$ und nicht $100\,\text{cm}^2$.

11 **a)** Es sind 12 Betten mehr als Zimmer, also gibt
      es 12 Doppel- und 6 Einzelzimmer.
b) Es sind 6 Personen mehr, als durch Einzelspiele
      beschäftigt werden können. Also muss es
      3 Doppelspiele und 3 Einzelspiele geben.

12 Zeichenübung im Koordinatensystem:
Gerade durch $(0 \mid -2)$ und $(1 \mid 1)$ sowie eine Parallele
zur x-Achse durch $(0 \mid -1)$; Schnittpunkt $S(\frac{1}{3} \mid -1)$

13 Zeichenübung im Koordinatensystem:
Gerade durch $(-2 \mid -2,5)$ und $(0 \mid 1,5)$ und
Gerade durch $(-2 \mid 1,5)$ und $(0 \mid -2,5)$
Lösung $x = -1$ und $y = -0,5$

▶ **Seite 195   Satz des Pythagoras**

1 a) 289; $3{,}61$; $1{,}96$; -125; $\frac{4}{3}$; $\frac{8}{27}$

  b) 13; nicht lösbar; $-1{,}7$; $\frac{4}{121}$; $\frac{7}{12}$

2 a) 22 **b)** 15 **c)** 151
  d) 35 **e)** 108 **f)** 6

3 a) 15 und 16 **b)** 31 und 32 **c)** 17 und 18

4 a) $x = \sqrt{2^2 + 3^2} = \sqrt{13} \approx 3{,}6$
  b) $x = \sqrt{7^2 - 5^2} = \sqrt{24} \approx 4{,}9$
  c) $x = \sqrt{2^2 + 3^2} = \sqrt{5} \approx 2{,}2$

5 a) $c = 10\,\text{cm}$ **b)** $b = 8\,\text{cm}$ **c)** $a \approx 8{,}9\,\text{cm}$
  d) $b \approx 8{,}5\,\text{m}$ **e)** $a \approx 35{,}9\,\text{cm}$ **f)** $a = 9{,}6\,\text{cm}$
  g) $b = 288\,\text{mm}$

6 a) ja $(6^2 + 8^2 = 10^2)$
  b) ja $(5^2 + 12^2 = 13^2)$
  c) nein $(8^2 + 12^2 \neq 16^2)$

7 Maximal $36{,}37\,\text{cm}$

8 a) $c^2 = f^2 + e^2$ **b)** $b^2 = (e + g)^2 - c^2$
  c) $a^2 = d^2 + (e + g)^2$ **d)** $e = \sqrt{c^2 - f^2}$

9 Es gilt $a^2 + a^2 = d^2$ und $\left(\frac{d}{2}\right)^2 + h^2 = s^2$.
  $\left(\frac{d}{2}\right)^2 = \left(\frac{\sqrt{50^2 + 50^2}}{2}\right)^2 = \frac{5000}{4} = 1250$
  $\sqrt{h^2 + \left(\frac{d}{2}\right)^2} = \sqrt{110^2 + 1250} = \sqrt{13\,350} \approx 115{,}5$
  Die Seitenkante s ist $115{,}5\,\text{cm}$ lang.

10 $6371\,\text{km} + 25\,\text{m} = 6371{,}025\,\text{km}$
  $\sqrt{6371{,}025^2 - 6371^2} \approx 17{,}848$
  Der Kapitän kann $17{,}848\,\text{km}$ weit schauen.

11 a) $c \approx 4{,}44\,\text{cm}$ **b)** $p \approx 6{,}10\,\text{cm}$
  c) $q \approx 4{,}46\,\text{cm}$ **d)** $c = 5{,}07\,\text{cm}$

12

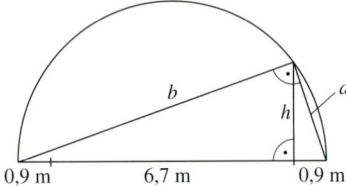

$p = 0{,}9\,\text{m}$; $q = 0{,}9\,\text{m} + 6{,}7\,\text{m} = 7{,}6\,\text{m}$
$h^2 = 0{,}9\,\text{m} \cdot 7{,}6\,\text{m}$, also $h \approx 2{,}62\,\text{m}$
Auf dem Schild sollte sicherheitshalber eine
Höhenbegrenzung von $2{,}50\,\text{m}$ stehen.

▶ **Seite 197   Zinsrechnung**

1 a) $30{,}40\,€$ **b)** $152\,€$
  c) $0{,}85\,€$ **d)** $57{,}40\,€$
  e) $50{,}33\,€$ (gerundet)   **f)** $96{,}45\,€$
  g) $1813\,€$ **h)** $1601{,}6\,€$

2 a) $Z = 8{,}10\,€$ **b)** $p\,\% = 2{,}3\,\%$
  c) $Z = 10{,}25\,€$ **d)** $K = 2700\,€$
  e) $Z = 16\,€$ **f)** $K = 2780\,€$
  g) $K = 6000\,€$ **h)** $p\,\% = 3{,}1\,\%$

3 Nach einem Jahr erhält Anna $5\,€$ Zinsen.

4 Folgende Kosten entstehen nach einem Jahr:
  ① $510\,€$ ② $475\,€$ ③ $525\,€$ ④ $475\,€$
  Die Kosten für die Angebote 2 und 4 sind bei $5000\,€$
  gleich und am günstigsten. Angebot 3 ist am teuersten.

5 a) $Z = 15\,€$ **b)** $Z = 10{,}12\,€$
  c) $Z = 124{,}20\,€$ **d)** $Z = 7{,}35\,€$
  e) $Z = 30\,€$

6 a) 160 Tage   **b)** 125 Tage   **c)** 146 Tage
  d) 296 Tage   **e)** 306 Tage   **f)** 232 Tage

7 Julia überzieht 36 Tage und muss $8{,}93\,€$ Zinsen zahlen.

8 Marius erhält $2{,}86\,€$ Zinsen (176 Zinstage).

9 Herr Rostberg erhält $105{,}36\,€$ Zinsen.

10 a) $1892{,}05\,€$ **b)** $10\,498{,}12\,€$ **c)** $32\,898{,}29\,€$

11 Ihm stehen $12\,088{,}55\,€$ zur Verfügung.

12 Er kann über $1559{,}66\,€$ verfügen.

13 a) Nach 11 Jahren.
  b) Nach 2 Jahren ist das Kapitel um $8{,}16\,\%$,
    nach 5 Jahren um $21{,}67\,\%$ und nach 10 Jahren
    um $48{,}02\,\%$ angewachsen.
  c) Es gibt mehr Zinsen, da die $12\,€$ Zinsen nach dem
    ersten Jahr im zweiten Jahr mitverzinst werden.

► **Seite 199   Prismen und Zylinder**

1 ① auf der Grundfläche stehendes Prisma mit dreieckiger Grundfläche
② kein Prisma, da es keine Deckfläche gibt
③ auf der Grundfläche stehendes Prisma mit dreieckiger Grundfläche
④ auf einer Seitenfläche liegendes Prisma mit dreieckiger Grundfläche
⑤ kein Prisma, da es keine Deckfläche gibt

2 a)

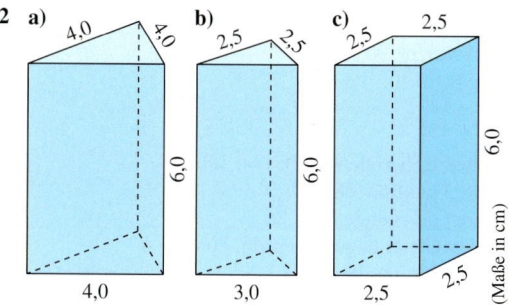

Die Prismen können auch auf einer Seitenfläche liegend gezeichnet werden.

3 a) Zeichnung mit eingefärbten Flächen
b) $A_G = \frac{1}{2} \cdot 4 \cdot 2{,}7\,cm^2 = 5{,}4\,cm^2$
c) $A_M = (4 + 4 + 3) \cdot 2\,cm^2 = 22\,cm^2$
d) $A_O = 2 \cdot 5{,}4\,cm^2 + 22\,cm^2 = 32{,}8\,cm^2$

4 a) $A_O = 228\,cm^2$ **b)** $A_O = 48\,m^2$ **c)** $A_O = 1240\,cm^2$

5 a) $V = 48\,cm^3$ **b)** $V = 0{,}75\,m^3$
c) $V = 89\,600\,mm^3 = 89{,}6\,cm^3$
d) $V = 1936\,cm^3 = 1{,}936\,dm^3$

6 a) $V = 188{,}292\,cm^3$ **b)** $V = 179{,}55\,cm^3$

7 a) Maßstab 1 : 5   **b)** Maßstab 1 : 5

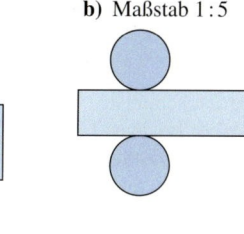

8 a) $A_O = 376{,}99\,cm^2$; $V = 549{,}80\,cm^3$
b) $A_O = 98{,}96\,m^2$; $V = 74{,}61\,m^3$
c) $A_O = 3652{,}10\,cm^2$; $V = 12\,370{,}02\,cm^3$
d) $A_O = 115{,}36\,dm^2$; $V = 33{,}93\,dm^3$

9 a) Maßstab 1 : 5   **b)** Maßstab 1 : 5

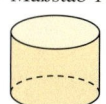

10 Der Zylinder ist 13 cm hoch.

11 a) $V = 53\,014{,}38\,cm^3$ **b)** ca. 26,5 kg

12 a) Ein Stamm wiegt etwa 1583,4 kg.
b) Er darf also maximal 7 (bzw. $7\frac{1}{2}$) Stämme aufladen.

► **Seite 201   Zufall und Wahrscheinlichkeiten**

1 a) Laplace-Experiment, wenn alle in gleichen Abständen im Kreis sitzen, der Boden eben ist und die Flasche „fair" gedreht wird
b) kein Laplace-Experiment, da das Aufkommen von der Tischhöhe bestimmt wird
c) kein Laplace-Experiment, da der Korken häufiger auf der Seite liegen bleibt

2 a) Falsch, die Ergebnisse sind wegen der verschieden großen Seitenflächen nicht gleich wahrscheinlich.
b) Richtig, denn die Fläche der „5" ist größer als die der „3".
c) Richtig, denn beim Quader ist die Wahrscheinlichkeit für eine „1" kleiner als $\frac{1}{6}$, weil die Fläche der „1" die kleinste ist.

3 z. B. unmöglich: Mit einem regulären Würfel wird eine „7" gewürfelt.
z. B. sicher: Aus einem Skatspiel wird eine rote oder eine schwarze Karte gezogen.

4 a) Alle Abschnitte des Rads sind gleich groß.
b) $P(\text{grünes Feld}) = \frac{1}{10}$
$P(\text{gelbes Feld}) = \frac{4}{10} = \frac{2}{5}$
$P(\text{blau oder rot}) = \frac{5}{10} = \frac{1}{2}$
$P(\text{weder gelb noch blau}) = \frac{3}{10}$

5

Die Wahrscheinlichkeit dafür, dass eine „3" gedreht wird, liegt bei $1 - \frac{1}{4} - \frac{1}{3} = \frac{5}{12}$.

6 a) $P(\text{Herz-Ass}) = \frac{1}{32}$
b) $P(\text{schwarzer Bube}) = \frac{2}{32} = \frac{1}{16}$
c) $P(\text{König}) = \frac{4}{32} = \frac{1}{8}$
d) $P(\text{„7" oder „8"}) = \frac{8}{32} = \frac{1}{4}$
e) $P(\text{Karo}) = \frac{8}{32} = \frac{1}{4}$
f) $P(\text{rote Karte}) = \frac{16}{32} = \frac{1}{2}$
g) $P(\text{Dame oder schwarze Karte}) = \frac{18}{32} = \frac{9}{16}$
h) $P(\text{Bube, Dame oder König}) = \frac{12}{32} = \frac{3}{8}$
i) $P(\text{gerade Zahl}) = \frac{8}{32} = \frac{1}{4}$

7 Ja, denn unter den verbliebenen 90 Kugeln im Behälter können auch gelbe Kugeln sein.

8 a) $P = \frac{17}{33}$ **b)** $P = \frac{24}{33} = \frac{8}{11}$
c) $P = \frac{4}{33}$ **d)** $P = 0$ **e)** $P = \frac{20}{33}$

9 Die Ankündigung bedeutet: An 25 % der Tage, die durch die gleiche Wetterlage gekennzeichnet sind wie der morgige Tag, ist Niederschlag gefallen. Also sind die Aussagen **a)** und **c)** falsch, Aussage **b)** ist richtig.

Stichwortverzeichnis

Bildverzeichnis

Die Screenshots auf den Seiten 19, 34, 35, 121, 126, 127, 130–133, 197 wurden mit Microsoft® Excel® erstellt. Microsoft® Excel® ist ein eingetragenes Warenzeichen der Microsoft Corporation.